丁 雯◎编著

超受用的心理学启示

立身处世与人际博弈的心理策略〉〉〉〉〉〉〉

〈〈〈〈〈〈〈〈激发潜能与心理调节的实用指南

中国纺织出版社

内 容 提 要

心理学是关于心灵的科学，人的心理活动摸不着、看不到，但它深刻地影响着人的行为。阅读本书，在了解心理现象、认识心理暗示、精通心理效应、把握心理规律的同时，通过对行为、性格、创意、情绪、色彩、职场等心理学科的了解和心理学家的提示，使你掌握自己的心理，了解他人的心思以及每个行为背后所要表达的真实意义，借此走好人生路上的每一步。

图书在版编目（CIP）数据

超受用的心理学启示／丁雯编著. --北京：中国纺织出版社，2014. 2 （2024.4重印）
ISBN 978-7-5180-0086-9

Ⅰ.①超… Ⅱ.①丁… Ⅲ.①心理学—通俗读物
Ⅳ.①B84-49

中国版本图书馆CIP数据核字（2013）第242846号

策划编辑：闫 星　　责任编辑：曲小月　　责任印制：储志伟

中国纺织出版社出版发行
地址：北京市朝阳区百子湾东里A407号楼　邮政编码：100124
邮购电话：010—67004461　传真：010—87155801
http：//www. c-textilep. com
E-mail：faxing@c-textilep. com
北京兰星球彩色印刷有限公司印刷　各地新华书店经销
2014年2月第1版　2024年4月第3次印刷
开本：710×1000　1/16　印张：17
字数：240千字　定价：76.00 元

前言

现今社会日新月异，每个想要安稳立足于世的人都必须学会与各种各样的人交往。在这个发展迅猛、竞争激烈的社会，交际能力已经成为了衡量一个人能力的重要标准。然而交际并非只是语言上的交流，内心的沟通才是交际的重头戏。一个人如何能够做到“运用心理学，让自己获得成功和幸福”呢？相信本书会给你想要的答案。

心理学与我们的生活可以说是息息相关的，它可以帮我们领悟人生，更好地驾驭人生。心理学是社交中非常有用的知识，这是一门把心理学和人际关系学相结合的社交实用技术。在生活中，从某种程度说，每个人都是一名业余的心理学家。从我们呱呱坠地、牙牙学语到蹒跚学步，每时每刻，我们都在揣摩别人的心思。我们懂得藏起自己的东西躲避其他人的视线，我们懂得从他人的神情和语气中判断出对方是否在生气。诸如此类的种种行为，那都是源于我们对他人的行为以及心理进行观察和揣摩所得出的。当我们面对他人谈话的时候，充分了解、分析他们的心理状态和弱点，以此来决定如何与之交往，采取怎样的策略打动对方等，这些都非常重要。

心理学在现代社会已经不再神秘，大多数人的生活中都会接触到一些简单的心理学。如简单的暗示技巧，舒缓压力的方法等。但是如若想要把心理学真正融入到我们的生活和社交活动中，仅仅懂得这一点点皮毛还是不够的。我们可以运用一些手段和技巧使社交活动变得更加简单、容易。心理策略便是这其中的一种方法，也是最好用、最有效的一种交际手段。

我们都知道任何一把锁都需要与它相匹配的钥匙才能打开，心灵的枷锁也是如此，想要与一个人进行深层次的交往，必须进入对方的内心，让他从心底接受你。所以说只有掌握心理学这把钥匙，才能在人际交往领域游刃有余。

本书旨在让读者了解更多的心理学知识，透过各种鲜活案例，将最实用的心理学内容呈现给读者，让你能将心理学运用到实际生活当中，在为人做事上获得最圆满的成功！

编著者

2013年6月

目录

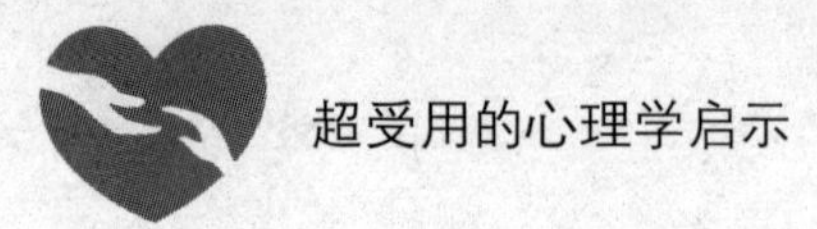

第 1 章　心理美容，照亮人生的正能量——积极心理学

有人说，人是情绪化的动物，的确，再理智的人，也经常会因为各种情绪影响自己的心情。情绪大致可以分为积极情绪和消极情绪两种。积极的情绪会引导我们以正确、恰当的方法做人做事，引导我们成功，而相反，在消极情绪的引导下，我们可能会因做错事而追悔莫及。因此，我们每个人都要掌握一些拥有积极情绪的心理学方法，只有这样，我们才能做情绪的主人，才能拥有正能量，才能快乐地生活。

霍桑效应：有了负面情绪一定要宣泄出来

在心理学上有个著名的名词——“霍桑效应”，也就是社会心理学家常说的“宣泄效应”。

20世纪20年代中期，有一家名为霍桑的工厂，它是美国西部电器公司的一家分厂。为了提高工作效率，这个厂请来包括心理学家在内的各种专家，在约两年的时间内找工人谈话两万余人次，耐心听取工人对管理的意见和抱怨，让他们尽情地宣泄自己的不满。

令人惊讶的是，“谈话实验”真的起作用了，那些接受谈话的工人们，他们不再抱怨，干活也更起劲，工厂的产量自然大幅度提高了。那么，为什么会有这样的结果呢？

原来，这些工人在长期的工作中，逐渐认识到工厂的规章制度、福利待遇

的不合理性，并心生不满，但这些不满情绪又得不到倾诉和宣泄，经过长年累月的积累后演变为抱怨、抵触等负面情绪，他们将这种情绪带到工作中，自然影响了工作效率。而“谈话实验”使他们将这些不满都尽情地宣泄出来，从而感到心情舒畅，干劲倍增。

于是，社会心理学家将这种奇妙的现象称为“霍桑效应”。霍桑效应告诉现实生活中的人们，不良的情绪会影响到我们的生活和工作，只有及时地宣泄，保持良好的心情，才能以最佳的精神状态投入工作和学习中。

美国《读者文摘》中记载了这样一个故事：

一天深夜，某医生正处于熟睡中，却被一个陌生妇女的电话吵醒了，还没等医生开口，这位妇女就开始抱怨起来：“我恨透他了！”

“他是谁？”医生问。

“他是我的丈夫！”医生感到突然，于是礼貌地告诉她：“你打错电话了。”

但是，这位妇女好像没听见似的，继续说个不停：“我一天到晚照顾四个小孩，他还以为我在家里享福。有时候我想出去散散心，他却不肯，而他自己天天晚上出去，说是有应酬，谁会相信……”

尽管这位医生一再打断她的话，告诉她，他并不认识她，但是她还是坚持把自己的话说完。最后，她对这位素不相识的医生说：“您当然不认识我，可是这些话已被我压了很久，现在我终于说出来了，我舒服多了，谢谢您，对不起，打搅您了。”

这里，我们可以再次发现，宣泄对于一个人的情绪调节有很大的作用，而一味压抑自己的情绪，不良情绪长期得不到宣泄，会使人们在心理上形成强大的潜压力，导致精神忧郁、孤独、苦闷等心理疾病。一旦这种心理压力超越了人们的承受能力，就可能会导致精神失常。

其实，生活中，让我们产生负面情绪的事情实在太多，但如果一味地压制这些情绪，问题也并不会因此得到解决，相反，积压在身体内部的负面能量不利于我们的身心健康，比如会引发头痛、胃病等，所以压抑绝不是面对愤怒的

最好方法。

每个人都会对身边的事情产生情绪，人类本身就是情绪化的高级动物，都有喜怒哀乐，那些脾气好的人也并不是没有情绪，也并不是一味地压抑自己的情绪，而是懂得以正确的方式排解心中的不快，而不是将情绪传染给身边的人，让他们成为我们情绪发泄的对象。面对负面情绪，我们可以用合理的宣泄方式，把情绪放走。

所谓合理发泄情绪，是指在心中产生不良情绪时，在发泄的时候，选用合适的方式方法，选择合理的场所。有以下四种发泄悲观情绪的方法：

1. 倾诉法

当你觉得内心懑闷、心情抑郁时，可以选择倾诉的方式来排遣，倾诉的对象可以是你的朋友、同事，也可以是你的亲人，消极情绪发泄出来后，精神就会放松，心中的不平之事也会渐渐消除。

2. 哭泣

人们面对突如其来的灾祸、精神和身体上的打击，都可以选择一个合适的场所放声大哭，这是一种积极有效的排遣紧张、烦恼、郁闷、痛苦情绪的方法。

3. 摔打安全的器物

狠狠地摔打枕头、皮球、沙包等，你会发现当你精疲力竭时，内心是多么畅快。

4. 高歌法

唱歌尤其是高歌除了能愉悦身心，它还是消除紧张和排解不良情绪的有效手段。

心理启示

人不仅要有感情，还要有理智。如果失去理智，感情也就成了脱缰的野马。在陷入消极情绪而难以自拔时，我们不能压抑，而应该适时找到宣泄的方式，才能及时卸下包袱，继续上路！

积极阳光的心态是人生最宝贵的财富

生活中，我们经常听到周围的人说“家和万事兴”、“和气生财”，从这些俗语中，我们可以得出一个道理：积极阳光的心态能为我们带来好远，有了好心态，才有获取成功的希望。我们只有在心里编辑出一道积极的心理公式，才能得出幸福的结果。每个人的一生，都需要各自用心去描绘，无论自己处于多么严酷的境遇之中，心头都不应为悲观的思想所萦绕，应该让自己的心灵变得通达乐观。

现实生活中，我们难免会遇到一些影响情绪的问题，但只要我们积极面对，相信自己能成功，相信自己能获得快乐，那么，我们就能获得成功、获得快乐。

传说，有个勤奋好学的女裁缝，一天去给法官缝补法袍，她不但缝补得很认真仔细，还对法官穿的法袍进行了改装。有人问她其中的原因，她解释说：“我要让这件袍子经久耐用，直到我自己作为法官穿上这件袍子。”心想事成，这位裁缝后来果真成了一名法官，穿上了这件袍子。

人的心灵有两个主要部分，即意识和潜意识。当意识做决定时，潜意识则做好所有的准备。换句话说，意识决定了“做什么”，而潜意识便将“如何做”整理出来。意识就好像冰山浮出海平面的一角，而潜意识就是埋藏在海平面下面很大很深的部分。

可见，好心态能让我们心想事成，另外，它还能在我们面对困难时激发我们的聪明才智，而消极的心态，就像蛛网缠住昆虫的翅膀、腿脚一样，来束缚人们的才华。

米契尔是个传奇式人物，在他46岁那年，他被一次很惨的机车意外事故烧得不成人形，四年后又在一次坠机事件后，腰部以下全部瘫痪。

当他醒来后，他发现自己正躺在医院里，全身被烧得体无完肤，而在他的周围，也是一群和他情况差不多的人，他们对自己的遭遇自怨自艾：“为什么我要遭受这种痛苦，上天为什么要这样对我，还不如死了算了。”然而，米契

尔却不这样感叹命运，他问自己："我还拥有些什么呢？我怎样才能重新站起来？此刻我还能比以前多做些什么事？"

更有趣的是，在住院期间，他结识了一位名叫安妮的漂亮迷人的女护士，他不顾脸上的伤残和行动不便，竟然异想天开："我怎样才能和安妮约会呢？"他的同伴都认为他实在有些神志不清，他必然会碰一鼻子灰回来。谁会想到一年半后两人竟然打得火热，后来安妮成了他的太太。

米契尔屹立不倒的正面态度使他得以在《今天看我秀》及《早安美国》节目中露脸，同时《前进》杂志和《时代周刊》《纽约时报》及其他出版物也都有米契尔的人物特写。

米契尔为什么能创造奇迹？因为他的心态一直都是正面的、积极的，即使在灾难面前，他依然拥有好心情，他看到的是希望，于是，他最终战胜了困难。米契尔说："我完全可以掌控我自己的人生之船，那是我的浮沉，我可以选择把目前的状况看成一个新的起点。"

成功和失败之间的区别在于心态的差异：成功者刻意亮化积极的一面，失败者总是沉迷于消极的一面。心态是个人的选择，有成功心态者处处都能发掘成功的力量。一个人有了积极的心态，成功就变得容易了。

所以，要想得到快乐，请记住："每天一早想想你得意的事情，不要将注意力集中在烦恼上。"积极阳光的心态是我们一生最宝贵的财富。

那么，我们该如何拥有积极的心态呢？

1. 学会自我安慰

人生在世，总会遇到一些令我们不快的事，我们要学会心理调节，这是决定人生成败的因素之一。如果一个人在这一方面迷惑不解，那么，就要借助自己的理智去解决。其中，阿Q精神就可以让我们更好地满足于自我安慰的需要。相反，如果一个人的心态调整不好，那么乐观的人生也会离得很遥远。

2. 相信自己能得到幸福

一个人期望的多，获得的也多；期望的少，获得的也少。如果你有一个乐观积极的心态，不管自己的人生有多大的挫折，自始至终都保持一种平和的心态，你就会有幸福的生活。

总之，积极的心态能使人看到希望，进而保持进取的旺盛斗志。消极心态使人沮丧、失望，限制和扼杀自己的潜能。积极的心态创造人生，消极的心态消耗人生。积极的心态是成功的起点，消极的心态是失败的源泉。选择了积极的心态，就等于选择了成功的希望；选择消极的心态，就注定要走入失败的沼泽。如果你想拥有快乐的人生，想把美梦变成现实，就必须摒弃这种扼杀你的潜能、摧毁你希望的消极心态。

心理启示

积极是生活的一味良药，伤心的时候乐观一点儿，孤独的时候去寻找快乐，热情而积极地拥抱生活，幸福就会像天使一般无声地降临到每个人的身边。

摆脱无助感，成为一个真正内心强大的人

心理学上有个名词叫习得性无助，它是由美国心理学家塞利格曼1967年在研究动物时提出的。

他用狗做了一项实验，他先把狗关在笼子里，当准备好的蜂音器一响，就电击笼子里的狗，狗关在笼子里只能呻吟和颤抖。

就这样重复了几次之后，当他再一次打开蜂音器后，他在电击之前将笼子的门打开，但奇怪的是，狗居然没有夺门而出，而是在电击之前一听蜂音器响就呈现出痛苦状。原本，这只狗可以主动地离开笼子，免除这种痛苦，但它却选择逃避。心理学家们把这种在受到多次挫折之后产生的对负情境的无能为力感叫做习得性无助或习得性绝望感。

那么，“习得性无助”又是怎样发生的呢？其实原因很简单，如果一个人总是被失败打击，他感受不到成功的喜悦，那么，他就容易形成一种无助感，自卑、失望、悲观，甚至对自我价值的认知也是消极的。

生活中，我们也经常听到一些人在遭遇失败时这样说：“算了，就这样

吧，没用的”、“听天由命吧”……这种消极、自卑的心理是他们在学习上积极进取的最大杀手。要知道，心理暗示的作用是巨大的，如果经受了某个挫折就断然给自己下结论“不行”，就是给自己一个消极的心理暗示，时间长了，就真的会习惯性地说“我不行”。

对此，如果你正处在失败中，你一定要摆脱这种无助感，只有这样，你才能真正重拾自信。

雨后，一只蜘蛛艰难地向墙上已经支离破碎的网爬去，由于墙壁潮湿，它爬到一定的高度，就会掉下来，它一次次地向上爬，一次次地又掉下来……第一个人看到了，他叹了一口气，自言自语：“我的一生不正如这只蜘蛛吗？忙忙碌碌而无所得。”于是，他日渐消沉。第二个人看到了，他说：“这只蜘蛛真愚蠢，为什么不从旁边干燥的地方绕一下爬上去？我以后可不能像它那样愚蠢。”于是，他变得聪明起来。第三个人看到了，他立刻被蜘蛛屡败屡战的精神感动了。于是，他变得坚强起来。

看完这则故事，我们不妨假想一下，如果我们是故事中的这只蜘蛛，我们有这样的勇气不断爬起来吗？事实上，对待同样的事物，几个人的看法不同是很正常的。就像人也有两面性一样，问题在于我们自己怎样去审视，怎样去选择。面对太阳，你眼前是一片光明；背对太阳，你看到的是自己的阴影。也许现在的你经历了很多挫折，也开始自我否定，认为自己什么都不行。但你必须从今天开始积极地认识自我，摆脱这种习得性无助，你才能真正变得坚强。

的确，人们的受挫能力是有一定极限的，人们在经受了长期的挫折影响后，便容易对自己的能力产生怀疑，对失败的恐惧远远大于对成功的希望。但无论如何，我们都要避免这样的心态，正确评价自我，才能树立自信心，走出困境，成为一个坚强的人。具体说来，在日常生活中，你需要做到以下几点：

1. 不要总是和其他人比

如果你总是拿自己的短处和他人的长处比，你就很容易产生自我否定的情绪，给自己造成心理压力，认为自己真的比别人差、比别人笨，于是形成恶性循环。

2. 客观评价自己

一个人要摆脱习得性无助，首先就要正确认识自我，多看自己的优点。人无完人，一个人对自己的评价应该是客观的，不仅包括自己的不足，而且包括自己的长处。

3. 体验成功，摆脱无助感

你不妨多去做一些成功率高的事，这样，在成功的体验中，你能逐渐树立自信心，排除挫折，进而远离无助感。

心理启示

人一旦沾染上“习得性无助”，就会给自己的心筑起一道永远无法逾越的墙，他们会坚信自己无能为力，放弃任何努力，最后导致失败。对此，在挫折面前，我们应该谨防习得性无助，以积极的心态看待挫折，摆脱无助心理，你才能真正成长为一个坚强的人。

始终记住你不是丑小鸭，你是白天鹅

生活中，我们常说，人无完人，每个人自身都有一些缺点和不足，我们应该有自我认知的意识和能力，但这并不意味着我们要紧盯着自己的缺点不放，也并不意味着我们一无是处。你要记住的是，你是白天鹅，而不是丑小鸭。心理学家认为：一个人如果自惭形秽，那他就不会成为一个美人；如果他不相信自己的能力，那他就永远不会是事业上的成功者。从这个意义上说，如果你是个自卑的人，那么，树立自信心是战胜自卑感的最好方法。

有这样一个小故事：有一个女孩名叫芳，长相平平，在美女如云的班级里，她只是一棵不起眼的小草儿；成绩平平，无法得到视分数如宝的老师青睐；除了会写几首浪漫小诗给自己看外，没有其他特别突出的才能，不会唱歌，也不会跳舞。芳心里很寂寞，没有男孩追，也没有同学和她做朋友。

有一天清晨，她拉开门，惊讶地发现门口有一束娇艳欲滴的红玫瑰，旁

边还有一张小小的卡片。她迅速地将花和卡片拿到自己的房间，轻轻地打开卡片。上面有几行字，是这样写的：

其实一直以来我都想对你说一声：我喜欢你。却没有勇气，因为你的一切让我深感自卑。你那平静如水的眼神，你优美的文笔，你高雅的气质，让我很难忘记。所以，我只能默默地看着你。——一个喜欢你的男生

芳心怦怦直跳，没想到自己还有那么多的优点，自己原来并不是一个毫不起眼的人啊。从那以后，芳开始主动和同学交谈，成绩也渐渐上升，慢慢地，老师和同学都很喜欢她。高中毕业以后，她考上了大学，凭着那份自信，她在学校尽情发挥自己的才能，赢得了许多男生的追求。大学毕业后她找了一份很满意的工作，并且找了一个深爱她的丈夫。

芳一直有一个心愿，就是找出那个给她送花的人，感谢他让她重新找回了自信，要不是那束花，现在或许一切都是希望和等待。有一天，她无意间听到爸妈的谈话。她妈说："当年你想的招儿还真有用，一束玫瑰花就改变了她的生活。"

芳不禁愕然，怪不得那字看起来像被人故意用宋体写的，但一束玫瑰花的作用真那么大吗？不，是自信改变了芳的生活。

一个人若被自卑感所控制，其精神生活将会受到严重的束缚，聪明才智和创造力也会因此受到影响而无法正常发挥作用。自卑更是人们寻求幸福的绊脚石。

那么，如果你是个自卑的人，你怎样才能摒弃自卑，找回自信呢?

首先，客观地认识自己，即不仅要看到自己的缺点，也要看到自己的优点，并客观地给予评价。要做到这一点，除了自己对自己的评价外，还要注意获取他人对自己的评价。这些人可以是我们的父母、朋友，也可以是我们的同事，只有这样，我们才能够逐步形成对自我的全面客观的认识。

其次，全面接纳自己。接纳自己的优点，而容不下自己的缺点，是很多人容易犯的错误。一个人首先应该自我接纳，才能为他人所接纳。

因此，真正的自我接纳，就是要接受所有的好的与坏的、成功的与失败

的。不妄自菲薄，也不妄自尊大，不卑不亢，才能健康地发展自己，逐步走向成功。

你还需要积极地完善自己的不足。这些不足，指的是某些“内在”的，比如学识、技能、素质等。

另外，对于别人对你的批评，你需要理性地看待。因为别人批评你是免不了的。如果你对别人的批评很在意，心里就会很难过，越辩就越黑；如果你以理性的态度、开放的心情去接受，反而会坦然。

心理启示

心理学教授说，自卑是一种消极的自我评价或自我意识，即个体认为自己在某些方面不如他人而产生的消极情感。自卑感就是个体把自己的能力、品质评价贬低的一种消极的自我意识。具有自卑感的人总认为自己事事不如人，自惭形秽，丧失信心，进而悲观失望，不思进取。

转换心态，掌握拥有快乐心态的钥匙

有人说，这世界上存在两种人，划分的标准就是他们对待事物的态度，一种是乐观的人，一种是悲观的人。乐观者的脸上总是挂着微笑，似乎没有事情能难倒他们，因此，他们生活得幸福、坦然；而悲观的人似乎总是把眼光盯在事物坏的一面，于是，他们总是感到低迷，整日郁郁寡欢。有句话说得好：“乐观者在灾祸中看到机会，悲观者在机会中看到灾祸。”其实，很多时候，那些在我们看来让我们被悲观失望的事并没有那么糟糕，只要我们转换一下思维，我们就会获得快乐的心情。卡耐基曾经遇到过这样一个女士：

女士一见到卡耐基，就对他抱怨了很长时间，先是抱怨丈夫不好好工作，接着抱怨孩子不努力学习。总之，她有很多不满意的地方。等她抱怨完了，卡耐基对她说：“这位女士，您太追求完美了。”当她听到这句话后，非常吃惊地看着卡耐基，过了好一会儿才说：“卡耐基先生，您认为我非常追求完美

吗？可我并不这样认为啊！而且像我这样相貌也不好、学历也不高的女人，根本不会去追求完美的。”

卡耐基说：“您刚才跟我说过，您的孩子现在上小学四年级，每次考试都能够考出一个不错的成绩。您想一想，这样已经很不错了，您为什么仍然不满足呢？这难道不是追求完美吗？还有您的丈夫，他现在才35岁，就已经有了属于自己的公司，这也很不错了，可您认为不够好，这不也是在追求完美吗？”听了卡耐基的话后，那位女士很长时间都没有说话，最后接受了卡耐基的说法。

生活中有很多这样的人，对于生活、对于人生，他们总是抱着悲观、失望的态度，他们总觉得自己不幸福，于是，他们的脸上总是愁云密布。其实，如果他们能转个角度，那么，生活中便处处充满美好。就如上文中那位女士一样，在卡耐基的点拨下，她看到了“儿子学习成绩不错”，“丈夫事业有成”这两点。

马歇尔·霍尔医生曾对自己的病人说过：“乐观的态度，是你最好的药。”所罗门也曾说：“乐观的心态，就是最强劲的兴奋剂。”有一位虔诚的作家，在被人问到该如何抵抗诱惑时回答说：“首先，要有乐观的态度；其次，要有乐观的态度；最后，还是要有乐观的态度。”的确，乐观就像心灵的一片沃土，为人类所有的美德提供丰富的养分，使它们健康地成长。它使你的心灵更加纯净，意志更加富有弹性。它就像最好的朋友一样陪伴着你的仁慈，像尽职尽责的护士一样呵护着你的耐心，像母亲一样哺育着你的睿智。它是道德和精神最好的滋补剂。

也许你的身上曾发生过这样一些事：早上起来，打翻了早餐、挤不上公交车、丢了钱财，这些看起来很倒霉，悲观的人或许会为此懊恼一整天，认为老天对自己不公平，结果心里十分不开心，在工作生活中带着这种郁闷的情绪，对自己有什么好处呢？反过来，把这些不顺心当作生活中的一部分调料，乐观地看待，你或许会有另外一番心情……抱着这样的态度，看待生活，还会有什么不开心的事，还会有什么烦恼呢？

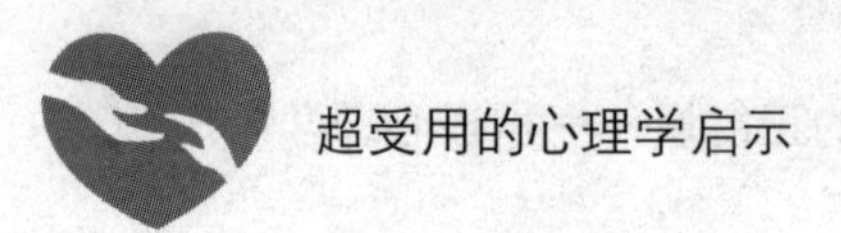

一位著名的政治家说过："要想征服世界，首先要征服自己的悲观。"用乐观的态度对待人生，满世界都是"鲜花开放"，而悲观者看人生，则总是"悲秋寂寥"。譬如，同样是春雨霏霏，有人看到的是漫步雨中的浪漫，有人想到的是潮湿天气带来的不便。同样是满天繁星，一个心态积极的人可在茫茫的夜空中读出星光的灿烂，增强自己对生活的自信；一个心态消极的人则让黑暗埋藏了自己，而且越葬越深。

从这里，我们可以发现，要想用乐观的态度对待人生就要我们做到学会转换思维，这样的话，无论命运给了我们怎样的"礼物"，我们都能将利于自己的局面一点点打开。

心理启示

一个人只有以积极的、阳光的心态看待周围的人和事，才能拥有快乐的心情，这就需要我们学会转换思维，时时心存感激不忘欣赏生活的美好，让每一天都过得有意义。

踢猫效应：糟糕的情绪会让人失控

心理学上，有个名词叫做踢猫效应，它指的是人与人之间的泄愤连锁反应。我们先来看下面一个案例：

老板骂了员工小王，小王很生气，回家跟丈夫大吵一架；丈夫觉得很窝火，正好儿子回家晚了，"啪"给了儿子一记耳光；儿子捂着脸，看见自家的猫在身边，不分青红皂白就狠狠地给猫一脚；那可怜的猫不知所措，转身就跑，冲到外面街上，正遇上街上的一辆车，司机为了避让猫，却把旁边的一个小孩撞伤了。

这就是"踢猫效应"，这就是我们的不良情绪带来的后果，相反，如果我们能控制自己糟糕的情绪，那么，就不会把它传染给身边的人，也就不会引发这一连串的问题。

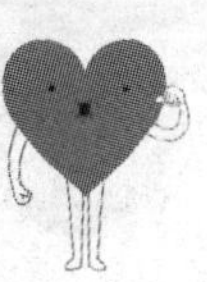

的确，生活中，我们总会遇到一些影响我们情绪的事，进而平静的心会被扰乱，我们或开心、或悲伤、或愤怒，如果不对糟糕的情绪进行排解，那么，就会产生一个“情绪链”，而我们就是这个连锁反应的罪魁祸首。其实，冲动本身并没有任何破坏性，但在冲动的情况下，人们会做出失去理智的事，它给人带来的负面影响可能远远大于我们的想象，会给我们的生活带来深远的影响。

秀珠是一家外企公司的职员，她心地善良，和同事也相处得不错，可是令她不明白的是，为什么许多和自己一起进公司的同事都晋升了，而自己还原地不动。

有一次，公司准备派一个女职员去接待合作公司的代表，秀珠想：“这次该是我去了吧，我是公司外语最好的，没有理由不让自己去。”可是，第二天，公司没让她去，而是让一个新手去了。这让秀珠很不舒服，她这次再也忍无可忍了，准备找主管问清楚。当她正准备进主管办公室时，她在门外听到了主管和经理的对话。

“经理，这样不好吧，秀珠的确能力挺强的，这次是不是太伤她的心了。”

“就她那个火爆脾气，万一她和合作方的代表两句话不对头吵起来都说不定，我可不能让她砸了公司的生意，你们有时间也多去劝劝秀珠控制一下自己的情绪，能力好也总不能工作情绪化，这是我们公司员工必备的素质和修养。”

这些话被门外的秀珠听见了，她终于知道自己的致命弱点了，怪不得以前大家都说在这家公司必须得养个好性子，否则别想升职，她算是明白了。

后来，秀珠尝试着控制自己的情绪，每次当自己要发脾气时，她都会选择以写字的方法来转移情绪。当她写了满满一页纸的时候，她的心情也就好了。一段时间以后，她的谈吐果然不一样了，整个人的气质也由内而外改变了很多。这些改变都被领导看在了眼里，当然她的晋升梦实现了，关键的是，她的品质和修养得到了提升。

从秀珠的职场经历中，我们看到了坏情绪对生活的影响。有人说，人类最大的敌人永远是自己，坏情绪就像那弹簧，假如你的勇气一次又一次地后退，坏情绪就会一次又一次地前进，直到最后占据你心灵的高地，全盘操纵你的一切，你的正义、勇敢、上进、积极、坚毅的品格全都会遭到最无情的蹂躏和践踏，直至这一切消失殆尽，于是，你走向失败，走向毁灭。

人们在遇到一些或悲或喜的事情时，都会激动，并且很难一下子冷静下来，所以当你察觉到自己的情绪非常激动，眼看控制不住时，可以用及时转移注意力等方法进行自我放松，克制自己冲动的情绪，对此，我们可以尝试一下深呼吸的方法。

在深呼吸后，你可以通过自我暗示，来平息情绪。比如，当你遇到有人超车时，你能对自己说："这个人大概有什么急事吧。"或者说："也许我的车开得的确太慢了。"那么，你就不至于会发火了。事实证明，"重新判断"的确是一种极为有效的控制不良情绪的方法。

还有一点，就是在我们控制住冲动的情绪后，还要重新思考，努力打开心结，为什么会有冲动的情绪，为什么自己不能从一开始就看开点儿，为什么不能很好地控制情绪，这样才能从源头遏制冲动。

心理启示

在生活中，应该懂得自己控制情绪，既不要让别人的坏情绪影响到自己，也不要让自己的坏情绪影响他人；同时，我们要把自己快乐、积极的情绪传递给他人。

走出悲伤的天空，让心装满快乐

人生苦短，有喜就有悲，正如天气有晴有阴一样，阳光不会一直照耀着我们。同理，生命之旅也不会一帆风顺，总会有羁绊出现。那些羁绊、那些不如意，难免会使我们悲伤，但如果我们行走在人生的路上，心情一直被悲伤笼

罩，那么，我们的世界将充满灰暗。而只有走出那片悲伤的天空，让心装满快乐，我们的旅途才会充满阳光。

的确，一个人生活得快乐与否，完全取决于个人对人、事、物的看法如何。如果我们想的都是快乐的念头，我们就能快乐；如果我们想的都是悲伤的事情，我们就会悲伤。的确，人生在世，快乐地活着是一生，忧郁地过也是一生，是选择快乐还是忧郁？这完全取决于人的心态，正确的做法就是不断地培养自己乐观的心态，远离悲观，它既是一种生活艺术，又是一种养生之道。

著名潜能开发大师迪翁常常用一句话来激励人们进行积极思考："任何一个苦难与问题的背后，都有一个更大的幸福！"这是他的招牌话。她有个可爱的女儿，但一场意外，让这个可爱的小女孩失去了小腿，当迪翁从韩国的演讲赛上赶到医院时，他第一次发现自己的口才不见了。可是女儿却察觉到了父亲的痛苦，就笑着告诉他："爸爸！你不是常说，任何一个苦难与问题的背后，都有一个更大的幸福吗？不要难过呀！这或许就是上帝给我的另一个幸福。"迪翁无奈又激动地说："可是！你的脚……"

小女儿非常懂事地说："爸爸放心，脚不行，我还有手可以用呀！"

听了这样的话，迪翁虽有几分心酸，可也欣慰不已。

两年后，小女孩升入中学了，她再度入选垒球队，成为该队有史以来最厉害的全垒打王！因为她不能走路，就每天勤练打击，强化肌肉。她很清楚，如果不打全垒打，即使是深远的安打，都不见得可以安全上垒。所以唯一的把握，就是将球猛力击出底线之外！

这是一个乐观积极的小女孩，在最艰难的时刻，她留给人们的依然是微笑，因为她相信父亲的那句话"任何一个苦难与问题的背后，都有一个更大的幸福"，于是，灾难变得不再可怕，而她本人也更积极地面对那场艰难的挑战。

其实，我们每个人都曾有过伤口，有的人愈合得天衣无缝，有的人则留下累累疤痕，我们可以受伤，我们可以流血，但我们要在最短的时间内医治好自己的伤口，尽可能整旧如新，没有乐观的心态，谁也别想留住健康。

尘世之间，变数太多。事情一旦发生，就绝非一个人的心境所能改变。伤神无济于事，郁闷无济于事，一门心思朝着目标走，才是最好的选择。相反，如果跌倒了就不敢爬起来，就不敢继续向前走，或者就决定放弃，那么你将永远止步不前。

在荷兰的阿姆斯特丹市，有一座宏伟的大教堂，它建于15世纪。教堂内有一句很醒目的题词："事已至此，别无选择。"这句话在告诫世人，当厄运或不公正的待遇降临到人们头上时，如果无法改变它，就要学会接受它、适应它。

命运是个让人琢磨不定的怪物，它的性格喜怒无常。它会出人意料地给人带来惊喜，同样也会毫无来由地给人送来可怕的灾难。面对惊喜，每个人当然乐意笑纳，但面对灾难或不公平的待遇时，如果人们无法承受，它就会占据心灵，让人们失去欢乐，永远生活在它的阴影里。

朋友，别以为胜利的光芒离你很遥远，当你揭开悲伤的黑幕，你会发现一轮火红的太阳正冲着你微笑。请用一秒钟忘记烦恼，用一分钟想想阳光，用一小时大声歌唱，然后，用微笑去谱写人生最美的乐章。

总之，快乐的人总会给自己创造快乐，悲伤的人也总让自己变得悲伤，不是生活让你怎么样，而是你使得生活怎么样。我们每个人都有自己的快乐，只是需要你去找到它，那就是幸福了。

心理启示

悲伤是一种消极的情绪，它会让你产生挫败感，你会认为自己什么都做不到，而实际上，很多时候，正当你绝望时，希望就在前方等着你。因此，只要你放下悲伤，以积极的心态去面对生活的挑战时，你的生命就会有无限的可能。

好心情是可以"装"出来的

曾经有报道说，日本人为了改变自己压抑的性格，从而有利于与外向的西

方人打交道，他们采取了一种训练笑容的方法：在下班之前的半个小时里，每人拿起一只筷子，横着咬在嘴里，固定好脸部表情后，将筷子取出。此时人的脸部基本保持一个笑容的状态，再发出声音，就像是在笑了。

这种看似荒谬的做法却是有科学依据的。心理学家普遍认为除非人们能改变自己的情绪，否则通常不会改变行为。我们在生活中都有这样的体会，当孩子哭泣时，我们会逗他们说："笑一笑呀！"结果孩子勉强地笑了笑之后，跟着就真的开心起来了，这就很好地说明了情绪的改变将导致行为改变。

我们都知道情绪与行为的关系，一般来说，某种情绪会导致某种行为，这是对应的，比如，生气时我们会骂人，高兴时我们会开怀大笑等，而实际上，我们也可以反过来思考，我们的行为也会导致情绪，比如，悲伤时我们会哭泣，而哭泣也会引发悲伤的情绪。心理学家提出了一个"假喜真干"的概念，意思就是，你假装自己喜欢做某件事，或从事某项工作，那么，你会真的喜欢起来。

那么，我们该如何"装"出好心情呢？最常见的一个办法即是，当你生气的时候，可以找一面镜子，对着镜子努力微笑，持续几分钟之后，你的心情会真的变得好起来。这种方法叫做"假笑疗法"。实验证明，这种方法很有效果。每天早上，如果你能先假笑，那么，接下来的一整天，你都会有好心情。

我们来看看世界最杰出的十大推销大师之一的日本销售员原一平是如何练习微笑的：

他曾在日本保险界连续15年获得全年的销售冠军，而他成功的杀手锏之一就是"微笑"，他掌握了38种微笑，为了征服一个顾客，曾经使用了30种微笑。

关于长相，可以说，原一平其貌不扬，他只有1.53米。和很多保险推销员一样，在刚开始从事这一行业时，他在半年内都没有卖出去一份保险。那时候，为了生存，他只得睡在公园的长椅上。

原一平自己知道，单就长相，自己毫无优势可言，但他知道，微笑是获得他人信任的法宝。为了获得这一法宝，原一平开始每天一早就在公园里向每一个所碰到的人微笑，不管对方是否在意或者回报他微笑，他都不在乎。终于有一天，一个常去公园的大老板对原一平的微笑产生了兴趣，他不明白一个吃不饱的人怎么会总是这么快乐。于是，他提出请原一平吃一顿饭，可原一平却请求这位大老板买他的一份保险，老板答应了。接着这位大老板又把原一平介绍给许多商场上的朋友。

通过这件事，原一平初次尝到了微笑的魔力，后来，他进一步通过观察发现世界上最美的笑是婴儿的笑容，那种天真无邪的笑，散发出诱人的魅力，令人如浴春风，无法抗拒。因此，他开始练习微笑。

有一段时间，他练习太入迷，因为在路上练习大笑，而被路人误认为神经有问题。他甚至睡觉都常常会“笑”醒，并跑到镜子前去练习。“噢，你看，这种表情正确吗？”他问来到他身旁的妻子。“喂，你有没有搞错！深更半夜爬起来干什么？”“嘘，没什么。”他继续练习。“喏，这个样子好像就对了。”“哎哟，太难看了吧！”“别乱说。现在好些了吗？”“哦，是好看些了。”“这就是痛快的笑啊。”

经过长期的练习，他掌握了38种笑：逗对方转怒为喜的笑，安慰对方的笑，岔开对方话题的笑，消除对方压力的笑，重新修好时的笑，两人意见一致时的笑，吃惊之余的笑，挑战性的笑，大方的笑，含蓄的笑，假装糊涂的笑，心照不宣的笑，遭人拒绝时的苦笑，压抑辛酸的笑，无聊时的笑，郁郁寡欢时的笑，热情的笑，自认倒霉的笑，使对方放心的笑……他的笑达到了炉火纯青的地步，他可以针对不同的客户，展现不同的笑容。用微笑表现出不同的情感反应，用自己的微笑让对方露出笑容。

其实，世界上最伟大的推销员乔·吉拉德也曾说：“当你笑时，整个世界都在笑。”实际上，微笑给我们带来的，不仅仅是良好的人际关系和顺心的工作状态，更重要的是，我们在训练微笑的过程中，获得了一份好心情，有了好心情，自然万事如意了。

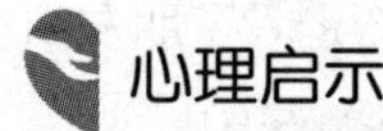

心理启示

英国小说家艾略特说："行为可以改变人生，正如人生应该决定行为一样。"当我们心情不好时，我们可以先微笑，然后多回忆曾经愉快的时光，用微笑来激励自己，那么，你就能"装"出一份好心情。

走进人群，才能赶走抑郁

人生征途上，我们谁都不希望独自一人，都希望有朋友相伴。因为人行于世，难免会遇到各种困难，难免会悲观失望，孤独难耐，但如果我们能得到朋友的鼓励和支持，我们就能重获力量，甚至闯过难关。有研究表明，人际关系不好，性格孤僻或跛扈、有缺陷，容易导致抑郁症，抑郁又会进一步使人际关系恶化，这是一种恶性循环。

吴先生原本有个美满的家，他事业有成，妻子温柔美丽，但就在他三十岁那年，命运跟他开了个玩笑，刚怀孕五个月的妻子在家中滑了一跤而流产，后来，妻子就被诊断出不孕症，整天郁郁寡欢的妻子又在一次交通意外中丧生。这对吴先生打击很大，但他还是坚持努力工作，并担任了几个小公司的兼职顾问，虽然很劳累、很操心，甚至很压抑，但是他从来不曾流过一滴泪，朋友都夸他是个硬汉！

后来，吴先生开始变得孤僻起来，一到周末，他就一个人躲在家里，什么人也不见。就这样又过了几个月，吴先生感觉自己的头总是很疼，开了一些头疼药吃也无济于事。后来，他不得不去看心理医生，心理医生告诉他："那些头疼药你先别吃了，你还是和以前一样工作，但一下班，你不妨把以前的同学、朋友都约出来，喝喝酒、聊聊天，两周后你再来找我吧。"吴先生对医生的建议感到很纳闷，但他还是照做了。在朋友的开导下，他将很久以来心中的苦楚全部以泪水的形式宣泄了出来，整个人也轻松了很多。当然，两个星期后，吴先生没再找这名医生。

故事中的吴先生是怎样摆脱抑郁的？在医生的建议下，他重新走入了朋友圈子，将自己的很多悲伤情绪宣泄了出来。从这里，我们又能看到友谊的力量。

很多数据和事实一再说明了这样一个令人感到遗憾和痛心的现象：有心理障碍并想不开的人，大多数从来没有寻求过心理帮助。很多艺人之所以会选择自杀，就是因为他们有太多的心理压力而又不选择向朋友们倾诉。还有一些人回避自己的心理问题，不去勇敢地正视和面对它，而且不积极地进行规范治疗，结果导致悲剧事件屡屡发生。

生活中，我们每个人都不能忽视抑郁这一问题，如果你有如下几大主要症状，就表现你抑郁了：大部分时间感到沮丧或忧愁；缺乏活力，总是感到累；有犯罪感或无用感；无法解释的疼痛；有死亡或自杀的想法……

抑郁会严重干扰你的工作、学习和工作，给家庭和社会带来沉重的负担，严重的还会导致抑郁症。它会赶走你的积极情绪，使你对周围的人丧失了爱。能否敞开心扉是抑郁症患者能否摆脱抑郁的关键。而抑郁症患者为什么很难做到这一点？因为他们有某种心灵上的顾忌，他们不愿意承认自己有抑郁症，更别说去积极主动地配合医生治疗。

我们发现，很多抑郁者在患病后，会选择偷偷吃药而不会公开病情，就是因为他们对抑郁症的认识不足，将它误认为神经衰弱、精神分裂，还有一个原因是担心公开病情后他人抱以冷眼或歧视，背后传播流言蜚语，让那些本已伤痕累累的心灵雪上加霜。

那么，亲爱的朋友，如果你抑郁了，该如何向朋友寻求帮助呢？

1. 寻找信任的朋友

只有信任的朋友，他们才会为你保密，真心地帮你解开心结。

2. 不要为朋友带来困扰

你需要寻求帮助的朋友必须是那些内心坚强的人，如果他比你更容易产生抑郁情绪，那么，你只会为他带来困扰。

3. 必要时候应该寻求心理医生的帮助

如果你觉得你的朋友并没有帮助你脱离内心的煎熬，那么，你应该说服自

己，让心理医生来为你解疑答惑。

当然，即使心情抑郁了，你也不必担心，抑郁并不等同于精神分裂，你只要告诉自己，我的情绪感冒了，正在发烧，还会打喷嚏，现在很痛苦，但只要吃点药就会好的。

心理启示

了解抑郁，才能更有效地远离抑郁。越早去面对心理创伤，就会越早走出心理创伤的阴影。而摆脱抑郁，最重要的是与别人交流，敞开自己的心扉，才能找到病候，对症下药。

不必忧虑做好最坏的打算

曾经有这样一个故事：

在美国，有个刚毕业的年轻人，在一次州内的征兵选拔中，他因为体能好、表现优异被选中了，在外人看来，这是一件好事，但他看起来却并不高兴。

为了庆祝孙子被选上，他的爷爷从美国的另一个州来看他，看到孙子心情不好，便开导他说：“我的乖孙子，我知道你担心的是什么，其实真没什么可担心的，你到了陆战队，会遇到两个问题，要么是留在内勤部门；要么是分配到外勤部门。如果是内勤部门，那么，你就完全不用担忧了。”

年轻人接过爷爷的话说：“那要是我被分配到外勤部门呢？”

爷爷说：“同样，如果被分配到外勤部门，你也会遇到两个选择，要么是继续留在美国，要么是分配到国外的军事基地。如果你分配在美国本土，那没什么好担心的嘛。”

年轻人继续问：“那么，若是被分配到国外的基地呢？”

爷爷说：“那也还有两个选择，要么是被分配到崇尚和平的国家；要么是战火纷飞的海湾地区。如果把你分配到和平友好的国家，那也是值得庆幸的好

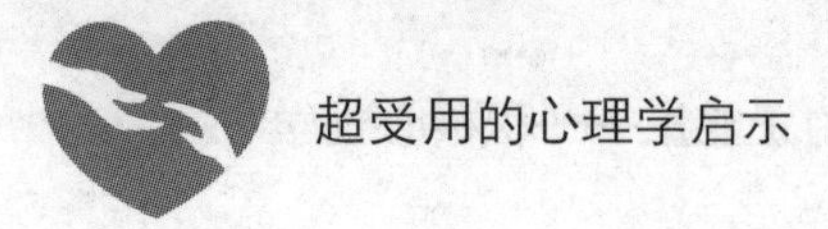

事呀。”

年轻人又问：“爷爷，那要是我不幸被分配到海湾地区呢？”

爷爷说：“你同样会有两个选择，要么是留在总部；要么是被派到前线去参加作战。如果你被分配到总部，那又有什么需要担心的呢！”

年轻人问：“那么，若是我不幸被派往前线作战呢？”

爷爷说：“同样，你还会遇到两个选择，一个是安全归来，另一个是不幸负伤。假设你能安然无恙地回来，你还担心什么呢？”

年轻人问：“那倘若我受伤了呢？”

爷爷说：“那也有两个选择，要么是轻伤，要么是身受重伤、危及生命。如果只是受了一点轻伤，而对生命构不成威胁的话，你又何必担心呢？”

年轻人又问：“可万一要是身受重伤呢？”

爷爷说：“即使身受重伤，也会有两种选择，要么是有活下来的机会，要么是完全无药可治了。如果尚能保全性命，还担心什么呢？”

年轻人再问：“那要是完全救治无效呢？”

爷爷听后哈哈大笑着说：“那你人都死了，还有什么可以担心的呢？”

是啊，这位爷爷说得：“人都死了，还有什么可担心的呢？”这是对人生的一种大彻大悟。有时候，我们对某件事很担心，但只要我们转念一想，最好的状况莫过于……以这样的心态面对，其实就没有什么可担心的了。

可能你会说，令我们担心的事实在太多了：要是考试考不过该怎么办？找不到工作怎么办？明天下雨怎么办……但如果你总是为这些事情担忧，那么，你势必会殚精竭虑了。其实大可不必，正如故事中这位爷爷告诉我们的一样，凡事大不了有两种选择，既然哪一种可能都不可能将我们打垮，你还有什么可以担心的呢？

那么，面对内心的担忧，我们该如何做呢？

1. 做好最坏的打算

谚语常说：“能解决的事不必去担心，不能解决的事担心也没用。”就如故事中的这位爷爷所说：“人都死了，还有什么好担心的呢。”这样一

想，你会发现，在最坏的情况面前，也没什么可忧虑的，那么，你也就能变得积极了。

2. 学会转换思维

比如，面对着半杯水，对于乐观旷达、心态积极的人而言，是：“哈，真高兴我还有半杯水！”对那些悲观沮丧、患得患失的人而言，则是：“唉，只有半杯水了，这该如何是好呀？”

因此，我们要始终记住，人生在世，很多事我们控制不了，但我们可以选择自己的心态，以乐观、积极的心态面对，那么不好的机会也会成为好机会。如果用消极颓废、悲观沮丧的心态去对待，那么，好机会也会被看成不好的机会。

心理启示

的确，人生拥有无数机会，关键看你用什么态度去看待。能够综观每件事情、每个问题的正反两面或者更多面，你将发现内心深处的恐惧在所有状况明朗之后将会自行化为乌有。

第2章　一举一动，呈现行为的心理奥秘——行为心理学

在生活中，到底是什么出卖了我们的性格呢？是什么暴露了我们的隐私呢？到底是我们的言语，还是我们的一举一动？我们的行为被什么东西所左右着？答案就是：个性。当我们仔细去观察自己与别人的行为，就会发现，我们的一举一动都是告诉别人：我是一个什么样的人。这就是神秘的行为心理学。

照镜子的心理

在生活中，我们发现不管是长得好看，还是长得不好看的人，不管是男人还是女人，他们都有一个最大的共同点，那就是喜欢照镜子，喜欢关注镜子里的自己。比如，我们经常会在商场的卫生间里，看到一些爱美的人士就好像占领地盘一样长时间地站在镜子前，对着镜子整理自己的头发，或者补补妆。有时候，我们甚至会发现，她们只是站在那里摆弄姿势，或者对着镜子里美丽的容颜而自我陶醉。但是，她们这样做却引起了站在后面的人的极大不满：这人怎么总是霸占着镜子呢？或者旁边的人会说：这人也太自恋了吧。殊不知，在很多时候，我们都特别关注镜子里的自己，一笑一颦，甚至，还会对着镜子自言自语，好像在跟一个熟悉的朋友聊天。在这时候，我们内心是满足的，有一种超越残酷现实所带来的优越感。

自恋的英语是Narcissism，这源自于希腊神话里的人物“Narcissism”。

Narcissism是一位因痴迷自己的容貌最终溺死的青年。他的例子启发我们，假如你过分注意自己的形象，就会像Narcissism一样，变得自我陶醉，最终被自恋所吞噬。

当然，自恋的人对自己的形象十分敏感，也非常在意别人对自己的评价，还伴有自卑感。自恋的人之所以在意别人的评价，就是想得到别人的正面的评价和肯定，以此确认自己的存在价值，从而满足精神上得到尊重的需要。

举个简单的例子：当我们在生活中遭遇痛苦的事情，导致我们脸上无表情或十分沮丧时，假如这时你对着镜子给自己一个微笑，那么，你会发现，在对着镜子微笑之后，你那原本紧皱的眉头会舒展开了，嘴角上扬，因为如花的笑颜，会给我们忧虑的心里带来暖暖的感觉。这就是积极的心理暗示所带来的心理作用，换言之，那些喜欢照镜子的人更愿意沉浸在镜子这个虚幻的世界里，假如现实生活给予了自己不幸的经历，那他们就很容易通过镜子里的自己来找回自信。

但是，有的人过分关注镜子中的自己，以至于他总是逮着机会就照镜子，不管是商场里的穿衣镜，还是路边停着车的黑色玻璃，甚至是一块白色玻璃所折射出的模糊的影像，都会使他产生照镜子的行为。这样的人其实潜意识里是在逃避现实，因为现实中的种种不如意，使得他们把自卑、懊恼的情绪压抑在心里，只有通过一遍遍地看镜子里的自己，他们心里才或多或少有些安慰。

心理启示

从心理学角度说，被人认可和肯定是我们正常的精神需求。在生活中，每个人都渴望被他人肯定，那是一种自我价值的被肯定，如果得不到别人的肯定，那就会给自己一种很糟糕的感觉。在这一点上，我们应该是坦然承认的。

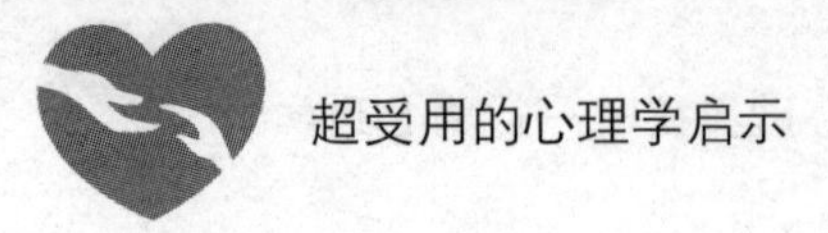

喜欢吃零食的人其实很孤独

在日常生活中，我们发现有时候自己没有零食就受不了。尤其是一些女性，似乎零食成为了她们仅次于食物的物质粮食。相信绝大多数女性都有喜欢买零食、吃零食的嗜好，她们经常会在超市买大包大包的零食，放在自己的身边，便于自己随时可以拿来吃。其实，像这类离不开零食的人，她们的内心其实是很害怕孤单的。

如果你也是一位爱吃零食的人，那么你一定有过这样的经历：当你一个人无所事事在家的时候，就会觉得浑身不自在，到处寻找零食吃。如果家里没有储备的零食，你甚至可以为了购买零食跑一大段的路。当你拿着心爱的零食，一边吃一边看着电视节目，你会认为那就是最惬意的事情。其实，这就是因为你害怕一个人独处，所以才让零食带给你某种慰藉的补偿。实际上就是满足口欲来消减自己的某种孤单感，这会让你认为一个人有东西吃也是一件不错的事情。她们通过吃零食来获得一种心理上的平衡，久而久之，这就成为了一种习惯，所以一旦她们身边没有了零食，她们就会受不了。

一位很年轻的女孩去看病，说最近四个月，她的体重增加了20公斤，而发胖的主要原因就是吃了太多的零食。

这位女孩毕业于外地一所文科类大学，四个月之前才来到本地。在这之前，她从未离开过父母而一个人单独生活，但因为毕业分配，不得不离开父母。对将来怀有很大的希望的她，便搬来本地，一个人过着枯燥无味的生活。

每天，当她从工作单位回到自己的宿舍时，没有人迎接她，只有冷清、黑暗的空房子，晚餐也得自己动手准备，这就是她每天的生活。她难以忍受这极其孤独的生活，因此当她独自在仅仅只有一个人的屋子里时，便会涌起吃的冲动，所以就开始乱吃零食，因为只有多吃零食，心理才能获得平衡。时间长了，就形成了一种恶性循环，当这次冲动刚平静，下次的冲动又会袭来，于是随着自己的冲动不断地吃，到最后一天三餐根本离不开零食，每天她都会为自己准备很多零食。

不久后，除了每天吃零食以外，家里的抽屉还必须经常塞满各种零食，否则她就会感到不安。而且这种离不开零食的习惯，也被她带到了单位，办公室的抽屉里也经常被塞满了饼干、面包，只要一有冲动，她也顾不得是否在上班，马上偷偷拿出零食来吃。

造成其行为的原因，源于她离开了父母，独自一个人在外地生活。当心里感觉孤寂时，找不到别的排遣孤独感的方式，只有靠吃零食才能安抚自己。所以，当很多人在失意、孤单时，便会有吃零食的冲动，严重的甚至会出现暴饮暴食的情况。

我们经常看到有的女孩子一边谈话一边不停地吃零食，她们虽然外表看起来是个成熟的大人，但心理状态仍停留在爱撒娇、未成熟的小孩子阶段。所以，像这类爱吃零食的人，除了零食吃得很多外，也很爱说话，因为说话也可以满足她们的口欲。

心理启示

一个人口欲的满足是一种最基本的欲望，当她们感到孤单无助时，而又苦于找不到其他的消遣方式，于是就激发了她们最原始的一种欲望，那就是吃东西。而在这种情况下，吃其他的食物远不及吃零食来得有趣，于是零食就成为了她们排遣寂寞、消除孤单的方式，并由此形成一种固定的习惯，一旦独处的时候，就会情不自禁地想到零食。所以，她们的生活已经离不开零食了，如果离开了零食，她们就会一下子陷入寂寞、孤单之中。所以，对于她们来说，没有零食就会受不了。

换言之，那些嗜好零食的人，或者是贪吃贪喝的人，都很怕孤单。假如自己是这样的一个人，那需要鼓起勇气打开心扉，多结交朋友，这样我们才不会被孤单包围。

开场白太长的人缺乏自信

在人际交往中，为了促进彼此的人际关系，很多人在正式交谈前都会先有一段开场白。这个开场白主要是为了介绍自己，吸引对方的眼球，使自己得到关注。事实上，和对方见面时，如果不先说点开场白，就直接进入重点，可能会令他人对自己的意图产生误解，从而产生戒心，为双方的沟通带来障碍。特别是在一些商业会谈中，开场白是不可或缺的。

一般来说，开场白不宜过长，只要寥寥数语，别出心裁，就能够达到自己的交际目的。但如果一个人开场白过长，听众就不易抓到说话的重点，你也不过是在浪费时间，徒增焦急。可是还是有人喜欢把开场白拖得很长，原因可能是多方面的，但主要原因就是在于自己缺乏足够的自信。下面我们分析一下，为什么有很多人仍喜欢把开场白拖得很长，这是出于什么心理呢。

1. 对听者的一种体贴

如果对方是个敏感、容易受伤的人，而直接切入问题重点，可能会对对方心理造成冲击，所以说话的人就刻意拖长开场白，以顾虑对方的反应。

2. 掩饰内心的不安

还有的人会考虑如果开场白太过简短，可能会使对方产生误会或露出不悦的神情，因而留下不好的印象。于是，他们怀着这样一种不安的心情而拖长开场白，使自己心里得到一种安慰。其实，这就是一种缺乏自信的表现。除此之外，有很多人在应邀演讲时，也难免会把开场白拖得很长，这也是为缺乏自信所作的一种辩解。

心理启示

为什么有的人会利用开场白为自己辩解？通常情况下，过长的开场白可以隐藏自己的不安情绪，害怕不能清楚地表达自己的意思，于是画蛇添足，认为开场白越长越好。于是，有些人就会借很长的开场白来为自己辩解，因此，这一类型的人是小心翼翼的人。

开场白太长固然令人不耐烦，但有很多人却矫枉过正，在面对上司、前辈时，深怕自己过长的开场白会使对方反感，所以过多地顾及对方态度，这就显得太反常了。

总而言之，说话者无非为了更详细地表达自己的意思，所以才有很长的开场白。这其中最重要的原因就是掩饰内心的不安，而这也是一种缺乏自信的表现。假如你有这样的表现，那不妨先逐步增强自己的自信心吧。

揭人隐私者有极强的嫉妒心

在日常生活中，我们发现有很多人喜欢揭人隐私，他们以偷窥别人的私生活为乐，有的人甚至把别人的隐私作为茶余饭后的谈资，在谈论别人的隐私时还禁不住带种自豪感。也许没有人不喜欢听他人的隐私，所以报刊杂志，才会乐于报道政治家、企业家、文体明星的新闻。每一个人都具有强烈的好奇心，特别是对他人不为人知的一面，或者自己从来没有听到过的消息。别人越是想遮盖的秘密，他就越有一种掀开神秘面纱的强烈欲望，想了解对方的隐私。造成这样的心理，主要原因就是其内心强烈的嫉妒心在作怪。

如果是同一工作单位中的四五个同事聚在一起，他们谈论的话题总喜欢围绕工作单位中同事的一些消息打转。在这种谈话场合，有的人扮演的是提供话题的角色，在大家面前揭露他人隐私；有的人则扮演听众的角色，对别人的隐私进行评论。于是，说闲话的条件便成立了。其实，我们可以仔细观察这种揭人隐私提供话题的人与听众，他们的心理动机到底何在呢？下面我们通过几个方面来分析一下。

1. 为了排解欲望得不到满足的郁闷

很多人愿意与几个同事一起谈论别人的隐私，大多都是为了排解欲望得不到满足的郁闷。有可能是在工作中由于与上司的价值观有差异，出现不同的想法和意见，而自己的意见未被采纳；有可能是因为在工作中与某位同事出现了一点小摩擦，而自己一直记在内心。于是，这一类型的人心中感觉痛苦，异常烦闷，才会提供这些话题。

当然，聪明的他们并不能把这种情形当作自己本身的问题，在揭露别人隐私的时候也不会显露自己对当事人的一点看法，表面上看他们只是把客观存在的事件叙述出来。他们会认为全工作单位的人都对某位人物感到不满，所以他有义务揭露他人的隐私，让大家的憎恨与攻击欲望得到满足。因此，他们往往会在言谈之中，故意说一些刻薄的话，并希望听众能与自己站在同一立场上。

2. 基于嫉妒的心理

通常情况下，人们谈论这一类话题的对象，不是上司、部下，而是同事。所以，这类话题容易得到上司的赏识，并且深受异性的欢迎。因为人们对自己的上司或者下属都不会产生嫉妒心理，唯有对可能成为自己对手的同事产生一些嫉妒。他们千方百计打听对方的一些事情，一旦发现一点能破坏对方形象的事情，就会大肆渲染。所以，他们一般提供的话题，内容往往是对象的私生活，以企图破坏其形象，使自己心里获得一种满足感。而如果再加上听众对这个对象也不怀好意，并对其私生活进行胡乱地批评，那么提供话题者的目的就更易达成。

3. 对他人怀有敌意、羡慕、自卑等情结

很多人在一起时，窥探别人的私生活，并对他人的隐私或私生活进行评价，不管是提供消息的人，还是听众，他们无非就是心中对淡论对象怀有敌意、羡慕、自卑等情结。所以，他们才能凑在一块，对他人的种种隐私谈得不亦乐乎。但一旦听众认为提供话题的人所说的内容与事实不符时，就会把这个人当作造谣生事的人，而对传闻置之不理。

心理启示

从心理学上来说，每一个人都有一种偷窥癖，只是每个人的兴趣程度大小不一。有的人善于克制自己的那种偷窥的欲望，对于别人不想说的秘密就不会

到处打听；但有的人虽然知道这是不对的，甚至显得有点不道德，但是他们就是克制不住内心的那种偷窥的欲望。而大多数女性尤其喜欢在背后谈论别人的隐私，其实男性也毫不逊色，他们在下班后几个人聚在一起喝酒时，也会谈起工作单位中有关他人的隐私，一来这可使其解除在工作中的紧张；二来也可以得到自己在工作单位中得不到的情报。

对于我们自己内心深处的这种偷窥别人隐私的欲望，我们需要理性地克制，转移注意力，假如你有工夫坐在办公室里聊天，还不如花点时间和精力去多学一些知识，这样不仅能显示自己不凡的涵养，而且有助于自己的事业发展。

说话指手画脚者个性较为强势

生活中，或许我们没发现，自己在说话时喜欢指手画脚，并且动作幅度还挺大。在这里，我们可以以第三者的身份去看待这个行为。其实，这样的人之所以喜欢指手画脚，是因为内心强烈的好胜心的无意显露。他们总认为别人会听不懂他的语言表达，于是他希望依靠自己的手势来补充一些内容，但这往往给人造成的感觉就是显得不够理性，情绪容易激动。而在有的场合，还会给人一种不礼貌的感觉。

1. 好胜心很强

有的人连打电话都会夸张地指手画脚，明明看不到对方，却好像对方就在眼前似的，一边拿着电话，一边指手画脚地讲得不亦乐乎。这一类型的人，如果对一件事物热衷起来，他就会不把其他的事放在眼里。除此之外，他们也是好胜心非常强的人，如果身边有强势对手出现的话，他们一定会使出浑身解数，绝不愿输给对方。

2. 拥有较强的说服能力

这一类型的人在工作上大多相当有能力，他们个性积极，对自己想说的

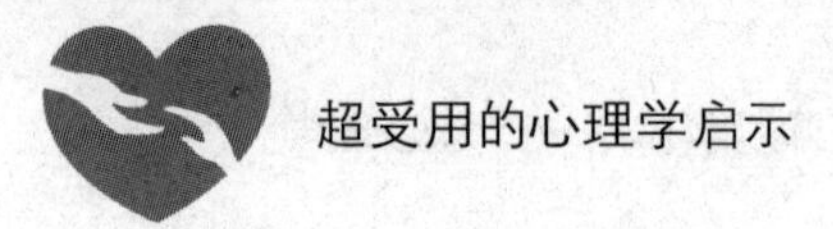

话、想做的事，都能通过流畅的语言轻易地传达给他人。再加上他们拥有较强的说服能力，因此这在一定程度上提高了其办事的成功率。他们在日常的生活中，喜欢指手画脚，并且动作比较夸张，极富感染力，好像在演戏似的，因此周围的人很容易受他们情绪兴奋的深刻影响。而在工作职场或团体中，他们就可以依靠自己的那种感染力和影响力带动他人和自己一起往前冲，他们是创造活跃气氛、使大家团结为一体的高手。

3. 其实很脆弱

这一类型的人，他们会在自己的工作中独挡一面，也会在工作之外的其他方面表现出游刃有余的深厚功底。对于在任何场合说任何话，在任何场合做任何事情，他们都会拿捏得十分恰当。但是，这类人也有软肋，那就是在挫折和困难面前，会变得十分脆弱，甚至会在重大的打击之下一蹶不振。所以，当他们感到十分失落的时候，对他们说一些鼓励的话是没有任何作用的。最佳的办法，就是给他们创造出一个新的环境，当他们身处一个全新的环境中，他们自然会忘记前面的失败，而激发出内心的好胜心，使自己能够振作起来。除此之外，他们也常常需要看一些励志性的书籍，借以鞭策自己，促使自己获得成功。

心理启示

一般来说，这一类指手画脚的动作幅度大的人感情比较丰富。这种人总是急于表达自己的情感、宣泄自己的情绪，而往往忽略了他人的感受，是属于个性较为强势的人。正因为他们只考虑自己而忽视他人的感受，基本上属于比较自私的个性。他们与那些身体僵硬、言行拘谨的人正好相反，这类人的行为举止和自己情感、情绪的表达有非常密切的关系。当他们情绪高昂时，身体的动作便很自然地多了起来；如果他们心中有不吐不快的事情时，手的动作也会不自觉地夸张起来。他们拥有较强的自主性，如果缺乏主见的人和他们在一起，就有可能被其强势的气焰压制住。

说话带敬语的人其实怀有戒心

人们在人际交往中所用的语言可以拉近或推远彼此间的心理距离。事实上，任何人际交往都是在交际双方所构成的心理距离中进行，适当的心理距离才能够使人际交往取得成功。如果你想使你的人际交往能够顺利愉快地进行下去，那么有分寸地使用恭敬的语言是很有必要的。这些谦恭的语言要依时间、场合、目的微妙地表达，适当地加以运用。俗话说："过犹不及。"如果你在人际交往中所用的言辞过于谦恭，反而显得十分肤浅，给人一种很虚假的感觉，而且在对方的内心深处会对你持有戒心。

那些在人际交往中过分谦恭的人，总是低声下气，总是用恭敬的语言、赞美的口气说话。你与他们初次交往的时候，可能会觉得对方也许是不好意思的原因，而你虽然感觉怪怪的，但决不会对他们产生厌恶。然而随着你们交往的日益深入，你就会逐渐察觉这种人的态度，而且会懊恼不已。这时你对他的评价大多变为："这家伙原来是个口是心非、表面恭敬，却一直对我有戒心！"总而言之，那些对你过分谦恭人往往是对你持有戒心的人。而造成这样情况的原因很多，可以从以下几个方面来看。

1. 你们之间有了新的障碍

日本语意学家桦岛忠夫说："敬语显示出人际关系的密疏、身份、势力，一旦使用不当或者错误，便扰乱了应有的彼此关系。"因此，如果是在那种无关紧要或很熟悉的人际关系中，我们根本没有必要使用敬语。不过，如果是在很亲密的人际关系中，有人突然使用恭敬的语言对你说话，那就得小心了。是否在你们之间出现了新的障碍？有可能是你无意之中把他得罪了而毫不知情，但是对方心里对你还是产生了距离感，于是言辞上利用"敬语"来疏远你。

2. 对你怀有敌意

如果在交谈中对方常常无意识地使用敬语，就表示双方之间心理距离很大，关系比较疏远。而如果对方过分地使用敬语，就表示对你怀有强烈的嫉妒、敌意、轻蔑和戒心。比如，当一个女人对一个男人说话时，过多使用敬语，绝对不是表示对他的一种尊敬，反而是表示出一种敌意，她有可能表达出来的意思是“我对你一点感觉也没有！”或是“我根本不想和你这样的男人接近”等表示一种强烈的排斥。

如果你与有些人已经交往很久了，彼此也十分了解。但是，他依然在运用客气与亲切的措辞，说话的语气十分谨慎，甚至会过多地使用很多恭敬的语言。在这样的情况下，如果对方不是心里有苦闷，就是心中对你怀有敌意。

3. 企图控制对方

如果有人在与你交往的时候，故意使用谦逊与客气的言语，那是因为他们企图利用这种方式和态度闯进你的心里，突破你的防备心理。实际上，他们之所以产生这种行为，其心理动机在于企图控制你，实现自己居高临下地与你进行交流的目的。

法国作家拉伯雷说：“外表态度上的礼节，只要稍具知识即能充分做到；而若是想表现出内在的道德品行，则必须具备更佳的气质。”很多人无论是言辞方面还是自己的行为，总是恭恭敬敬，这样的情况也可以说是由于某种气质的欠缺。当然，我们在与人进行人际交往的时候，有分寸地使用敬语是一种礼貌的表现，也是建立良好人际关系的方法之一。但是，“殷勤过度，反而无礼。”人与人之间的礼貌，有其固定的形式、程式以及语言措辞，这是每个人都必须遵循的。

心理启示

在日常生活中，我们在与他人最初交往的时候，可能会使用到一些谦恭的言辞，如“您”、“请”、“劳驾”、“谢谢”、“辛苦了”、“请多多关照”等敬语。由于双方不是很了解，显得十分陌生，所以都会在言辞上彬彬有礼、小心翼翼。而如果通过了进一步的交往，已经变得较为熟悉了，就会忽视掉这些敬语，直接用日常语言进行有效地交流。所以通过对话，就能察觉到谈话双方关系已经到了何种程度。比如一对男女朋友，才开始见面的时候，双方都会

用一些敬语，男性一般都会表现得很有礼貌，而女性也会显得十分矜持。而一旦他们的恋爱关系确定了下来，在一起相处的时间久了，就会省掉那些“繁文缛节”，彼此有什么话就直接说出来，他们之间使用的语言都是极为亲昵的话语，甚至有的语言已经成为了他们爱情秘密的一部分，旁边的人是听不出所以然来的。而且我们在日常交谈中，也常能通过对敬语的使用判断出彼此之间的关系。

一般来说，但凡那些习惯于用谦恭的言辞的人，他们以令人难以忍受的过分谦恭的态度对待他人的人，内心往往积聚着对他人的强烈攻击欲。也许他们在幼儿时期一定受过父母严厉而又错误的教育，尤其是有关礼节方面的。所以，那些在一般人看来可以许可的欲望，却不被他们的良心所认同，这就在一定程度上导致了他们产生了罪恶、不安和恐惧等感觉。于是，他们便将种种不被良心认可的欲望、冲动和情绪全压抑在内心深处。但是，他们内心有种恐惧，担心那些越积越多的被压抑的欲望、冲动和情绪有一天会形成强大的攻击冲动而发泄出来。他们直觉地意识到这一点，所以决定用谦恭的言辞来掩饰，企图进行自我心理防卫。

为什么有的人喜欢爆粗口

我们在日常生活中的一些场合、聚会上，都会听见一些粗口，那些不堪入耳的话就这样顺势进入我们的耳中。其实，说“粗口”是和说话者本身的成长环境，家庭的潜移默化以及个人的修养，还有内在和外在的文化素质是否协调统一分不开的。

一些人喜欢说“粗口”，有各方面的原因。有可能是出于习惯，有可能是为了泄愤，有可能是一种素质低下的表现，有可能纯粹是一种心理上的满足，还有可能是游戏的心理。

1. 出于习惯

说“粗口”对于某一部分人来说是一种习惯，这不等于读书少，或者没教养。比如很多淳朴的劳动人民，虽然经常说“粗口”，但是心地是善良的。他们说的“粗口”已经融入生活中了，成了一种习惯，“粗口”是他们表达喜怒哀乐的语言媒介。所以，这一部分人说“粗口”是一种习惯，就像口头禅一样。在某种情况下，他们是不自觉地说“粗口”，对别人没有任何的实际意义。

2. 愤怒的表达

有人说：“名人，斯文的人，在说到‘小人’时已经无法用什么词来形容了。”因此，在这时候用“粗口”对小人比较贴切。比如大家都很熟悉的台湾名人李敖，读书太多了，可以说是“满腹经纶”，但是在谈到台湾政府里面的“小人”的时候，还是忍不住要讲“粗口”，听众对此的反应是“热烈鼓掌”，认为李敖说出了民众的心声。当然，生活中的李敖也不讲“粗口”。而有些说“粗口”的人，只是自制力不够，口不择言。

3. 为了发泄心中的不满

人们聚在一起，特别是很多男人，比较容易说一些“有伤大雅”的粗话，而他们尤其偏爱涉及禁忌的词汇，例如“傻×”等与性行为有关的语言，或“放屁”等牵涉排泄物的词汇。在他们看来，好像只有说几句“粗口”才能体现男子汉的气概。其实，他们说粗口的主要原因是内心的欲望得不到满足。

现实中，有些人谈吐文雅，外表斯文，可内心却是险恶肮脏的。他们在平时的表现是彬彬有礼、恪守规矩，不轻易动怒。而在某些时候喜欢口出秽言的人，他们主要是属于心理某些方面存在着偏执的人。他们在平时就显得焦躁不安，内心有很多不满的情绪，却没有办法来发泄，经过长年累月的压抑，一旦他们逮到机会，不论何时、何地、何人，他们便借题大肆发挥，一样照说不误。有时候，即使说话的人不是存心的，但对听者来说，心里却很不好受。这种欲望得不到满足而产生的粗言恶语，说话的人在说出口的时候，并没有考虑到会带来什么后果，至于是否会伤害到别人，他们更不会考虑。

4. 寻求心理上的平衡

如果从优雅的女人口中爆出一些不堪入耳的粗口，这是十分难以让人理

解的。但是在近几年来，女性亦毫不逊色于男人，也学会了爆粗口，甚至变得更加厉害，有的女人说得出比男人说的更露骨更难听的下流话。其实，这就好似妇女解放运动时期极典型的女性心理特征。如果我们站在女性的立场上看待这种现象，就会明白其心理动机是希望表现得像男人一样，其实就是为了寻求心理上的某种平衡。她们会想“为什么男人可以说，而我们不能说”，于是，他们也像男人一样说粗口，这可以给她们一种与男人并驾齐驱的感觉。

5. 只是种游戏

我们在生活中不难发现，有些孩子特别是男孩子也爱说粗话。这是为什么呢？如果孩子们在父母面前说粗话，毫无疑问，一定会受到父母的训斥。所以，这时候“粗话”就只能变成孩子们和同伴之间在互相游戏时的用语。孩子们都知道“那种话”并没有恶意，只是一种游戏，而这种游戏可以让他们顺利摆脱父母的教训。在小伙伴面前自由地说“粗口”，甚至可以让他们觉得自己也能像大人一样说话，自己看起来也像个大人。

心理启示

可见，所谓粗话，大多是为了发泄内心的不满，有的也是出于习惯，或是一种愤怒的表达，或是寻求某种心理平衡，一般并不具有特殊意义，同时又不对大家的身体造成实际上的伤害。所以，除了那些想给你致命打击而事先在内心计划好的蓄意性言语，我们对一般的粗言恶语，最好充耳不闻。

说错的话里隐藏其真实想法

一般情况下，当人们意识到自己说错话了，他们都会尽量为自己找一些借口，表示自己所说的那些是因为“不小心”，并“不是真心的”，但实际上，那不小心说错的话才是他真正想说的。由此可见，那些常常会说错话的人，我们可以推断他们大部分是习惯隐藏真正的自己，是表里不一的人，而且，他们

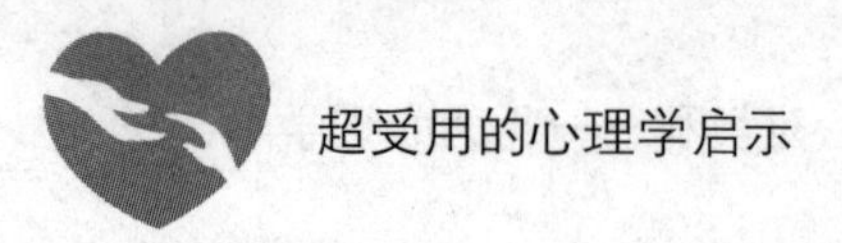

心中很强烈地禁止自己把这些真心话说出来。但是，有时候那些越想克制说的话，却往往在不经意间随口说出。于是，他们在说错话的那一瞬间，面部表情是极为不自然的，而且有些人还会马上及时补救，想挽回说出的话，怎奈越想解释却越描越黑，这时候，我们才明白原来他是个说一套做一套的人。

心理学家弗洛伊德认为，说错、听错或者是写错等“错误行为”，都是将内心真正的想法表现出来的行为。相信每一个人都有在无意识中说出奇怪的话的经历，当那些违背本意的话语脱口而出时，我们才追悔莫及。但是，这时候，你仔细地想一下，就会发现那些看似说错的话，实际上就是我们内心最真实的想法。所以，那些经常说错话的人，其实就是表里不一、说一套做一套的人。

我们在说话的时候，通常都有这样一些想法：“这件事绝对不能讲出来”“这事绝不能弄错，非小心不可”。其实，当你越这么想的时候，便越容易将它说出来。相信很多人也遇到过类似的情形，越是被禁止的东西，越想压抑它，就越容易流露出来。比如，奥地利下议院院长，在宣告会议即将开始时，一不留神便说成了“会议结束”。由于他想让这个会议顺利进展的难度颇高，所以议长在心中便存在着“希望会议尽早结束吧”的愿望。这个愿望表现在其不经意的话语中，而他本人意识中清楚地知道会议一定要进行，但在潜意识里又有恐惧、不想面对的心理，两者互相矛盾、冲突，因而引发了这种错误的行为，一不留神说出了错误的话。

心理启示

每个人在心中都隐藏着一些真实想法，当你越想去隐瞒它、掩饰它的时候，就越容易说错话或做错事，无意之间就会在别人面前泄漏你的心虚。因此，如果在生活中碰到那些经常说错话的人，你就要小心对方了，他们极有可能是当面说一套，背后做一套的人，而那些说错的话才是他们内心真实的想法。

唠叨者其实是完美主义者

在日常生活中，我们会碰到一些爱唠叨的人，他们经常会抱怨说这个没有做好，那件事情哪里又出了差错等。从早到晚，他们的嘴巴似乎就没有休息过，他们总是对生活中的每一件事情进行挑剔，甚至是一些微不足道的小事。其实，这类爱唠叨的人都是追求完美的人，他们对生活中的每一个细节都苛求十全十美，见不得一点点瑕疵。所以，一旦他们发现生活中有很多不如意的事情时，就会产生一些抱怨、唠叨。

为什么有人特别喜欢唠叨、发牢骚呢？其实，人生在世，不如意事十之八九。当他们一遇到那些不如意的事情，自然也就觉得有满腹的牢骚，喜欢唠叨了。我们不难发现，很多上班族喜欢在喝酒时发牢骚，有时候真是唠叨个没完没了，一发不可收拾。他们大多会就生活、工作上的事情进行唠叨："我们老板的脾气真差，恨不得我们的一言一行都按他的想法来，事实上很多时候明明知道自己是错的，还希望我们坚持下去"或者是"那家伙也真是令人讨厌，既然没有做这件事的能力就早说嘛，现在事情搞成这样子才来找我们，真是一点也不把我们放在眼里。"在他们心里，更希望生活能够按他们的想法来进行，这样才完美无缺。

那些经常对生活充满抱怨，喜欢唠叨的人，大多是属于追求完美的人。他们凡事都要求高水平、高标准，并时常在脑海中描绘完美的蓝图，由于现实与理想之间的差别，于是就对现实生活充满了抱怨，自然也就开始唠叨不断了。一般来说，那些喜欢唠叨的人，通常是希望自己能过上理想的生活，甚至于成天沉迷于幻想的世界中，对于现实的问题则采取漠视的态度。

1. 有些自以为是

这些经常唠叨的人，总认为自己是最完美、不会出错的人。因此，在某种程度上说，这种类型的人非常难相处。他们总是充满自信地认为，自己的表现完美无缺，因此常会愤世嫉俗地认为：他们怎么总是这样，什么事情都做不好，做的事情都不能够让自己满意。其实，如果他们能够早一点认清事实，了解自己本身也并不是十全十美的，他们就会对别人少一点苛求，就会少一点唠叨了。

2. 大多怀才不遇

在那些喜欢唠叨的人之中，很多都是一些怀才不遇的人。他们本身是很有能力的，但因为人际关系不好，而被周围的人所孤立，所以无法受到重用，无法取得更为长远的发展。而他们的人际关系差的主要原因也是喜欢唠叨，当身边有人在的时候，自己就可以整天唠叨，事事抱怨，但是没有谁愿意听别人的唠叨，也没有人受得了整天唠叨的人。因此当身边的人受不了你唠叨的时候，他们就会一个一个地离开，对你敬而远之，最后只剩下自己孤单一人时，你就应该警觉自己并不是完美无瑕的人。

心理启示

我们换个角度想，如果世界上没有这些爱唠叨的人存在，那么所有人都有可能安于现状，不求进步。而正是因为有这些会唠叨、敢批评的人存在，才能让人们更加努力追求完美。比如说父母，老是在我们耳边唠唠叨叨，但是如果没有他们的唠叨，我们就会在成长的路上多走一些弯路，少一些成功的机会。正是他们的唠叨，才能够使我们避免一些不必要的麻烦。因此，那些老是喜欢唠叨的人虽然显得有些啰嗦，但在挑他人的毛病、找他人的缺点方面，却拥有傲人的才能、敏锐的眼光，所以有时候你不妨侧耳倾听，或许会有意想不到的收获。

喝醉了喜欢打电话的人其实很孤独

生活中，细心的人会发现一个喝醉酒的人，常常会猛打电话，并且会在不适合打电话的时间打电话，这是什么原因呢？其实，这些人的心理，是希望能和更多的人交往、沟通，借以发泄内心的不满情绪。我们经常可以在夜晚的街道上，看到一些醉汉漫无目的地闲逛，有时也可以看到他们无缘无故地骚扰行人，这些行为，无非是想诉说自己的孤独而已。所以，那些醉酒后喜欢打电话

的人，其实他们的内心是很孤独的，他们渴望得到别人的关怀。

酒醉后的人，经常会自以为想起了一件十分重要的事情，就打电话给别人，想说一说自己想起的那件事情，而且他们打电话是不会挑时间的。但是接电话的人，却经常会被他们那些所谓的理由弄得哭笑不得，特别是半夜三更接到电话，更是令人感到不胜厌烦。那么，为什么会造成这样的情况呢？

1. 有些喝酒的人本身就是孤独的

那些去靠买醉来发泄不满情绪的人，本身就是孤独的。如果我们遇到不如意的事情，完全可以自己进行调节或者是向朋友诉说。那些喝酒的人，希望能够靠酒精来麻醉自己，使自己忘记痛苦，而他们的内心是极为孤独的。他们或许是一个人或三五个朋友一起喝酒，虽然身边的人很多，但心中的苦闷却无处诉说，于是只有喝醉之后，到处打电话发泄自己的憋屈。

2. 渴望得到朋友的关怀

我们仔细探讨这些人的举动，就可知道在喝醉酒时打电话的人，完全是因为孤独，需要他人的关怀，尤其是来自朋友或最为亲密的人的关怀。那些借酒麻醉自己的人，为了使自己的身心得到解脱，摆脱所在群体给他带来的束缚，会在深夜打电话来博取别人的注意。在这种情况下，他们只是为了发泄平常内心的不满情绪和苦闷烦恼，或者借机发泄平常和上司、同事间的不愉快。虽然他们看起来好似无意识，但是他们心里有更为清晰的渴望，那就是获得朋友或亲密的人的安慰，所以他们的无礼举动，多半都是对与自己关系亲密的朋友或亲人而言。

由于平时一天接着一天，通过日积月累起来的不满情绪和心理紧张，一旦他们脱离群体时，就会想方设法地进行释放。而这种感觉，平常是被压抑的，所以借着酒醉，内心就想挣脱束缚。于是，为了消除内心的孤独感和郁闷情绪，渴望得到来自别人的一些关怀和注意力，只好打电话给朋友，这就是其行为产生的心理动机。

3. 非常识的行为

喝醉酒打电话是一种“非常识的行为”，因为喝醉酒的人已经不具备与人

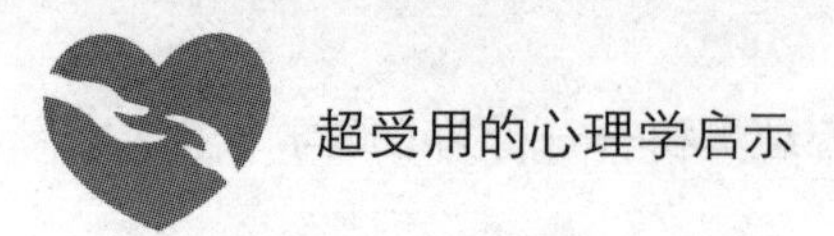

交往应有的常识，所以他们会在不适当的时候打电话，比如深夜一两点时，毫不顾忌别人的作息时间，而对方听到的只是醉汉的喊叫声，或夹杂着喧闹的音乐声。而且，他们还会说些不同于平常的话语，比如他们会说："我现在正在喝酒，你给我马上过来，我会一直等到你来陪我为止。"

当你接到这种电话时，即便置之不理将电话挂断，对方还是会坚持再打来，并且振振有辞地说："你真是太不够意思了，对我一点都不关心！"等，还会说一些令人厌恶的话，如果再加上电话里夹杂着吵闹声，更会让接电话的人心生不满。

那些喝醉酒猛打电话的人，其实他们的心态已经脱离了现实，和接电话的人在想法上有很大的差别。喝醉酒猛打电话的人有强烈的说话欲望，而接电话的人则会因为被打扰而显得不耐烦，两人当然话不投机。如果你认为，对方既然已经喝醉了，只要随便说些应付他的话敷衍过去就可以了，这通常是一般人的处理方式，但是如果你对好友喝酒时或酒后猛打电话采取容忍的态度，照顾他并且亲切地宽慰他，出发点固然没错，但你会很累。因为那些喝酒醉的人，一旦打开了话匣子，那就无法停下来，他们会纠缠着你没完没了。面对这样的人，最好的办法就是敬而远之。

喜欢经常请客的人有一种自我满足感

在日常生活中，我们经常会遇到这样一类人，他们喜欢经常请客，动不动就说"这次我请你们"，或者很豪爽地说"想吃点什么，随便点，今天我请客"。当他们表露出请客的欲望时，那种自豪感和满足感显得尤为突出。其实，每个人都希望自己拥有请客的经济能力，因为只要自己有钱请客，就可以不用担心自己不如别人，还可以在朋友或同事面前显示自己有能力的一面，所以，那些喜欢经常请客的人拥有一种强烈的自我满足欲望。

小李是公司里公认的慷慨人物，主要原因就是他喜欢请客。经常会看到他在下班后，邀请着一个办公室的同事们去吃饭或是去酒吧玩。通常情况下，一般都是由小李买单。其实，大家一起出去吃喝玩乐，消费完全可以AA制，最初同事也都建议说费用大家平摊。但是，每当买单的时候，小李就显得特别热情地说："我来吧！今天玩得很高兴，我请客！"

久而久之，大家都习惯了，所以每一次出去玩都是小李一个人买单。有的同事见有便宜占便不再言语买单的事情，并且乐意享受这样的待遇；而有的同事则感觉小李一个人买单显得自己很不如人，于是干脆在下次出去玩的时候找借口避开了。

而小李本人也是有苦说不出，由于自己追求一种满足感、虚荣感，为了能在同事们面前表现出大方慷慨，自己不得不在日常开支中节省一点。

对小李来说，虽然用于请客的开销很大，但是每次请客的时候，他还是对那种内心获得的一种满足感欲罢不能。他宁愿自己在平时节省一点，也依然乐意请别人吃喝玩乐。

此外，我们可以观察一下那些被请的一方。一般来说，被请客的一方通常有两种心理。一种是别人请客，自己不用掏腰包，从表面上看是自己占了便宜，但是让对方付钱，显得别人很有能力，一对比就很容易形成自卑感，反而不能痛快地享受；另一种心理是认为别人请客让自己痛快享受是理所当然的，这种人大多都是不愿自掏腰包的吝啬鬼，除此之外，他们还有一种从小在心理上形成的依赖别人的心理。

对每个人来说，最早的人际关系是与母亲的关系。我们每一个人都有向母亲撒娇的经验和权利，而这种依赖、撒娇的态度一旦固定成型，长大成人后在现实生活中也容易出现，有时就体现在接受别人请客的满足感中。而那些喜欢请客的人，即便他们的立场是出于好意，但其心态和接受自己好意的对方也是一样的，这样一种心理与那些过度保护孩子的母亲的心理是非常相似的。

很多母亲会过度保护自己的孩子，甚至达到溺爱的程度，她们什么事情都替孩子做好，从表面上看虽然做母亲的比较辛苦，但是母亲想通过这样的行为

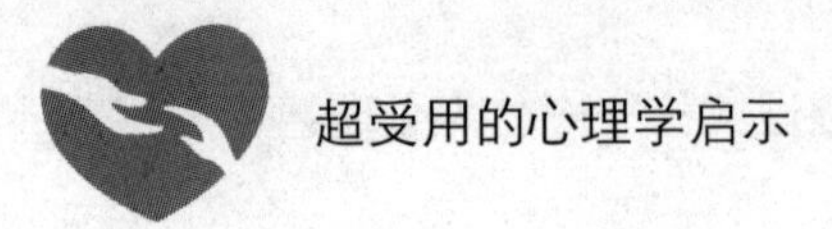

来满足自己的心理欲望。当母亲们还是孩子的时候，她们也受到了自己父母的呵护，那种受呵护的心理满足感一直跟随着她们，等到自己做了母亲，她们就会把自己的孩子当成自己欲望满足的对象。而那些所以喜欢请客的人，和喜欢被人请客的人凑在一起，就如同过分保护孩子的母亲与向母亲撒娇的人，他们彼此各有所需，分别都得到满足了。

心理启示

很多人特别爱请客，归根结底是他们想从请客的过程中获得一种满足感。这种满足感可能是一种优越感、自豪感，可能是为了表示对朋友的谢意，可能是有事相求于朋友，也可能纯粹是为了增进朋友之间的感情。于是，他们乐意借着种种理由请客，使自己获得一种满足感。

所以当我们看到那些身上并没有多少钱，却总想办法、找借口请客的人，就应该清楚他们出于什么目的，只要他们不是另有所图，你完全可以接受他们的好意。

第3章　了解自己，破解不同的人性密码——人格心理学

人格心理学识心理学的分支之一，简而言之，就是研究一个人所特有的行为模式的心理学。人格，不仅仅是包括性格，还包括了信念、自我观念等。准确地说，人格是指一个人一致的行为特征的群集。

你所不了解的真实自我

肖曼·巴纳姆是一位著名的魔术师，他曾经这样评价自己的表演：“我的节目之所以受欢迎，是因为节目里包含了每个人都喜欢的成分，所以，每一分钟都会有人上当受骗。”事实上，在现实生活中，我们既不能时刻来反省自己，看清自己，也不能把自己放在局外人的位置来观察自己。大多数时候，我们只能借助外界的一些信息来认识自己。所以，我们很容易受到外界信息的暗示，迷失在环境中，并习惯性地把他人的言行作为自己行动的参照。早在两千多年以前，古希腊人就把“认识你自己”刻在了阿波罗神庙的门柱上，但是，直到今天，我们也只能遗憾地说，“认识自己”仍有一段遥远的距离，其原因在于我们并不了解最真实的自己。

爱因斯坦16岁那年，父亲给他讲了一个故事，正是这个故事改变了爱因斯坦的一生：

昨天我与杰克去清扫南边的一个大烟囱，那烟囱需要踩着里面的钢筋踏梯才能进去。杰克走在前面，我在后面，我们俩抓着扶手一阶一阶地爬了上去，

下来的时候，杰克依旧走在前面，我还是跟在后面。后来，钻出烟囱后，我发现了一件奇怪的事情：杰克的后背、脸上全被烟囱里的烟灰蹭黑了，而我身上竟连一点烟灰也没有。我看见杰克的模样，心想我一定和他差不多，脸脏得像个小丑，于是，我到附近的小河里去洗了又洗。而杰克看见我全身干干净净，就以为自己和我一样，只简单地洗了洗手就上街了，结果，街上所有的人都笑破了肚子，他们以为杰克是个疯子。

最后，父亲郑重地对斯因斯坦说：“别人谁也不能做你的镜子，只有自己才是自己的镜子，拿别人做镜子，白痴或许会把自己照成天才的。”

我们之所以无法了解到真实的自我，大部分原因在于我们容易受外界信息的影响，诸如他人的言行等，在那些来自外界信息的暗示下，我们就可能出现了自我认知的偏差，好似看着杰克浑身很脏，就以为自己身上也很脏。因此，要想真正地看清自己，我们需要避免陷入别人眼光的谜团中，让自己成为自己的镜子。

有一个割草的孩子打电话给陈太太：“您需不需要割草？”陈太太回答说：“不需要了，我已有了割草工。”这个孩子又说：“我会帮您拔掉花丛中的杂草。”陈太太回答说：“我的割草工也做了。”这个孩子又说：“我会帮您把草与走道的四周割齐。”陈太太说：“我请的那人已经做了，谢谢你，我不需要新的割草工人了。”孩子挂了电话，哥哥在旁边不解地问道：“你不是就在陈太太那儿割草打工吗？为什么还要打这个电话？”孩子带着得意的笑容说：“我只是想知道我做得有多好。”

孩子通过打电话向雇主询问而收集了一些关于自己的信息，这样，他就能够预见自己未来的成长以及可能取得的成绩，从而认清自己。大多数人，难以拥有天生明智和审慎的判断力，实际上，判断力是在收集信息的基础上进行决策的能力，而信息对于判断有着不可忽视的作用。当我们无法收集到一些关于自己的信息，对自己就难以做出明智的判断，导致最终不能看清自己。

当一个人的情绪处于低落、失意的时候，他就对生活失去了控制感，于是，他内心的安全感也受到了影响。这样一个缺乏安全感的人，其心理的依赖

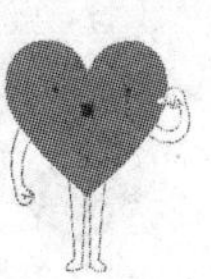

性将大大增强，比较容易受他人言行的信息暗示。所以，当对方说出一段无关痛痒的话时，我们很容易“对号入座”，这就是一种心理倾向，这将影响到我们对自己作出真实的判断。

心理启示

我们应该学会面对自己，不要因为自己有“缺陷”或者自己认为那是缺陷，就通过自己的方法将其掩盖起来，而这样的做法极其愚蠢。试想，当你把自己的眼睛蒙上时，你就真的掩盖了自己的缺陷了吗？因此，无论是自身的缺陷还是优点，我们都应该正确看待，因为面对自己是认识自己的必经之路。

让你拥有自我认知的能力

美国浪漫主义诗人朗费罗说：“别人借我们的过去所做的事来判断我们，然而，我们判断自己，却是凭将来能做些什么事。”心理学教授丹尼尔·吉尔伯特曾见过这样一个姑娘：衣衫不整、蒙头垢面，但长得很美。吉尔伯特教授跟她聊天，她也心不在焉，教授沉默了一会儿，突然问她：“孩子，你难道不知道你是个非常漂亮、非常好的姑娘吗？”“您说什么？”姑娘惊喜地问，美丽的大眼睛里泛着泪光。原来，在日常生活中，她所面对的是同学的嘲笑、母亲的谩骂，以至于她失去了自我认知的能力。子曰：“不患人之不知己，而患人之不己知。”对每一个人来说，最担心的事情就是不够了解自己，不能清楚地认知自己。因此，我们要善于剖析内心，让自己拥有自我认知的能力。

一个人名声的好坏、能力的高低，是别人从事物的外表下的定义，根本就不是这个人的本质，自己真正的能力，只有自己心里最清楚。然而，一个人最难认知的就是自己的内心，最难以回答的就是：我是谁？我想要的生活是什么？不过，当你清楚地认知了自己，就能够在这个世界上找到最基本的出发点，就能够去善待他人。

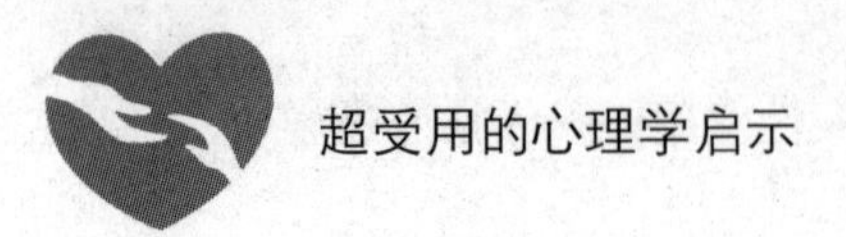

年轻时候的富兰克林很自负，有一次，一个工友把富兰克林叫在一旁，大声对他说："富兰克林，像你这样是不行的！别人与你意见不同的时候，你总是表现出一副强硬而自以为是的样子，你这种态度令人觉得如此难堪，以致别人懒得再听你的意见了。你的朋友们都觉得不和你在一起时比较自在些，你好像无所不知、无所不晓，别人对你无话可讲了，他们都懒得和你谈话，因为他们觉得自己费了力气反而感到不愉快，你以这种态度来和别人交往，不去虚心听取别人的见解，这样对你自己根本没有好处，你从别人那里根本学不到一点东西，但是实际上你现在所知道的却很有限。"富兰克林听了工友的斥责，讪讪地说道："我很惭愧，不过，我也很想有所长进。""那么，你现在要明白的第一件事就是，你已经太蠢了，现在还是太蠢了！"这个工友说完就离开了。

这番话让富兰克林受到了打击，他猛然醒悟了过来，并开始重新认识自己，与内心作了一次谈话，并提醒自己："要马上行动起来！"后来，他逐渐克服了骄傲、自负的毛病，成为了著名的科学家、政治家和文学家。

我们需要拥有全面认识自己的能力，全面认识既包括优点也包括缺点。一旦我们没有真正地认识自我，将导致内心自负或自卑等心理，最终这些负面的心理会影响到我们的一生。

认知自我是一种胜不骄败不馁的从容，需要冷静的思考，这样才有机会赢得最后的成功；认知自我是一种高度自立的洒脱的生活方式，看清生命的本真，创造出属于自己的人生价值；认知自我是一种高度责任心的反省，将勇气与真诚注入自己的言行中，认清前面的方向。所以，剖析内心，在忙碌之后不忘与自己作一次深入的交谈，从而拥有自我认知的能力。

心理启示

通过认知自己到孕育自己，这是一个美好的人生历程。自我认知是一种严谨的人生态度，自信而不自满，无论是春风得意还是失败困惑，我们依然保持最平常的心态。拿破仑一生战功赫赫，但在晚年却遭遇了"滑铁卢"的惨败，

此时他依然贪恋富贵，企图复辟王朝，最终在绝望中死去。清楚地认知自己，需要我们摆脱一切外物的依赖，绝不做金钱或权力的奴隶。

经常说“没错”的人，需要别人的认同

在日常生活中，我们经常听到有人说“绝对没错”、“这事肯定没错”、“当然是这样，错不了”。似乎对方一次次地在肯定自己的观点与意见，那么，当对方这样说话的时候，我们该如何应对呢？如果你自以为聪明地辩解：“可是，我觉得这事情似乎还有另外的原因……”这时，你再仔细观察对方，定会发现对方的脸上出现了不悦的神色。其实，那些嘴里常说“没错”的人需要我们的认可，因为在其内心深处，他对此事也存在一定的疑问，这样的人或许是一名上司，但是，作为一名上司，如果不能看清楚一些事情，肯定会被下属看不起，而上司恰恰想隐藏自己内心的想法。对此，在“没错”这个词语的背后，隐藏着上司需要他人认可的欲求。因此，在工作中，我们要留意那些嘴里常说“没错”的上司，在很多时候，他们需要得到我们的认同，而不是反驳与辩解。

在公司会议上，王总分析了当前的市场前景：“昨天我看了你们递交上来的销售报告，觉得很有必要给大家说说我们目前的市场前景……”说完了，王总不忘记补充一句：“我想大概就是这样子，应该错不了，你们觉得呢？”员工小吴举手示意，王总点头允许，小吴拿着自己总结的报告说道：“我觉得关于市场前景，我们还需要考虑更多的因素，否则，所得出的结论就是不全面的……”小吴洋洋洒洒地说了半天，并提出了自己的见解，说完后，他心中有些小兴奋，心想上司肯定会赞赏自己的。没料到，吴总一句话不说，而是喊了小李来谈谈自己的看法。

小李站起来说道：“关于市场前景的报告，我昨晚也总结了一份，大致内容与王总所说的差不多。”说着，他又重申了王总的报告，认同了王总的说

法，这时，王总的脸上露出了笑容，赞赏道："没错，就是这样。"坐在下面的小吴听了，心中若有所思。

一般情况下，领导都会提出自己的一些看法，末了带上一句："没错，就是这样。"意图是希望自己的见解能够得到他人的认可，如果有下属当面提出不同的意见，领导就会感觉自己的面子受损，自然会心生不悦。因此，面对小吴提出的建议，王总一句话也不说；而小李率先肯定了自己的意见，王总自然是面露笑容，大加赞赏。

心理启示

那么，对于那些嘴里常说"没错"的人，其内心到底有什么样的想法呢？

1. 有强烈的自我倾向

在工作中，那些经常使用"没错"的人，多自以为是，强调个人主张，有着强烈的自我倾向。他们极力维护自己的见解，漠视甚至拒绝他人的任何观点。由于固执而倔强的个性，他们不能听取他人善意的意见，所以经常会吃亏。

2. 内心有需要他人认可的欲求

有的人常说"绝对就是这样的"、"当然是这样"等，其实，在其内心深处，有一种需要他人认可的欲求。当其心里一遍遍暗示自己"没错"，实际上就是想得到别人的认同。

3. 以上司的威严迫使下属认同

按常理来说，当上司一再强调"绝对没错"的时候，还有哪位不识时务的下属会发出反对的声音呢？因此，当上司一再说"没错"的时候，并不是因为心中有了十足的把握，其真正用意是希望以上司的威严迫使下属来接受并认同自己的意见。虽然，他们会假意说："你们有什么看法吗？"但是，他们一点都不希望你能提出真正的想法。

4. 嘴里越是说"没错"，其内心越不安

通常情况下，人们总是会对自己质疑的东西一再肯定，以"没错"这样的字眼来麻痹自己。如果一个人嘴里总是说着"没错"，那么，事实上其内心并

没有十足的把握，说“没错”不过是在暗示自己“真的没错”，换句话说，他们也是在说服自己。实际上，如果一件事情真的没错，真的就是这样，又何须一再强调呢？因此，那些嘴里越是说“没错”的人，其内心越不安，因为在其心里藏着大量的不确定因素。

说“怎么都行”的人，内心有强烈的欲望

在工作中，我们经常遇到上司很无奈地表示“这事怎么都行”、“你随便怎么办吧”。话语里似乎表示出自己一点都不在意，其实，上司的内心在意得不得了，他们本身有着强烈的欲望，有可能对于事情本身，他们有自己的很多想法。但是，为了掩饰自己，或许为了敷衍下属，他们会说“怎么都行”、“随便”之类的词语。而对下属来说，听到这样的话无非有两种反应：一是表现得很兴奋，因为上司将事情的决定权交予了自己；一是很受伤，大多数敏感的下属会觉得上司说这样的话，表明很不在意自己的工作，因而内心比较失望。其实，有着这样两种想法的下属都猜错了上司的心理，在上司心里有着强烈的愿望，他希望事情可以按照自己的想法来办。但如果你忽视了上司这样的心理，没有仔细询问上司，那么，上司就有可能以“怎么都行”、“随便”来敷衍你了。

小华刚从大学毕业就应聘到一家公司上班。为了能读懂上司的心理，他经常研究心理学。无意之间，他在一本书上看到了这样一个标题“说‘怎么都行’、‘随便’的人其实有着强烈的欲望”。仔细阅读完这篇文章，他总算明白了。原来，之前工作的时候，每每向上司请示有关工作的事情，上司总是挥一挥大手：“怎么都行，你自己看着办吧。”小华听了这话，总是乐颠颠地跑了，等到事情真的按自己的想法办好并上报给上司时，上司却一副毫不在意的样子，既不表扬，也不批评，如此的表现真让小华难受。现在，小华总算明白这其中的奥秘所在了，原来，每次请示上司的时候，上司心中都有一种强烈的

欲望，但是自己却不知道，听信了那句“怎么都行”，总是按自己的想法来办，结果却令上司很不满意。

这天，小华向上司请示关于客户的问题，上司还是挥挥手：“你自己看着办，怎么样都行的。”听了这话，小华并没有离开，而是耐心询问：“李总，可是，我对这件事总是搞不明白，还希望你能够给我指点一二。”上司放下了手中的工作，对小华说：“你刚到公司不久吧，行，今天我就给你谈谈如何处理与客户之间的问题……”于是，在上司的指导下，小华按照上司的旨意，圆满地完成了工作任务，而且在公司大会上，上司还当面夸奖了小华。

或许，看到这里，有的人会说上司不免有点假惺惺。当面对员工说：“怎么都行。”背地里却隐藏着自己的想法，等到事情真的按“怎么都行”这样的标准完成后，上司却不满意了。其实，这并不能说上司是假惺惺的，而在于上司身份的微妙性。作为一名上司，他希望能得到下属的尊重，这样的尊重包括虚心地向他请教，如果你真的是形式性地请示，上司的自尊心受伤，自然就会敷衍一句“怎么都行，你自己看着办吧”。

心理启示

在工作中，说“怎么都行”、“随便”的上司其实有着强烈的愿望，下面我们就来逐一分析其真实内心。

1. 假装表现得毫不在意

在生活中，如果一位母亲喋喋不休说了半天以后，孩子还是不为所动，母亲就会说：“随便你怎么样，我都不管了。”其实，母亲说这话的心理状态与上司说这话的心理是一样的，他们都是假装表现得毫不在意。简单地说，他所说的不过是在敷衍下属，但其内心又很希望下属能够向自己询问具体的方法。

2. 希望事情按照自己的想法做

有的时候，上司会在这样的场景中说这样的话。比如，下属一再提出自己的方法与措施，压根不去理会脸色越来越淡漠的上司。这时，上司就会很不耐烦地说：“怎么样都行，你自己衡量着去做吧。”其实，在其内心有着强烈的

愿望，希望事情能够按照自己的想法去做。但碍于上司的面子，他又不好拒绝你的提议，所以，才会显得很不耐烦。

说话平缓的人其实难以亲近

语言是我们用来表达思想、交流感情、抒发胸臆的工具，同时，也是心理、感情和态度的自然流露。而语速作为语言表达的一部分，其实却暗藏心理玄机，究其根源在于语速的快慢缓急将直接反映当事人的心理状态。在日常生活中，我们会发现每个人都有自己相对固定的说话方式，语速却变化不大。比如领导者，谁也没见过说话跟唱歌一样的领导，也没有谁见过说话像吵架一样的领导。大部分的领导都会采用平缓的语速，说话慢条斯理，一字一顿，透露着领导者的威严，其中夹杂着一些生分。一般而言，语速快慢有致，这样才能有效地传情达意，同时，也会令听者感觉到亲切。不过，令大多数下属感到奇怪的是，自己的上司说话总是保持平缓的速度。同时，下属感觉到，这样的上司真的很难让人亲近。

已到不惑之年的李师长平易近人，受人尊敬。每每遇到下面的士兵，他说话总是慢条斯理，娓娓道来，语速很慢。

有一次与朋友闲聊，李师长向大家解释了他为什么语速较慢的原因，他说："我说话之所以语速比较慢，原因有三个：一是性格比较温和；二是由于讲话从来不用稿子，需要思考充分，准确表达出自己的思想感情；至于第三个原因，作为一名师长，我不希望下属通过揣摩我的语速快慢来洞悉我的内心，因此，无论遇到多大的事情，我都会保持平缓的语速。毕竟，我要与下属保持一定的距离，如果我失去了作为师长的神秘，那么，又怎么能领导他们呢？"朋友听了，暗暗称奇，原来，说话平缓还隐藏着这层意思。

一个人的语速反映其情绪，而他的情绪恰好是其真实内心的反映。对于一般人来说，他在激动的时候，语速就会不自然地加快，声音也会提高；在遇到

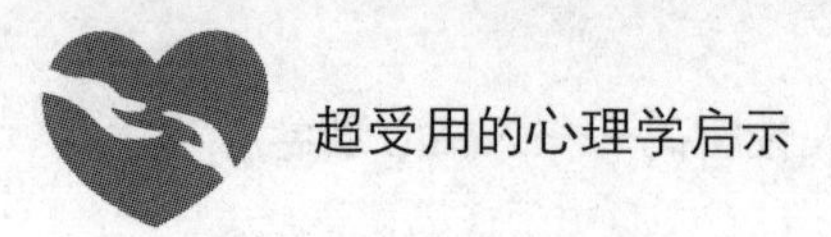

危机的时候，他的语言表达显得仓促而混乱。如此的语言表达，才是比较真实的表现。而对于那些语速平缓的人来说，他们有可能会用读圣经的语速来讲述一次危机，用慢条斯理来讲述自己的激动心情。

心理启示

那么，那些语速平缓的人身上有着怎样的特点呢？

1. 说话没有抑扬顿挫

说话使用平缓的语速，那就表明根本没有抑扬顿挫的语调。语言学家表明，一个人的语速如果缺乏快慢变化，始终保持一个速度，那就很难准确、恰当地表达自己的想法。事实表明，一个人使用平缓的语速说话，其意图是他根本就没想要传达自己内心的真实想法。他所陈述的不过是与工作有关的真实想法，如此公式化的语言，自然让别人感觉不到一丝亲近。

2. 公事性的指示

一个人在说话时让人感觉是在说别人的事情一样，他们总是这样面无表情地吩咐："明天之前把这个做好。"除此之外，就再也不说一句多余的话，总是一副应付工作的态度。而且，在其语言表达中，似乎没有喜怒哀乐，只有平缓的语速，假如是这样的一位上司，相信许多下属都会唯恐而避之，又怎么会想到与之亲近呢？

3. 不想推心置腹地与人交谈

有着平缓语速的人总是能将工作与生活分开，在工作上，他一点都不希望与你聊一些生活的事情，因为这在他看来是浪费时间。另外，在其内心深处，他根本就不想推心置腹地与他人交谈，撇开工作上的诸多事宜，他不想多说一个字。面对这样的人，如果你想要亲近他，那么，不妨尝试着与他聊一些工作以外的话题，说不定有很好的效果。

4. 保持自己神秘的个人形象

试想，如果一个人连昨晚吃了什么饭都与别人分享的话，那么，这个人已经失去了神秘感，在别人面前就如同一张白纸。尤其是作为一名上司，他所做

的不仅仅是管理工作，还有一切事情的表率。基于其特殊的身份，他有必要保持自己的神秘感，而不宜多说自己的生活细节。对此，有的上司说话平缓，其实，就是为了保持自己神秘的形象。

说话夹杂着外语的一些人有一定的优越感

在生活中，我们经常接触到这样一些人，他们不管在什么场合，无论是开会还是平常的交流，说话时总是夹杂着大量的外语，似乎想以此来表明自己的外语水平有多高。其实，那些说话中夹杂着外语的人，其内心是想拥有更多的优越感。毕竟，嘴里说点外语，总会证明自己多长了见识，或者本身有着国外留学的背景，等等。当然，我们不可否认，大多数人都会不同程度地拥有优越感，比如职业的优越感，长相的优越感等。而对于某些上司来说，自己更想获得一种优越感，如此才能在下属面前显露风头，那么，在这时候，说话夹杂外语就成为了某些上司的最佳选择。

公司销售部的张科长曾在国外待过一年，如此傲人的经历使得他感到莫大的骄傲。而且他年纪并不大，三十出头，平日里喜欢与下属打成一团。不过，令下属感到厌烦的是，他几乎每说一句话都会带一个英语单词，比如，在中午，招呼大家吃饭的时候，他会这样说：“今天我们一起去外面吃饭吧，OK？”或者是“Ladies and Gentlemen，我们去吃饭吧。”办公室里的人在听了这样的话之后，几乎连胃口都没有了。

对此，他们总是在办公室里议论上司的“外语控”：“不就在国外待了一年，用得着这样装吗？真是，还都以为我们是不会英语的土包子！”“就是，典型的崇洋媚外”“有本事就不用汉语说话啊。”不过，说归说，那些下属可从来没当面抗议，只是，偶尔跟张科长开玩笑：“张科长，求求你别说英语了，你不知道，我英语四级都没过吗？我怎么听得懂你说的话啊。”对此类的玩笑，张科长却是一笑置之，而英语还是照说不误。

从心理方面来说，优越感是显示蔑视或自负的性质或状态，这是一种自我意识。而大多数人在人际交往中，都会不自觉地让自己的优越感有所收敛，以便最大限度地寻找与别人的共性，并以此实现社会交往的目的。而对于上司来说，本身的职业身份就体现着一定的优越感，但是，有某些上司并不满足，总是以“别样的语言”来显示自己的与众不同，以此获得更多的优越感。不过，凡事过度，所引起的就是相反的结果，那些说话总是夹杂着外语的上司只是赢得了表面上的一种优越感，实际上却成了被下属轮番讥笑的对象。

心理启示

那么，那些嘴里说着外语词汇的人，其真实心理到底是如何想的呢？

1. 虚荣心使然

那些说话中夹杂着外语的人，我们不难看出，他们喜欢装腔作势，认为自己只要说上几句外语就可以提高自己的身份，以此显示出自己的高雅和才华横溢，其实，这一切都是源于内心的虚荣心。或许，有的人根本就没有什么才能，他们也十分清楚自己几斤几两，于是，借用外语来掩饰自己的不足，希望别人不要以蔑视的态度来看待自己。

2. 崇洋媚外的心态

大部分嘴里夹杂着外语的人都有崇洋媚外的心态，在他们看来，无论是政治，还是经济，外国都远远超过自己的国家，而这样的想法将反应到其言行上，比如，在谈到某些方面的时候，他总是列举国外的例子，以此凸显其崇洋媚外的心理。

3. 优越感作祟

嘴里时常夹杂着外语的人，希望使用那些专业术语和外语来让自己看上去像是一个能干的人。在他们内心深处，有着极强的欲望，希望受到别人的关注，想保持自己独特的优越感。当然，如果你要想讨得这类上司的欢心，你可以向他提问“全球化是什么意思”，这时，再给下属解释此类“难度较大”的问题，

他们会感到自己作为上司有着莫大的优越感。

解开束缚，释放自己

有一天，十分聪明的纳斯鲁丁跑来找奥修，激动地说："快来帮帮我！"奥修问："发生了什么事？"纳斯鲁丁说："我感觉糟糕透了，我突然变得不自信了，天啊！我该怎么办？"奥修说："你一直是很自信的人呀，发生了什么事让你如此不自信呢？"纳斯鲁丁很沮丧地说："我发现每个人都像我一样好！"

有人说："每个人都可以成为展翅翱翔的雄鹰，重要的是，你不要在心理上给自己设限，在心理上给自己制造失败。"纳斯鲁丁十分聪明，但是，他发现每个人都像自己一样好时却感觉糟糕透了，当他的内心被束缚，无法释放真实的自己时，不自信就产生了。现实生活中，我们常常会模糊自己真实的内心，习惯于在心理上给自己设限，使自己产生一种挫败感，导致最后我们还没有翱翔于蓝天就落地了。如果我们习惯了自我设限，那么，我们的心就会失去向上生长的动力，只能在被束缚的范围里挣扎。所以，不管我们遭遇了什么样的挫折，都不要随意地否定自己，否定自己就意味着扼杀自己的潜力和欲望。

1921年夏天，年仅39岁的富兰克林·罗斯福在海中游泳时突然双腿麻痹，后来经过诊断是患了脊髓灰质炎。这时，他已经是美国参议员了，是政坛上的热门人物。遭到了疾病的打击，他心灰意冷，打算退隐回到家乡。刚开始的时候，他一点都不想动，必须每天坐在轮椅上，但是，他讨厌别人整天把他抬上抬下，于是，到了晚上，他就一个人偷偷地练习怎么样上楼梯。经过一段时间的练习，一天他得意地告诉家人："我发明了一种上楼梯的方法，表演给你们看。"他先用手臂的力量把自己的身体支撑起来，慢慢挪到台阶上，然后再把双腿拖上去，就这样一个台阶一个台阶艰难地爬楼梯。母亲阻止儿子说："你这样在地上拖来拖去，让别人看见了多难看。”富兰克林·罗斯福却断然地说：“我必须面对自己的耻辱。”

台湾著名美学大师蒋勋曾写到：“每个人完成自我，才是心灵的自由状态；每一个人按照自己想要的样子完成自己，那就是美，完全不必有相对性。天地之下可以无所不美，因为每个人都发现自己存在的特殊性。大自然中，从来不会有一朵花去模仿另一朵花；每一朵花对自己存在的状态非常有自信。”即使遭遇了疾病的折磨，富兰克林·罗斯福也并没有给自己心理设限，反而鼓起勇气来直面自己，挑战命运，完全地接纳了自己。其实，无论是身体的缺陷还是生活中的困难与挫折，这都不是心理设限的借口，更不是自暴自弃的理由。我们要敢于突破内心的束缚，释放自己最真实的内心。

在美国纽约街头，有一位卖气球的小贩，每次当自己生意不怎么好的时候，他就会向天空放飞几只气球。这样一来，就会吸引一些周围的小朋友来玩耍，自己的生意又会好起来，那些被气球吸引过来的小朋友都争着买色彩漂亮的气球。

有一天，当他向空中放飞了几只气球的时候，他发现了在一大群围观的孩子中间，有一个黑人小孩，他用一种疑惑的眼神看着天空。小贩很奇怪，他在看什么呢？顺着黑人孩子的眼光看去，他发现空中正飘着一只黑色的气球。

小贩走上前去，用手轻轻地抚摸黑人孩子的头，微笑着说：“孩子，黑色气球能不能飞上天，在于它心中有没有想飞的那一口气，如果这口气够足，那它一定能飞上天空。”

许多人在面对挫折与困难的时候，心底都会传出这样的声音：我做不到的。自己束缚了内心，最终他真的没有做到。齐克果曾经说：“一旦一个人自我设限，并且一直认定自己就是个什么样的人时，他就是在否定自己，甚至他不会自我挑战，只想任由自己一直如此下去，而这终将导致自我毁灭。”其实，“我做不到”是一种逃避的心态，在还没有开始之前，他就先被打倒了，如果我们总是有这样的逃避心态，那么，将会为自己留下许多难以弥补的遗憾。因此，我们应该突破内心的束缚，当心开始恐惧的时候，我们应该大声对

自己说：“你一定能做到的。”不断地暗示自己，释放出真实的内心，才能获得最后的成功。

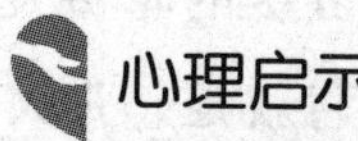

心理启示

有人这样种南瓜：当南瓜只有拇指大的时候，就把它装在罐子里，一旦它渐渐长大，就会把罐子内的空间占满，等到没有多余的空间了，南瓜则会停止成长，于是，南瓜就一直保持在罐子里的那种形状了。我们的心就如同南瓜一样，当它习惯了自我设限，在被束缚的范围里就不能自由生长，它会逐渐失去向上生长的动力，只能在原地徘徊。其实，束缚是源于内心的不确定或者不自信，当我们能够坚定告诉自己“一定能行”，从内心深处建立起强大的自信时，这种不确定或者不自信的束缚将会消失，从而释放出真实的自我。所以，在人生前进的路上，不要忘记告诉自己：“你一定能行的！”

学会欣赏自己

心理学教授威廉·詹姆斯说：“世界精神太忙碌于现实，太驰骛于外界，而不遑回到内心，转回自身，以徜徉自恰于自己原有的家园中。”世界上没有两个完全相同的人，每个人都是独立的个体，都有许多与众不同的甚至优于别人的地方，这是每一个人值得骄傲的地方。我们没有理由总是欣赏别人，而忽略了自己的优点；没有理由一味地比较，而最终丢失了自我。有人说：“生活中并不是缺少美，而是缺少发现美的眼睛。”认同自己，学会欣赏自己，你会发现一个全新的自己。

在一次哈佛大学泰勒·本·沙哈尔教授的课堂上，有个学生在课堂上向沙哈尔提问：“请问老师，您是否知道您自己呢？”沙哈尔心想：是呀，我是否知道我自己呢？他回答说：“嗯，我回去后一定要好好观察、思考、了解自己的个性，自己的心灵。”

本·沙哈尔教授一回到家就拿来了一面镜子，仔细观察着自己的外貌、表情，然后来分析自己。首先，沙哈尔看到了自己闪亮的秃顶，心想："嗯，不错，莎士比亚就有个闪亮的秃顶。"随后，他看到了自己的鹰钩鼻，心想："嗯，大侦探福尔摩斯就有一个漂亮的鹰钩鼻，他可是世界级的聪明大师。"看到了自己的大长脸，就想："嗨！伟大的美国总统林肯就是一张大长脸。"看到了自己的小矮个子，就想："哈哈！拿破仑个子就很矮小，我也是同样矮小。"看到了自己的一双大撇撇脚，心想："呀，卓别林就有一双大撇撇脚！"

于是，第二天他这样告诉学生："古今国内外名人、伟人、聪明人的特点集于我一身，我是一个不同于一般的人，我将前途无量。"

泰勒·本·沙哈尔教授善于欣赏自己，这令他充满了自信，即使在别人看来，自己的长相并不出众，但是，经过他一番积极的心理暗示，原来自己身体的每个部分都与名人、伟人、智者扯上了关系，这样一来，自己肯定是一个前途无量的人。尼采曾这样说："聪明的人只要能认识自己，便什么也不会失去。"只有学会欣赏自己，才能使自己充满自信，并从自信中获得快乐，使自己的人生不迷失方向。

有这样一句话："人活着，或许有不少人值得欣赏，但你最应该欣赏的是你自己。"波尔是丹麦的物理学家，他在年轻时就提出了量子论，然而，在一次科学讨论会上，权威们却否定了波尔的理论，但这并没有使波尔失去信心，反而更加努力地研究起来，为了寻找理论根据，他做了大量的实验，后来，科学家们证明了波尔的观点，他因此荣获了诺贝尔奖。正所谓"天生我材必有用"，学会自我欣赏可以产生巨大的力量推动自己走向成功，学会欣赏自己是成功的第一秘诀。

小泽征尔是世界著名的交响乐指挥家，在他还没有出名之前，他曾参加了一次世界优秀指挥家大赛。在决赛中，他按照评委会给出的乐谱指挥乐队演奏，在指挥过程中，小泽征尔敏锐地发现了不和谐的音符。刚开始，他以为是乐队的演奏出现了错误，于是，他停下来重新指挥，但是，演奏还是出现了不和谐的声音。他当即指出："我觉得乐谱有问题。"这时，所有在场的作曲

家和评委会的权威人士都坚定地说：“乐谱绝对没有问题。”面对权威人士质疑，小泽征尔涨红了脸，但还是斩钉截铁地大声说：“不！一定是乐谱错了！”话音刚落，评委们全部站了起来，对他报以热烈的掌声，祝贺他通过了决赛。原来，乐谱不过是评委们精心设计的一个“圈套”，而小泽征尔却以坚定地认同自己而获得了最后的成功。

每个人都是独一无二的，没有任何人能够取代我们，也没有任何人能够贬低我们，除非你首先看轻了自己。有人总是叹息自己工作不如别人，外貌不够出众，才能不被老板赏识。其实，我们不必在乎别人的看法，学会欣赏自己或许能够重新找回自信。这个世界上没有两片完全相同的叶子，我们都是最特别的那一个。抛弃对他人的膜拜，以及对自己的叹息，冷静地思考，你会发现自己身上有着许多他人没有的特点，自己也可以和他人一样优秀。

心理启示

有这样一句经典的话：“你在桥上看风景，看风景的人却在楼上看你。”当我们总是在羡慕别人的时候，别人却正在欣赏着你，可谓“风景总是在别处”。人与人之间进行互相比较是不可避免的，但是，我们要知道，自己有缺点但更有优点，因此，在欣赏别人的同时不要忽略了自己。欣赏自己是一种智慧，它会令你浑身上下散发出自信的魅力；欣赏自己是一种心理暗示，当你把自己想象成什么样，你就会真的成为什么样的人。认同自己，学会欣赏自己，活出自己的价值，眺望远处的风景，准确把握自己的坐标，这才是人生的魅力所在！

气质决定其人格心理

何谓气质？从心理学上说，气质就是表现在心理活动的强度、速度、灵活性与指向性等方面的一种稳定的心理特征。其主要表现在情绪体验的快慢、强弱上。因此，通过气质，我们能够了解一个人的心理活动。当然，气质与我们

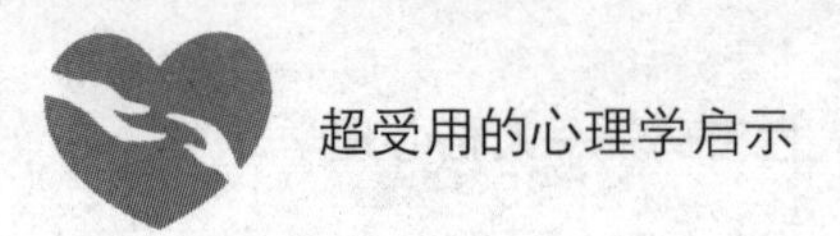

常说的“脾气”、“性格”、“性情”是差不多的，不过，在日常交际中，气质更多地表现为人格魅力，比如修养、品德、行为举止、待人接物等。不同的人有不同的气质表现，有的人高雅恬静，有的人温文尔雅，有的人豪放大气，有的人不拘小节。

不同的人有不同的气质特征，如果我们能识别其气质特征，再逐一对应，那对我们与之建立融洽的关系很有帮助。对此，心理学家结合了大部分人的气质特征，并将其分为四种：多血质、黏液质、胆汁质、抑郁质。在这四种气质特征中，都有其鲜明的特征显现，比如敏感孤僻的抑郁质，情绪粗狂的胆汁质等。在我们与他人接触的过程中，通过观察其言行举止，就可以判定对方属于何种气质特征。

双方的谈判代表进入了会客室，王总吩咐服务员将沏好的茶端上来。不一会儿，服务员将热腾腾的茶送进来了，不料，正要放在桌上的时候，却一不留神，脚下一滑，身子一斜，热茶倾泻了出来，有几滴滚烫的茶水溅到了坐在桌前的谈判代表张总身上。王总身边的小柯想上前整理，王总却示意他坐着别动，他想看看那位张总到底有什么反应。

出人意料，张总只是用桌上的纸巾擦了擦衣服，面对服务员的连连道歉，他面带笑容，好像什么事情都没发生过，反而关切地问道：“小姐，你没事吧，下次可要小心了！”服务员点点头，这时，王总才站起身来问道：“张总，没什么事吧？”张总回答说：“只是小事，小事，我们赶紧进入正题吧。”王总看张总这样的表现，判断出他是情绪丰富的多血质，这样的人善于交际，容易适应环境的变化，做事很灵活，不过，内心比较骄傲。有了这样的认识，王总笑了，他知道下面该如何去应付这位谈判“对手”了。

对服务员无意中犯的错误，张总始终面带微笑，表现得异常平静，而如此的表现正与情绪丰富的多血质相对应。没想到，谈判过程中发生的一件小事，却成为了王总识破对手气质特征的突破口。

一般而言，胆汁质的人情绪比较粗狂，多血质的人情绪丰富，黏液质的人情绪贫乏，抑郁质的人多愁善感。这四种人在遇到相同的事情时会如何表现

呢？对此，苏联心理学家进行了研究，以“看戏迟到”为特定情境，发现这四种人都有不同的行为表现：“胆汁质的人很生气，与检票员争吵了起来，甚至，想推开检票员，冲过检票口，直接跑到自己的座位上，他们一边吵架一边埋怨戏院的钟走得太快；多血质的人看到检票员不让进去，就悄悄地跑到楼上，自己寻找了一个位置来看戏剧表演；黏液质的人心想，反正第一场不怎么好看，还是先到外面呆一会儿，等休息的时候再进去；抑郁质的人对此闷闷不乐，没想到头一次来看戏，就这样倒霉，垂头丧气的他干脆回家了。”

心理启示

其实，在这四种气质特征的人身上都是有迹可循，有特征供识别的。下面，我们就简单地介绍这四种常见的气质特征，希望你借鉴一二，以此识别不同气质特征的对手。

1. 多血质

这类人情感与行为来得比较快，去得也比较快，个性温和，感性大于理性，善于交际，很容易适应新的环境。其语言表达很有感染力，姿态多样，面部表情丰富，个性比较外向。聪明机智，思维灵活，不过，对于某些事情，他们不愿意问个清楚、明白。而且，其注意力与兴趣很容易转移，不稳定，做事缺乏毅力。

2. 胆汁质

这类人有着较强的反应能力，且反应速度很快。他们在情感与行为上若是有强烈的体验，则会表现得异常明显。性格开朗、乐观，待人热情，为人直率，不过，脾气比较暴躁，喜争强好胜，容易意气用事，在冲动之下往往作出一些错误的决定。他们有着较强的精力，往往以最大的热情与精力投入到工作中，不过，在工作中偶尔会缺乏耐心。思维多灵活，不过，理解问题多是粗粗略过，不够细。

3. 抑郁质

这类人情感与行为反应缓慢，感性大于理性。多愁善感，感情喜欢内制而不外露。喜欢想象，机智聪明，有着敏锐的观察力，能够察觉到别人未能发现的东西。意志力薄弱，胆小怕事，做事优柔寡断，在失败后往往心神难安。对人际交往比较冷漠，个性孤僻。

4. 黏液质

这类人情感与行为反应迟钝，缺乏应有的灵活性。情绪稳定，没有太大的波动，即使心中有情绪，他们也不轻易外露，即使遇到了难过的事情也不动声色，一个人默默承受。其注意力与兴趣比较稳定，难以转移。喜欢思考，有较强的自制力，能够控制自己。平时沉默寡言，办事谨慎细微，不冲动，不鲁莽。不过，适应能力较差，常常活在自己狭小的空间里。

泡菜效应：环境造就人

在日常生活中，我们发现：同样的蔬菜在不同的水中浸泡一段时间后，将它们分开煮，其味道是不一样的，这就是著名的泡菜效应。通过这个原理，我们知道，一个人在不同的环境里，其性格、气质、素质和思维的方式等方面都会有明显的差别，这就是我们常说的“近朱者赤，近墨者黑”。泡菜效应，直接揭示了环境对人的成长的影响。1979年诺贝尔物理奖获得者温伯格曾说过：“我之所以获奖，是因为我们学校有一种人才共生效应。”经过调查发现，原来温伯格所在的那一届有十多个人都成为了美国著名的物理学家。对此，温伯格坦言学校的环境造就了自己的成功：“那时学校教物理的老师都特别棒，鼓励我们自由思考，作业很少，给我们留有闲暇，当时学校还有个科幻俱乐部，我们都是俱乐部的积极分子。”

美国前国务卿希拉里早年在卫尔斯利女大读书，在那里聚集着全美成绩优秀的学生，但是，她们并不是全美学习最好的学生，学习最好的学生去了哈佛大学。刚刚进入卫尔斯利大学的希拉里有一种挫败感，自己一直到高中毕业都是周围人眼中的好学生，在学校备受瞩目，但现在却“沦落”为无人理睬的普

通学生。不过，希拉里并没有被挫败感击倒，她想用哈佛学子的学习方法来武装自己，使自己成为卫尔斯利的第一名。

但是，哈佛学生一直以排外出名，其秘密学习俱乐部从来不接受外校的学生。于是，为了进入哈佛大学的秘密学习俱乐部，希拉里决定成为这个俱乐部成员的女朋友。过了一段时间，希拉里就成为了哈佛大学三年级学生杰夫·希尔兹的女朋友，接着她又结识了男友的朋友，没过多久，她就成为了男友所在的“哈佛书呆子俱乐部”的非正式成员。在与哈佛学生的相处过程中，希拉里学会了新的学习方法和辩论方法，正是这一段不寻常的学习经历造就了希拉里最后的成功。

希拉里善于为自己创造一个良好的环境，那就是认识比自己更优秀的人，在泡菜效应下，她获得了成功。当大多数女生都与自己水平相近的朋友们在一起对明星、男生、美食或者时尚津津乐道、消磨时光的时候，希拉里却在和哈佛高材生们就政治、理念、时事等各类深刻的问题展开激烈的讨论和辩论。因为所处的环境不一样，她们所受到的影响就不一样，希拉里的特殊能力正是利用这个环境逐渐积累起来的。

一个生物学家在一家农场看见鸡群里有只老鹰，于是，他好奇地问主人：“为什么鸟中之王会与鸡在一起呢？”主人说：“因为我一直喂它鸡饲料，它从小就在鸡舍里长大，所以，它不会飞，而且它根本就不认为自己是一只老鹰了。”生物学家说：“不过，它到底是一只老鹰啊，只要教它应该就会的。”经过一番商量，两人准备将老鹰放飞，第一天失败了，第二天失败了，第三天，生物学家将老鹰带到了山上，鼓励它：“你是一只老鹰，属于蓝天和大地，张开翅膀飞翔吧！”奇迹出现了，老鹰慢慢张开了翅膀，冲向天际。

恩格斯说：“人创造环境，同样，环境也创造人。”环境对人的成长具有不可抗拒的作用，有人更是提出了“人是环境之子”的观点。《晏子春秋》里曾说：“橘生淮南则为橘，生于淮北则为枳。叶徒相似，其实味不同，所以然者何？水土异也。”其实，人也一样，容易受到周边环境的影响。我们与什么人相处，就会沾染上什么样的习惯，有什么样的品性，而这些行为特点将会影响我们的一生。因此，我们应该给自己创造一个良好的环境，努力从周围的环境汲取营养，以此提升自我。

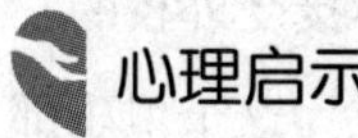

心理启示

古人曰："近朱者赤，近墨者黑。"当我们接近品性好的人时，可以使我们学好，心中不自觉地萌发出见贤思齐的想法；当我们接近品性坏的人时，就很容易变坏。我们生活的环境就像一个大染缸，很容易将形形色色的人同化在其中。当我们处于修心重德的环境中，我们就会受到身边人的言行教化，自觉地约束自己；相反，假如我们处在道德颓废的环境中，我们就会受到身边消极观念的影响，随波逐流。因此，要想认清自己，有效地提升自我，我们应该选择一个良好的环境，这样我们的心灵才能够得到升华。

第 4 章 点亮心灯，五颜六色的心理意义——色彩心理学

心理学家认为，色彩具有不可思议的神奇魔力，它会给人的感觉带来巨大的影响。举个简单的例子，色彩可以使人的时间感发生混淆，这就是它的魔力之一。在生活中，当我们看着红色的时候，就会感觉时间过得很慢，而看着蓝色时则感觉时间过得很快

借用色彩的魔力，调出缤纷心情

过去，在英国有一座桥，人们发现去那里跳桥自杀的人很多，后来，科技人员建议把桥漆成绿色，由于色彩的心理作用，去那里自杀的人明显减少了。或许，你会觉得这个故事听起来很不可思议，但是，据科学研究发现，色彩是视觉传达信息中的一个重要因素，因而，色彩能够表达一定的感情，而且，还能给我们带来不同的情绪、精神以及行动反应。比如，红色会比较醒目，当一个人心情比较烦闷的时候，看到红色，心情就会开朗起来；橙色，会让人感觉到温暖；黄色，有一种尖锐感和扩张感；绿色，能舒缓人的脑神经和视觉神经；蓝色，可以很好地稳定我们的情绪。所以，色彩对于我们的情绪有抑扬的作用，我们要借助色彩的魔力，在心中的调色盘中调出缤纷心情。

“色彩女人”于西蔓曾在央视“健康之路”节目中介绍了色彩在调节人们情绪时的神奇效果。于西蔓本身就是一个美丽而且十分干练的女人，短发，黑白条纹的上衣，黑色的短裤，黑色的低腰靴子。在她的身上，似乎有阳光在

跳跃，每一次出现在人们眼前，她的整体服饰和装扮，总会给人明亮的和谐之感。这个懂色彩的女人，让自己的服饰告诉我们，明亮是一种心情，和谐是一种美，对于我们来说，色彩就像是一缕阳光，能为我们带来好心情。

于西蔓说："色彩是人的视觉产生的感受，从色彩心理学的角度讲，环境色彩对人的心理的影响是巨大的，当你去体验一种感情、一种感觉的时候，最初传递给你的是视觉、听觉等感官印象。"她被誉为"中国色彩第一人"，致力于色彩方面的研究，她将著名的"四季色彩理论"引进了中国，并针对中国人色特征进行了相应的改造。

谈到色彩对人身心健康的影响，一位医生这样说道："视觉对色彩的感知，会直接反映到大脑，引起神经变化，就会作用于心情。下面，我们就简单地介绍几种常见的颜色对我们情绪的影响：

1. 黑色

这是一个消极的颜色，它本身寂寞、神秘而又含蓄、严肃，黑色会给人的心理一种沉重感。当一个人情绪比较低落的时候，需要尽量避开黑色或灯光昏暗的场合。

2. 紫色

紫色给人一种积极、威严、尊重的感觉。这种颜色对人体的运动神经、淋巴系统和心脏都有作用，可以维持我们体内钾的平衡，使一个人能够从躁动的情绪中安静下来，并学会关心他人。

3. 蓝色

蓝色给人一种理智、广博、冷静的感觉，它有很强的稳定性。这种颜色可以调和人体的肌肉，影响我们的视觉、听觉、嗅觉，还可以减轻身体对疼痛的敏感作用。蓝色给人一种安全感，会令一个人的情绪平定下来。

4. 黄色

黄色是所有色彩中最亮的颜色，它给人一种快乐、活泼、希望的感觉，带来尖锐感和扩张感，刺激人体的神经系统和消化系统。不过，这种颜色偶尔也会给我们造成不稳定的情绪以及一些任意的行为。

5. 绿色

绿色给人一种和平、年轻、新鲜的感觉，可以促进我们身体的平衡，起到镇静的作用，另外，还可以舒缓我们疲劳的脑神经和视觉神经，令那些压抑的人心情得到改观。而且，它还对消极情绪有一定的克服作用。

6. 红色

红色给人一种生动、不安的感觉，它代表着一种力量和热情，这种颜色有利于我们的身心健康。如果你感到十分郁闷，若是看到了红色，心中的激情立即被唤醒了。不过，如果你较多地接触红色，就会使你产生一种焦虑。

心理启示

刘翠萍说："我们每天都要接触色彩，如果想让色彩对我们的身心有帮助，就要选择适合自己的颜色。"心理学家则认为，从一个人对服饰颜色的偏好上，往往可以推测其心理，而且，服饰色彩的合理运用可以有效地调节人的情绪，从而影响人们的身体健康。朋友工作了一年，虽然才刚刚大学毕业，但是在她身上完全没有年轻人的干劲，工作总是拖拖拉拉，以前的上司对她说："你是一个挺聪明的女孩，就是状态比较消极。"其实，她自己也想改变工作态度，但是，对于工作，她总是没有热情。一位心理医生向她建议："你需要加强自我约束能力，同时，改变一下自己的服饰色彩，调节一下心情。"其实，色彩对人的心理状态有着神奇的作用，它常常左右着我们的生活意向。

服饰色调，将左右你心情

法国时装设计师夏奈尔曾经说："当你穿着邋邋遢遢时，人们注意的是你的衣服；当你穿着无懈可击时，人们注意的是你。"在生活中，人们在判断你的时候，不光是看你的才华，还需要看你的衣着，这表明了着装的重要性。其实，服饰给我们带来的影响远不止这些，服饰搭配还可以调节心情，当你外表赏心悦目的时候，难道心情还会糟糕吗？对于我们来说，生活的节奏时而快，时而慢，这需要我们自己去调节生活的节奏，才不至于让自己过得那么压抑和烦闷。好的心情当然来自于好的眼光，当你看到一个穿着邋遢、灰头土脸的人，相信你有再好的心情也笑不出来吧，相反，如果你看到镜子里面衣着得体，令人赏心悦目的自己，那么再坏的心情也会变好吧！

李非曾经说："我的美丽心情就是缘于自爱。"这让人不得不佩服这个标榜着自爱的女人，不管怎么看她都觉得有种别致的美丽，有人问她，你美丽的心得是什么？她骄傲地将美丽的心得公布开来：再忙再累也不要忘记关爱自己，女人懂得自爱很重要，就跟你的皮肤和脸蛋一样重要。对她来说，服饰是最重要的，因为她始终相信：改变服饰是调节心情的一种有效方式。

在任何场合，李非都特别注重服饰色调的选择，既得体大方、靓丽，又能凸显自己的美丽。她的助手曾这样说："哪怕之前的心情有多么糟糕，只要她换上了宴会的服饰，笑容比谁都灿烂。"虽然嫁了一个很能干的老公，但她并不安于在家做全职太太，而是驰骋于职场，做一名出色的职业女性。她也会感到累，和大多数女人一样，她也钟情逛街，选择美丽的服饰，让自己看起来赏心悦目，这样可以减轻工作上带来的压力，还能够使自己拥有一份美丽的好心情。

工作和感情上的事有时会让人们感到筋疲力尽，难以承受。但是，虽然我们无法改变现状，但我们可以改变心情。而改变心情可以从服饰的选择上开始，对于心中烦闷的我们来说，大可以选择简约时尚的设计款式，就像我们期望的完美生活一样，简单却又带着某种不平凡。一个"会说话"的服饰，用它那独有的方式默默地为我们分忧解难，给我们的生活带来一丝阳光。

有这样一种快乐的女生，一段感情结束的时候，她们都会把自己打扮得很漂亮，哪怕前一天还灰头土脸地为男朋友做饭。可是，在宣告感情结束的那一天，她们一定会挑选最漂亮的服饰，选择最精致的妆容，或许，是因为难过的心情需要被安慰吧，她们通过外表的靓丽来调节内心的情绪，使自己能尽快地从失恋中走出来。在生活中，也有不少这样的人：他们对生活失去了希望，所选择的服饰颜色总徘徊在黑色与灰色之间，以至于他们整个人给人的感觉都是

压抑与苦闷的。情绪是可以调整的，如果你感到愤怒或烦闷的时候，请改变你那亘古不变的服饰搭配吧，当你外表变得光鲜亮丽，心情自然会变得美丽起来。

心理启示

有一个女孩总喜欢购买黑色衣服，无论是严寒的冬天，还是炎热的夏天，黑色都成为了她的不二选择。她心态比较消极，常常会抱怨："哎，我工作怎么这样？"、"看你们多好啊，工资那么高，我好可怜"、"我比较自卑，总感觉自己样子很丑"……如果你不及时打断她的话，她还会无休止地抱怨下去。后来，她在心力疲惫之下走进了心理咨询室，心理医生这样建议她："试着改变服饰的搭配，你将会有一个好心情。"她按照心理医生的建议，特别改变了服饰的颜色、款式，穿起来青春靓丽，时间长了，她变得自信了，更重要的是，心情也开朗了起来。

颜色，可以混淆你的时间

不知道你注意没有，颜色是可以让我们的时间感发生混淆的。颜色具有不可思议的神奇魔力，这会给我们的感觉带来巨大的影响。在生活中，当我们身处红色的环境里，就会感觉时间过得很慢，而看着蓝色则感觉时间过得很快。很多公司职员都有一个很大的烦恼，那就是长时间的会议。一旦会议超过了两个小时，谁都会觉得厌烦。但是，开会又是一个公司必不可少的程序。对此，心理学家建议，公司的会议室最好以蓝色为基调进行室内装潢，比如使用蓝色系的窗帘、蓝色的椅子、蓝色的笔记本等，因为人们只要看到蓝色的东西，就会感觉时间过得很快。

心理学家请两个人做了一个实验，让其中一个人走进有粉红色壁纸、深红色地毯的红色房间，让另外一个人走进有蓝色壁纸、蓝色地毯的蓝色系房间。前提条件是，不给他们任何计时器，让他们凭感觉在一个小时之后从房间里出

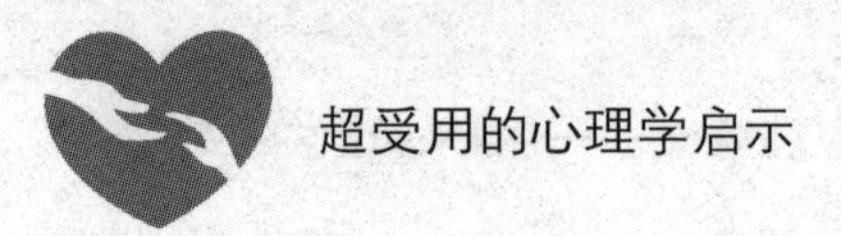

来。最后，在过了50分钟的时候，那位在红色房间里的人走了出来，而在80分钟之后，在蓝色房间里的人还没有出来。从红色房间走出来的人说："红色的房间让人觉得不舒服，所以感觉时间特别漫长。"

相对于红色而言，蓝色有使人放松的作用。还是刚才那个例子，在会议室里使用大量的蓝色，在放松的环境中开会，人也更容易产生有创意的点子或者提出有建设性的意见。所以，使用蓝色装潢会议室，不但会让漫长的会议变得紧凑，而且会议内容也会变得更加充实，会议讨论也更加有效率。

举个十分简单的例子，在现下非常流行的休闲运动潜水中，我们是需要携带氧气瓶的。据了解，一个氧气瓶大约可以持续40~50分钟的供氧，不过，大多数潜水者将一个氧气瓶的氧气用光之后，却感觉在水下只下潜了20分钟左右。这是什么原因呢?

这其实也是色彩的魔力，海洋里的各色鱼类和漂亮珊瑚可以吸引潜水者的注意力，因此他们会感觉时间过得很快，这是次要原因。最为关键的是，说到底，海底世界就是一个蓝色的世界。正是蓝色麻痹了潜水者对时间的感觉，这使得他感觉到的时间比实际时间短。

这样的感觉我们在生活中经常会遇到，比如灯光照明就是其中的一个例子。一般情况下，在青白色的荧光灯下，我们会觉得时间过得很快，但是，一旦我们的头上是温暖的白炽灯，那就会感觉时间过得特别慢。所以，假如只是单纯地出于工作的需要，最好是在荧光灯下面进行。而白炽灯会让我们感觉时间很漫长，容易产生烦躁情绪。

心理启示

通常情况下，快餐店给我们的印象一般是座位比较多，效率很高，顾客吃完就走，不会停留太长的时间。甚至，有的人习惯跟朋友在快餐店碰面，其实，在这样一个环境中是不适合等人的。

你可以注意一下，快餐店的装潢主要是橘黄色或红色为主，这两种颜色固然可以让人感觉心情很愉悦，而且有增进食欲的作用。不过，这也会让人

感觉时间很漫长，假如在这样的环境中等人，那我们的心情就会越来越烦躁。那什么地方比较适合等人、约会呢？心理学家告诉我们，是那些色调偏冷的咖啡馆，这里不仅仅是颜色起的作用，而且，在咖啡馆等人，那香味也会有使人放松的效果，在这样的环境中等待朋友或恋人，相信等再久也不会有烦躁的情绪吧。

颜色也有厚重感

颜色也是有厚重感的，也就是说有轻重之分。不过，在这里我们千万不能误解，因为颜色本身是没有重量的，只是在生活中，有些颜色会让人感觉这个物体很重，有的颜色却使人感觉这个物体很轻。比如，在我们面前放着同样重量的白色箱子与黄色箱子，你感觉哪个更重一点呢？许多人都会回答说黄色箱子。事实上，这两个箱子重量是一样的，这就是颜色给人们带来的心理厚重感。我们以此类推，与黄色箱子相比，蓝色箱子看上去更重，与蓝色箱子相比，黑色箱子看上去更重。

大家知道包装纸箱是浅褐色的，因为这是利用再生纸制造而成的，因此这个颜色保持了纸浆的原色，包装纸箱可以说是废物回收再利用，据了解，大部分的包装纸箱都会得到回收再利用。

不过，大多数包装纸箱都选择浅褐色的原因并不仅仅因为回收再利用还和色彩心理有着紧密的关系。就是在最近一段时间，我们发现，那些包装纸箱新增添了白色，也就是说除了浅褐色之外，还有白色的包装纸箱。一些大型的物流公司开始把自己的包装纸箱统一为白色，这是为什么呢？原因是，虽然之前纸浆的原色，也就是浅褐色让人感觉包装纸箱很轻，但相比较白色，自然是白色更轻。这样一来，假如使用白色纸箱包装货物，即便箱里的重量是一样的，但可以从心理上减轻搬运工人的负担，而且，白色看起来干净整洁多了。于是，根据色彩心理学，我们又开发出新的粉色包装纸箱，这样一来，即便上面

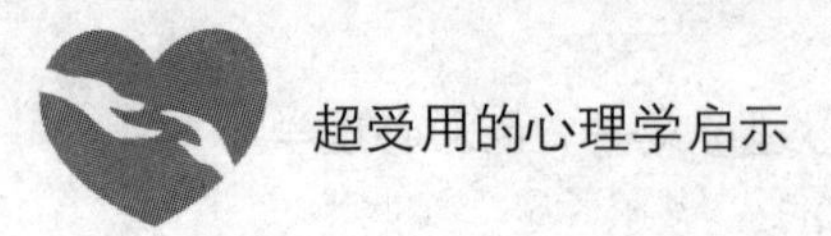

弄了污渍也看不出来，而且给人的感觉也很轻便。

那么，不同的颜色使人感觉到的重量差到底有多大呢？对此，有人通过实验对颜色与重量感进行了研究。结果表示，黑色的箱子与白色的箱子相比，黑色的箱子看上去要重1.8倍。此外，即便是相同的颜色，因色彩明亮程度的不同，也会给我们的心理带来轻重不一的感觉，也就是说，明度低的颜色比明度高的颜色感觉重。比如，红色物体比粉红色物体看上去更重。而色彩的明艳度也会带来影响，彩度低的颜色比彩度高的颜色感觉更重，比如，都是红色系，但栗色要比大红色感觉厚重一些。

从保险柜出现在这个世界的时候，就大多是黑色的。不论是公司的大型保险柜，还是我们在电视剧里看到的巨型保险柜，大多数都是黑色的。即便是在生活中，我们也经常看到财会人员所保管的保险柜是墨绿色的，这是什么原因呢?

保险柜的作用是保管一些价值连城的东西，当然，它最大的作用就是防止被盗。因此，保险柜都设计为无法轻易破坏的构造，而且还一定要尽可能地给它增加重量，使之没办法轻易挪动，这样才能达到防盗的目的。

但是，为保险柜增加物理上的重量毕竟是有限度的，如果保险柜重量达到极点，连保险柜主人都没办法搬走，那这个保险柜又丧失了其本身的作用。于是，借用色彩心理的魔力，便给保险柜涂上了让人心理上感觉沉重的颜色，使人感觉没办法搬走。由于白色和黑色在心理上可以产生接近两倍的重量差，因此，人们在保险柜颜色上会选择黑色，这可以大大增加保险柜的心理重量，从而有效防止被盗的发生。

其实，在生活中我们经常可以发现色彩与重量的关系，比如室内装修。懂得室内装潢的人都知道天花板需要使用明快的颜色，然后从墙面再到地板采用逐渐加深的颜色，这可以制造出一种稳定感，可以让人感觉到安全和放心。

心理启示

当我们在冬天穿着西装的时候，会感觉比其他季节重。其实，之所以有这样的感觉，除了穿得比较多之外，还因为冬天西装的颜色比较深，而颜色较深

的衣服会让我们感觉到厚重。在这里，厚重是一种主观的感觉，因此我们会随着周围环境以及自身状态的不同而产生差异。比如，一天下班回家，尽管我们挎着与早晨一样的包，但却感觉十分沉重，这就是工作了一天后感觉很累的原因。假如早上上班就感觉自己的包很重，除了我们没有休息好之外，还可能是包的颜色不对。因此，为了让自己感觉更轻松，我们可以换颜色浅一些、鲜艳一些的皮包，比如白色的包包。

颜色有冷暖之分

颜色有让人心理上感觉暖与感觉冷之分。暖色，也就是我们常见的红色、橙色、粉色，这会让我们想到太阳等感觉到温暖的事物。与暖色相对的是冷色，也就是我们常见的蓝色、绿色、蓝绿色等，这些颜色可以让我们想到水等这样让人感觉到寒冷的事物。

在炎热的夏季，电风扇可以为我们带来一阵阵凉意。不管是家里、饭店，还是公司，我们都可以看到许多电风扇，不过，你是否留意过它的颜色呢？通常情况下，电风扇都是白色、黑色或灰色等冷色调，很少会有红色的电风扇。自然，假如你一定要购买红色电风扇，或许你花一些工夫是可以买到的，不过，那些想着购买红色电风扇的人也并不是为了凉快，估计更多的是为了装饰。实际上，不论电风扇是什么颜色，它的功能就是吹出凉风。假如这个电风扇是红色的，那就是暖色调，这会从心理上让人感觉很温暖，因此当我们看到红色电风扇的时候，就会感觉它吹出来的风都是热风。因此，在夏天，使用白色、黑色或灰色等冷色的电风扇让人感觉舒服些。

其实，暖色与冷色给人的感觉，还会受到色彩明度的巨大影响。比如，明度高的颜色，会使人感觉寒冷或凉快；明度低的颜色，会使人感觉到温暖。在颜色之中，相对于深蓝色而言，浅蓝色看上去更凉爽；与粉红色相比，红色看上去更温暖。

由于颜色有冷暖色调之分，假如我们可以熟练地掌握暖色与冷色的使用方法，那就可以很好地通过改变色彩来调节人的心理温度，减少家里空调的使用，这样就可以达到节约能源、保护环境的目的。

对此，色彩心理学家建议：在炎热的夏天，使用白色或浅蓝色的窗帘，会让人感觉到家里比较凉快。假如再用上冷色的室内装潢，那就可以达到更好的效果。到了冬天，我们可以将窗帘换成暖色，桌布、沙发套都换成暖色调的，这样就可以让室内感觉到温暖。事实上，在冬天使用暖色调更有效果，因为暖色制造暖意比冷色制造凉意效果更加显著。所以，那些害怕寒冷的人最好是将自己的房间装修成暖色。心理学家通过实验表明，暖色与冷色可以使人对房间的心理温度相差2~3℃。

其实，冷色与暖色在心理上的感觉是因人而异的，这个差异是由不同的成长环境和个人经验造成的。举个简单的例子，那些在寒冷地方长大的人，他们看到冷色就会想到白色的雪，因此他们看到冷色就会感觉到更冷。而那些在热带地区成长的人，看到冷色就不会联想到白雪皑皑的冬天，这是因为他们基本上没有体验过寒冷冬天的感觉。在热带地区，即便是水也是温热的，所以，当我们想要了解一个人对冷色或暖色的感觉，那我们应该首先了解其成长环境。

心理启示

在生活中，有些餐厅和工厂的装修为冷色调，结果到了冬天就会接到客人或员工的抱怨，而室内装潢颜色被改为暖色之后，这样的抱怨就慢慢减少了。这样看来，色彩的确可以起到调节温度的作用，尽管这只是人的心理温度，不过至少可以让人感觉到舒适。

颜色可以帮助睡眠

你相信吗？颜色也可以催人入眠的，当我们心情烦躁的时候，假如能在视线范围之类看到蓝色，那我们自然可以让原本烦躁的心情平静下来，从而渐渐

地进入睡眠状态。在众多颜色中，蓝色具有催眠的作用，蓝色可以降低血压，消除内心的紧张感，从而起到镇定的作用。因此，色彩心理学家提出建议：经常失眠或睡眠质量不好的朋友多看看蓝色。比如在卧室里增加蓝色可以促进睡眠，但蓝色太多也难以达到预期的效果，到了冬天，整个屋子的蓝色会让我们感觉很冷，因为蓝色本身是冷色调。而且，太多的蓝色会引起人内心深处的孤独感。所以，当我们进行室内装潢的时候，建议卧室装修以淡蓝色为主，搭配米色和白色，这样的色彩搭配可以自然而然地消除内心的紧张感，从而达到快速催人入眠的目的。

为什么宾馆的被子大多是白色和淡蓝色？

许多出差在外的人想必有经常住宾馆的经历，一提到宾馆，我们所能想到的就是白色的被子，或者是淡蓝色的被子。白色的被子不仅看起来干净整洁，而且还有良好的催眠作用。虽然，在市场上也有其他颜色的被子，不过最多也就是淡蓝色、白色、米色等颜色很浅的被子。

为什么会出现这样的情况呢？

实际上这个道理很简单，想象一下，假如我们盖着深色的被子睡觉，那血压就会不断上升，还会导致精神紧张，这样一来，怎么能睡得着呢？所以，根据色彩心理学，当我们在选择被子的时候，应该避免选择那些令人清醒的颜色，而是选择一些有着催眠效果的颜色较浅的被子，比如淡蓝色、米色、白色，等等，这样可以帮助疲惫了一天的我们更快速地进入睡眠状态。

另外，当我们在选择被子的时候，切忌选择太过于花哨的被子，也就是说，被子上最好不要有太多的图案和花纹，最好是单色。或许，有人对于这样的说法感到不理解，睡觉时都是关上灯闭着眼睛，那被子的颜色能有什么影响呢？实际上并不是这样，即便是肌肤，对色彩也一样有感觉，这与我们用眼睛看是一样的效果，因此，即便是闭着眼睛睡觉，我们的心理以及睡眠状态还是会受到被子色彩的影响。

其实，除了蓝色以外，绿色系中也有部分颜色具备催眠的作用。不过，绿色与蓝色的作用是不同的，蓝色可以帮助一个人的身体得到放松，而绿色则会让人从心理上得到放松，从而达到催人入眠的效果。尽管说，绿色作为暖色调，这会给人清醒的感觉。不过，淡淡的绿色跟蓝色是一样的，也具备催眠的作用。比如，我们所看到的白炽灯、间接照明等发出的温暖的米黄色的灯光都会让我们感觉到安心，从而带来催眠的作用。

色彩心理学家认为，照明的颜色与睡眠有着紧密的关系。他们认为，照明的颜色会对人体内一种叫做“褪黑激素”的荷尔蒙的分泌产生影响，或许你不知道，褪黑激素就是促使人自然入睡的荷尔蒙。不仅仅是这样，它还具有改善人体的机能、提高免疫力和抵抗力的功能。人体中的这种荷尔蒙通常是在晚上分泌，而青白色的荧光灯有着抑制褪黑激素分泌的作用。

所以，在卧室里，我们最好是安装白炽灯或者其他可以发出温暖灯光的灯具，诸如黄色、米黄色。相反，那些为高考奋战的孩子，假如他们在晚上挑灯夜读，那最好是在荧光灯下面学习或工作，这样才不容易疲惫。

因为色彩心理学的关系，最近日本出现了一种“早晨专用”的灌装咖啡，那个咖啡罐子的外包装是红色的。这样红色包装的咖啡可以说是提神的最佳良品。一方面，咖啡中的咖啡因可以刺激大脑，增强大脑的活力；另一方面，高彩度的红色包装具有增强紧张感的作用。所以说，因为颜色带来的心理作用，使得这种咖啡有双重提神的效果。

心理启示

在生活中，当我们头脑不清醒的时候，假如可以看到色彩度较高的红色，那就可以马上清醒过来。红色其实就是所谓的使人清醒的颜色，它可以增强人的紧张感，促使其血压升高。当然，假如你想快速进入睡眠状态，那就需要多看看蓝色的物体。

黑色的心理世界

色彩心理学家说：神秘的黑色中隐藏着惊人的力量。在众多颜色中，黑色

是一种不可思议的神秘颜色，尽管它给人带来许多不好的感觉，比如黑色代表阴险、邪恶和死亡等。不过，这些丝毫不会影响到人们对黑色的喜欢，甚至，它还当选为最为经典的颜色之一。在时尚前沿，黑色被称为永不过时的颜色，许多人只喜欢黑色，更有人从来只穿黑色的衣服。黑色，代表着强硬、冷酷。但是，只要我们搭配得好，黑色衣服也能够穿出时尚的感觉。那是因为黑色没有任何色彩，所以才可以搭配出那样的效果。即便是在房子装修或产品设计之中，我们也经常可以看到黑色，总而言之，黑色有一种百搭的效果，简单地说，它可以跟许多颜色进行搭配。

日本人和黑色有着源远流长的故事，在日本料理中，我们经常会看见黑色的盘子，这在其他国家可以说是很少见的。此外，在日本料理的食材中也有许多是黑色，在他们看来，黑色有增加甜味的效果。

在日语中有“玄人”和“素人”的说法。“玄人”，所指的就是经验丰富、技术精湛的人，这个词语来源于“黑人”。玄，原指的是染过很多遍的黑色，后来引申为“经验丰富”的意思。反之，“素人”，所指的就是什么也不懂的新人。在这里，黑色有着正面积极的含义。

同时，日本的歌舞伎世界里，也大量地用到了黑色。在他们看来，黑色代表着“透明”或“无”的。在歌舞伎表演的过程中，我们经常会看见穿着一身黑衣的人出现在舞台上，他们在工作室帮忙拿道具和收拾舞台等。他们之所以是“全身黑”的打扮，那表示他们是透明的、不存在的，就算是观众看到，也会当他们不存在。另外，当舞台需要变换场景的时候，舞台上还会落下黑色的幕布，这样可以方便收拾道具和布置背景，而不让观众看到幕后发生的事情。现在我们应该清楚，当我们在说一件事情背后有玄机时，通常会说有黑幕，其实，“黑幕”这个词就是从舞台黑色的幕布演变而来的。

虽然，黑色有着正面积极的含义，但它还是被当作阴暗的象征，代表着令人讨厌和忌讳的东西。在世界各国都流传着许多有关黑色的不吉利的传说，比如，我们都知道那些巫婆的衣服是黑色的，邪恶的魔术也被称为“黑魔术”。还有招人讨厌的黑猫，即便它没做什么坏事，但因为它是黑色的，也成为被人讨厌的对象。在黑色中，可以说是蕴含着一种令人感到恐惧的力量，使用黑色可以给人一种压迫感。比如，在1853年，美国人柏利率领一支黑色的舰队抵达日本，以武力要挟日本开港。当时，柏利率领的黑色舰队给日本人的心理造成了极大的压迫感。

即便黑色有着正邪难分的性质，但在现实生活中喜欢黑色的人还是很多。那些喜欢黑色的人大概可以分为两种：善于运用黑色的人；利用黑色进行逃避的人。前者大多生活在城市，给人一种精明干练的感觉，他们擅长打动人心，可以灵活处理各种局面，他们希望别人在黑色中能感觉到自己的理性和智慧。

后者就是利用黑色进行逃避的人，他们在很多时候比较在意别人的颜色。当他们挑选衣服的时候，挑来挑去还是选了黑色，对他们而言，最痛苦的事情就是别人对自己评头论足，因此他们买衣服总是买黑色，这样才不至于很显眼。其实，这就是一种逃避心理。许多人从头到脚都是黑色打扮，他们希望自己可以营造出一种高贵、神秘的感觉，其实，他们在隐藏真实的自己。这样的人其实对自己很自信，甚至还会有些固执。

不过，在现实生活中也有不少人讨厌黑色，这大部分是因为黑色给他们留下了很深的不好印象。其实，黑色很容易成为讨人厌的颜色，它给人的感觉大多是绝望、不幸和不安、封闭。

心理启示

色彩心理学家给那些喜欢黑色的人这样的建议：那些喜欢黑色的女性往往不受爱神的眷顾，即便是遇到了自己喜欢的异性，恋爱也不会顺利，就算是有所进展，到最后也难以成眷属。所以，建议那些走进商场总是选择黑色衣服的女人们，试着改变自己，尤其是在谈恋爱的时候，多选择一些亮色的衣服。尽管，黑色可以阻挡压力感和紧张感，可以更好地保护好自己，但是，黑色所给人带来的负面心情也会给人带来糟糕的运气。

白色，预示着神圣

色彩心理学家这样解释那些喜欢白色的人：态度认真，多才多艺，大多是完美主义者。在成年人中，喜欢白色的人比较少，不过他们却渴望白色。他们之所以向往白色，那是因为白色预示着纯粹的美感。假如你比较喜欢白色，那表示你是一个有着远大志向的人。不管是恋爱还是工作，你都有很高的要求，苛求完美。假如一位女士在选择衣服的时候，一眼就看上了白色，那表示她渴望受到大家的关注，但却不属于那种性格外向的人，她只是希望不声不响地给大家留下印象。同时，白色是年轻的象征，当一个人想要变得年轻时也会想到白色。大凡那些喜欢白色的人，都有着一颗温柔、善良的心，而且有着较强的家庭观念。

为什么婚纱是白色的？

全世界的人都觉得白色是崇高、神圣的颜色，因此白色受到大家的喜欢。在古埃及，白色是神的象征色，在罗马，那些来自天界的使者穿着白衣；在基督教中，白色是耶稣的象征色。即便是白马、白蛇这样的动物也被人赋予神圣的意味。因此，白色给人一种纯洁、纯粹和洁净的感觉。

白色的婚纱象征着处女和纯洁，其实，白色婚纱在欧洲的时间并不算长，在18世纪后半叶才开始在那里流行起来。早在15世纪至16世纪，日本人就有在婚礼上穿白色礼服的习惯。在当时，婚礼过后的三天内，新娘都要穿白色衣服，之后才会换上普通的服装。不过，随着社会的发展，新娘穿白色衣服的时间渐渐缩短了。到了现在，新娘只有在结婚仪式上才穿白色礼服，而且，新娘穿白色婚纱在日本还有另外的含义，那就是新娘在决定离开娘家的时候，就已经预料到未来可能出现的坎坷之路，她们已经做好了不怕死的心理准备。

其实，白色带给人的积极心理较为多一些。不过，同样是白色衣服，男性和女性穿起来的效果却是大不一样的。对男性而言，经典搭配是白衬衫搭配西装。由于白色本来就比较吸引人的眼球，但是假如大家都这样穿，时间长了，给人的印象却是普普通通的，因此，对于男性而言，白色就是一种再普通不过的颜色，根本不存在好坏。不过，对女性而言，穿白色服装却显得比较特别。但在这里建议广大女性朋友，在第一次约会时千万不要穿白色衣服，因为白色衣服总给人一种冷冰冰的印象，增加双方的紧张感，可能会让整个约会冷场。

白色也有负面意思。

在日本的相扑比赛中，通常是用黑白来表示胜负，其中黑色表示失败，白色表示获胜。即便同样是白色，有时却表示完全相反的含义，其中特别有代表性的就是“举白旗”。在战争中，白色代表休战求和，因此当一方举起白旗，那就表示投降。

这是为什么呢?

其中的深刻意义就是，举起白旗的意思是“我们认输了，你们可以在我们的旗子上涂上你们的颜色”。

在国际战争法中明确规定：举白旗表示投降。在这里，只是利用白色无色彩的特性，表示愿意接受对方的旗子颜色的意思。白色唯一的负面的意思，那就是举白旗。

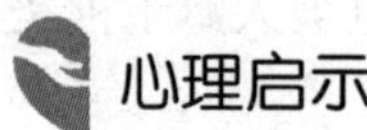

心理启示

一般而言，很少会有人讨厌白色。尽管有的人不会太关注白色或者对白色不感兴趣，不过，他们并不会讨厌白色。假如说有人讨厌白色，那也是因为白色会让他们联想起以前痛苦的经历。而那些喜欢白色的人，与白色所具备的特点一样，他们比较容易受到外界的影响，并且不论是好的影响还是坏的影响都不例外。假如你不单单是喜欢白色，而且还容易受到外界的影响，那么建议你多选择一些颜色鲜艳的衣服。

女人，为你的恋爱增添色彩

我们经常会听到这样一句话：“恋爱中的女人越来越美丽。”女人一旦恋爱了，就会变得漂亮。从生理学上来看，恋爱的女人身体内会分泌出提高皮

肤代谢和促使肌肤光洁的荷尔蒙，而且因为恋爱带来的愉悦心情，那自然看起来比平时漂亮多了。从色彩心理学来看，薰衣草色或紫丁香色等淡紫色能够促进女性荷尔蒙的分泌，这可以让女人变得更漂亮、更温柔。对此，女性应该多穿薰衣草色或紫丁香等淡紫色的衣服，在平时生活也可以多接触这些颜色。另外，女人一旦陷入恋爱中，她们就会对粉红色产生兴趣。其实，在恋爱过程中，粉红色不但和淡紫色具有同样的效果，还可以让女性变得更温柔。但是，假如一个女人过多地使用粉红色，看起来会比较孩子色，所以即便被恋爱冲昏头脑的女性也要特别注意粉红色的使用比例。当然，相对于女人外表的美丽，提升自己内在的修养更重要。假如女性有一颗善良、温柔的心，而且善解人意，那会让自己看上去更有魅力。

当女人开始恋爱的时候，通常会为约会穿什么样的衣服而发愁。比如第一次约会，应该穿什么样的衣服呢？这个看上去很简单的问题却让女人心烦不已。色彩心理学家曾对白领女性进行过问卷调查，通过调查发现女性通常都有这样的想法：第一次跟男朋友见面，穿白色或浅色衣服应该是最好的。当然，这只是她们的想法而已，在她们看来，白色衣服显得干净、整洁，这样可以让对方把自己看得更清楚一些。

不可否认，女性穿白色衣服给人的感觉很干净、整洁，可以展现出女性特有的美丽。不过，第一次约会选择穿白色衣服，这确实不是明智的选择。白色服饰给人带来好印象的同时，也会拉开与对方之间的距离，因为白色还给人一种孤傲的感觉，特别是第一次约会，本来两个人就紧张，假如女性还穿着白色衣服，那会给整个约会场景带来负面的效应。因此，在第一次约会时，女性应该选择颜色较为鲜艳的服饰，尽量营造一个轻松愉快的约会环境。

不过，第二次约会时，假如女性穿上白色的衣服，这会给对方的心理造成巨大的印象差，会让对方感到很意外，从而激发出对方更进一步交往的兴趣，那这样一来，白色服饰的正面效果就充分显示出来了。

所以，女性在第一次约会时最好不要穿白色衣服，也不要穿藏青色衣服，因为这样会给人一种固执的印象。自然，作为约会的另一方，我们并不清楚他

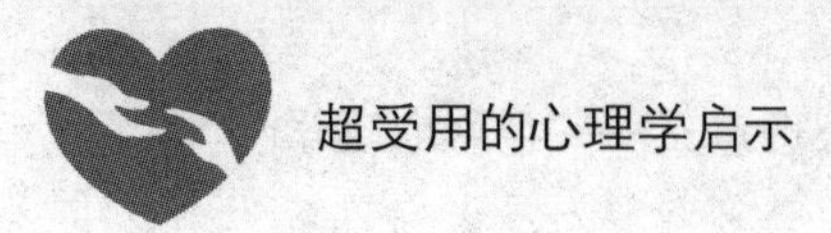

对颜色的偏好，所以并不能一概而论地说哪种颜色比较好，哪种颜色不好。最重要的是，女性要选择适合自己或自己喜好的颜色，凸出自己的个性，尽量去避免不好的颜色。

此外，我们还需要在第一次约会时关注对方穿什么颜色的服饰。比如，那些不怀好意的男性或许会穿着红色的衣服出场，在色彩心理学中，红色具有使人感性兴奋的心理效果，而他们的目的刚好是想第一次约会就把异性带回家。所以，我们要特别警惕那些穿红色衣服赴约的男性，假如对方真的穿红色衣服出来，那你大可以掉头就走。

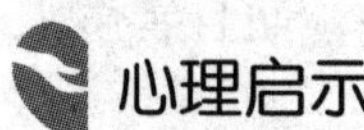

即便是女人开始恋爱之后，还特别需要注意自己内衣的颜色。也许，你会觉得奇怪："我才谈恋爱，你就叫我注意内衣的颜色，是不是太早了？我还没有和男朋友发展到那种地步。"其实，我们在这里所说的是注意内衣的颜色，并非让女性穿上颜色性感的内衣去诱惑你的男朋友。实际上，选择什么颜色的内衣，对女性肌肤的健康也会有着不同的影响。从色彩心理学上来说，女性内衣最好是选择粉色或淡紫色，但是，对皮肤健康最好的还是白色内衣，这是因为白色可以阻挡那些对皮肤不利的光线。相反，假如你想要性感，那就选择黑色内衣，但是黑色内衣会对皮肤造成很大的伤害，因为黑色可以吸收光线，时间长了还会让你皮肤加速变老。所以，对女性朋友而言，不论谈不谈恋爱，只要你想保持身体的健康、美丽，那就需要注意你内衣的颜色。

恋爱中的色彩心理学

在恋爱过程中，我们需要通过观察对方服饰的颜色来了解其对颜色的偏好。但是，我们也不要盲目地根据对方穿衣服的颜色来判断对方喜欢什么样的颜色，那是因为有时衣服的颜色与其喜欢的颜色不一致。比如，喜欢绿色的男性有着较强的社会意识，而且做事情比较认真，尽管他们有着较强的好奇心，

但却很少采取积极行动；喜欢橙色的男人，属于积极的行动派，他们有着强烈不服输的性格，一旦他们内心有什么样的想法就会马上付诸于行动。当你了解了对方喜好的颜色之后，我们就可以投其所好，穿衣服选择对方喜欢的颜色，这就是拉近彼此距离的一种心理策略。当我们穿着对方喜好颜色的服饰，就会让对方的心情放松下来，并对自己产生好感，从而拉近两人之间的关系。通常情况下，那些兴趣相投的两人更容易走入婚姻的殿堂。

在恋爱过程中，所谓缘分，也就是指性格是否合适。当我们在寻找另外一半的时候，尤其看重缘分。因此，我们完全可以从对方喜好的颜色了解，看对方与自己是否投缘，就好像颜色中的搭配一样。假如双方喜爱的颜色相似或互补，这说明这两个人比较投缘。

从色彩心理学上来看，通常情况下：喜欢蓝色的男性，和喜欢蓝色系或蓝色的补色黄色的女性比较投缘。而喜欢红色或白色的女性，和喜欢蓝色的男性比较适合。因为根据色彩心理学，白色与蓝色组合起来，会给人一种清爽的感觉。在色彩中，蓝色给人的感觉是清爽、诚实，而白色给人的感觉是整洁、清楚。而喜欢蓝色的男性大多数喜欢研究和探索，而喜欢白色的女性具有高尚的理想，这样的搭配可以说是最佳搭配。

一般而言，喜欢黄色的男性和喜欢紫色的女性比较适合，这不单单是因为黄色与紫色是补色的关系，而且还因为喜欢黄色的男性有着较强的好奇心，而喜欢紫色的女性较为知性，有修养，极富神秘感，可以说是喜欢黄色男性的最佳恋爱伴侣。

喜欢红色的男性与喜欢红色、橙色或绿色的女性谈恋爱，而喜欢黑色和白色的女性与喜欢红色的男性也较为适合。喜欢橙色的男性是典型的行动派，喜欢灰色的女性是典型的谨慎者，这样结合起来使双方的性格达到平衡。

或许有人会说，喜欢黑色的男性与喜欢白色的女性是天生的一对，其实并不是这样，喜欢粉色的女性更适合喜欢黑色的男性，这主要是从色彩心理学来看，粉红色的温柔可以将黑色的力量包围起来，这会防止黑色的力量过度膨胀。

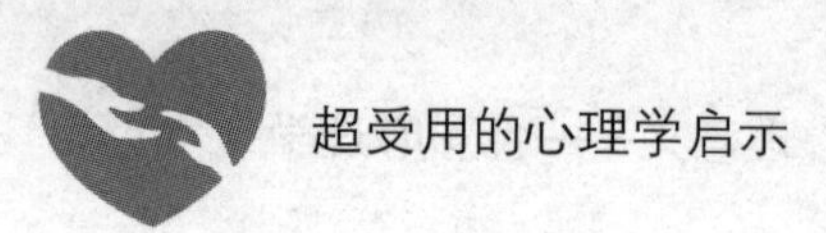

在恋爱色彩学里，男性也可以以此来了解女性。比如，女性所选择的服饰颜色，大多可以反映出她当时的心情，假如她穿着鲜艳的衣服，那你可以邀请她进行大家都感兴趣的娱乐活动；假如她穿着暗淡色调的衣服，那就适合带她去咖啡馆、美术馆等可以让人心情平静的地方；假如她穿着粉色的浅色调衣服，那就可以跟她一起去做一些户外活动；假如对方穿着深蓝色的衣服，那可能是想找一个倾诉的对象，这时你可以做一个忠实的倾听者。

心理启示

在恋爱过程中，对于女性而言，她们会有一种特殊的心理活动。一旦有陌生男子走进她们的个人空间时，刚开始她们会感觉到厌恶，不过时间长了反而会对其产生好感。假如男性生硬地闯入女性的个人空间，那一定会遭到对方的厌恶。所以，为了尽可能地长时间融入女性的个人空间里，男性应该避免穿着红色或橙色的衣服，清爽、浅色的服饰颜色会让她们感觉到放松，这样才更容易接近她们。但是，在这里，色彩心理学家建议：每个人对颜色的偏好并不是一成不变的，过几年或许就变了。而且，一旦喜欢上了对方，甚至也会喜欢上他喜欢的颜色，这就是“爱屋及乌”。在恋爱过程中，只要是真心相爱，也不要太在意用颜色去判断缘分。

第5章　换个想法，生命可以有多个角度——创意心理学

创造力包括：智力、知识、思考方式、人格、动机和环境。一个创意，就是将这六个资源串联起来，当每个资源在某个均衡点上得以发展，才会最大限度地发挥创造力。许多人不相信自己有创造力，其实，开发你的创造潜能是完全可以做到的事情，只要你相信自己，那就可以最大限度地发挥你潜在的创造力。

退一步，目光放长远

生命就是一叶扁舟，载不动太多的物欲和虚荣，如果不想生命之舟搁浅或沉没，我们就要学会退一步，用高远的眼光看清人与事。在印度热带丛林中，当地居民是这样捕捉猴子的：在一个固定的小木盒子里面装上坚果，再把盒子打开一个小口，刚好够猴子的前爪伸进去。猴子为了取得盒子里的食物，抓住坚果，爪子就抽不出来了。人们用这样的方式来捕捉猴子，几乎每一次都能获得成功，因为猴子有个习性，那就是不肯放下已经到手的东西。也许，看了这个故事，我们会嘲笑猴子的愚笨，但是，事实上，生活中的我们有时候也跟猴子一样，总是不肯后退，担心失去，所以，最终承受了那些本不该承受的痛苦。

杰克和麦克是好朋友，他们俩从小就喜欢画画，常常拿着笔在墙上、报纸上涂画着五颜六色。后来，在自己的要求下，父母把他们送到了美术班里学

习。长大后的他们更加喜欢绘画了，高考那年，杰克和麦克费尽了口舌说服了父母，让自己报考美术学院。在大学里，杰克和麦克经常在一起谈论着未来，描画着自己的蓝图，他们坚信自己会坚持下去，通过画画挣钱来让身边的人幸福。

大学毕业后，杰克和麦克开始找工作了。他们整天奔波于各家报社，希望能够成为报社的一名美术编辑，可是，各家报社的总编都以种种理由拒绝了他们的求职申请。在多次碰壁之后，杰克绝望了，本来希望通过自己的一技之长来给妈妈幸福的生活，却发现社会根本没有自己的容身之地，养活自己已经很困难了。而麦克却咬牙说："我一定要坚持画画，绘画是我生命不可缺少的一部分。"他毅然放弃了找工作，而是把自己关在家里，没日没夜地画着。在现实的残酷打击下，杰克愈加颓废了，妈妈心疼地说："既然你那么喜欢画画，不如自己开一间画室吧。"杰克听了，觉得心里很难受，当初是想通过找份工作继续自己的绘画创作，现在却需要自己的这份才华去养家糊口。

但是，思索了很久，杰克决定自己开一间画室，他跑去与麦克商量，却被麦克骂走了，麦克说："绘画挣钱？你这是在亵渎艺术。"于是，杰克单枪匹马开始了创业，他向亲戚朋友借了十几万，再加上妈妈的积蓄，开了一间属于自己的画室，既教小朋友画画，又出售自己的作品。几年之后，杰克的画室成了这个城市有名的美术培训学校，他不仅还清了所有的欠债，还拥有了自己的房子、车子和存折上不小的数字，当初给妈妈许下的承诺也实现了。而麦克依然整天窝在家里画画，不过，由于麦克没有名气，所有的画都卖不出去，他成为了一个穷困潦倒的画家。杰克每天教画之余，用心地钻研自己的作品，也逐渐提高了自己的绘画水平，在美术界里，也成了小有名气的画家。

面对人生的窘途，麦克坚持将继续画画作为自己的工作，不肯退一步，最后，他成了一个潦倒的画家。而杰克在妈妈的建议下，果断地放弃了继续画画，而是退一步，开了一间属于自己的画室，一边教小朋友画画，一边绘画自

己的作品，最后，他获得了成功，兑现了自己当初的诺言，同时，成就了自己的梦想，成了小有名气的画家。相比较，谁的选择更完美呢？面对人生的困境或挫折，我们要选择退却一步，这样我们才能以长远的目光着眼于未来，也才有可能获得成功。

南朝宋史学家范晔说：“天下皆知取之为取，而不知与之为取。”得与失是互相转化的结果，这句话似乎道出了所有的哲理。那些懂得其中玄机的人，他们会善于掌握得失的主动权，坦然地退一步，用长远的眼光看清自己的所得所失，这样，他们更容易获得自己想要的东西。这时候，退一步并不是放弃，而是一种新的获得。生命只有两种状态，运动和停止，只会向前猛冲，而不懂得退步或减速的人，在人生的某个弯道处，一定会冲出跑道，定会失去更多。

心理启示

当我们无法前进的时候，退一步也是一种智慧。有时候，当我们以长远的目光去看待这些事情的时候，其实已然诞生了正能量。这与“人生不仅需要运动，还需要停止”是相通的。在通往成功的路上，若是不顾头破血流一意孤行，最后我们可能什么都不能得到，但是，如果我们能够停下来，或者退后一步，我们会看清前方的景色，这样我们更容易获得最后的成功。

积极思考，让失去成为一种收获

有时候当我们认为已经失去的时候，只要转个弯，你会发现失去其实也是一种收获。孟子曰：“鱼，我所欲也；熊掌，亦我所欲也。二者不可兼得，舍鱼而取熊掌也。生，我所欲也；义，亦我所欲也。二者不可得兼，舍生而取义也。”人生漫漫路上，我们总是面临着得与失的艰难抉择，得与失就如同一对生死兄弟，我们只能选择其一，有得必有失，有失必有得，这就是哲理所在。每个人心中都有一杆秤，衡量着得与失的价值，那到底该如何选择呢？事实

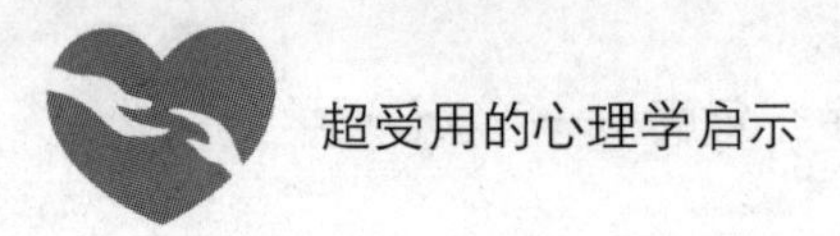

上，每一次成功的选择都伴随着智慧，缺乏思考的选择只会让我们失去更多。学会思考，让失去成为一种收获。

有一天，智者和学生一起散步，他们边走边谈论着，不知不觉间，他们走到一个贫穷落后的村落，路过一所破烂的房子，看见里面住着一对夫妇和他们的三个孩子，一家人衣衫褴褛，光着脚板，连鞋子都没有，屋里只有几件破家具。智者问那位父亲："你们为什么要在既无商业又没有工作机会的贫困地区生存呢？"男人回答："家里有一头小奶牛，可以生产一些牛奶，然后，我们在附近的城镇用牛奶换一些其他的食品，我们将剩下的牛奶制作成奶酪和酸奶，我们就是依靠着那头小奶牛生活的。"智者笑了笑，看了看房子四周，就带着学生离开了。

没走多远，智者就告诉学生："我必须回去，找到那头奶牛，并把它扔下悬崖。"学生听了很吃惊，试图说服老师这是一个错误，他说："那一定会毁掉可怜的家庭。"智者却不为所动，而是独自离开，学生想了想，还是追上了老师，并帮助老师将奶头扔下了悬崖，但是，那个画面却让他身心难安。

几年过去了，学生还是没有忘记这件事，他决定去那个地方看一看，或许自己能帮助那家人做点什么，以此补偿自己当年造成的过失。他走进那个村落，却惊讶地发现一切都变了，到处都是一片富裕景象。学生感到很沮丧，那家人一定在丢失奶牛以后，被迫离开了自己的家园，这里早已经易主了。学生继续走着，看见原来那户破房子所在的地方矗立着一座气派的楼房，突然，他看见了一个十分面熟的男人站在门口，学生认出来了，那就是当年的父亲。学生感到很吃惊："你们是怎么摆脱困境的？"男人笑着说："几年前，我们家唯一的奶牛突然不见了，刚开始我们很沮丧，但无奈之下我们只能去发展新技能，谋求新的生存方式，最后，我们就逐渐富裕了起来。"接着，男人笑着说："现在看来，丢失那头奶牛是我们家最大的幸事，失去了奶牛，我们却获得了更多。"

有时候，失去并不是一种遗憾，而是新的开始。在徘徊的十字路口，失去了某种东西，我们才能有更好的选择，而改变与奇迹才能出现，这样看来，失

去恰恰是成功的开始。在生活中，到处充满了选择，有选择就意味着我们要面临得与失，这是必然的结果。要想有所获得，我们就需要失去某种东西，如果什么都不想失去，那我们将永远也没有收获。

心理启示

一位心理学家说："错过花，你将收获雨。"在人生道路上，失去某种东西对于我们来说可能是一种遗憾，然而，这却是对人生的一种体验，只有失去才获得一种体验，这样想来，失去何尝不是一种获得呢？学会选择，懂得在失去中寻找，在失去中体验，在失去中获得，会让我们的内心更加丰富和充实，难道这不是一种收获吗？即使是同样一件事情，不同的选择，有的人会觉得这是一种失去，而有的人则会觉得这就是一种收获。之所以产生这样的差别，是因为我们的思考有所不同。

假如所有的失去是一种注定，我们再伤心难过又能获得什么呢，获得的不过是满身的疲惫，以及铺天盖地的负面情绪。这样只会让自己深陷痛苦的泥沼，再也寻找不到正能量来支撑自己。假如我们把每一次失去当成一种注定，这是没办法改变的事情，那我们心境就平和了，也会在无形之中激发出无穷的创造力。

敏锐眼光，走在潮流之前

如今，商机无处不在。许多白手起家的创业者，往往就是因为抓住了一个稍纵即逝的时机，从此顺利地开始了自己的"掘金"生涯。能致富的人，思路通常能够放得开，眼光通常要比常人看得远。美国汽车大王亨利·福特有一次被别人问到，如果他失去了他的全部巨额财富的话，他将做些什么事情。他连一秒钟都没有犹豫，他说他会想出另一种人类的基本需求，并迎合这种需求，提供出比别人能够提供的更为便宜和更有质量的服务。他说他完全有把握、有信心在五年之内重新成为一个千万富翁。福特的话可以给我们一个全新的启

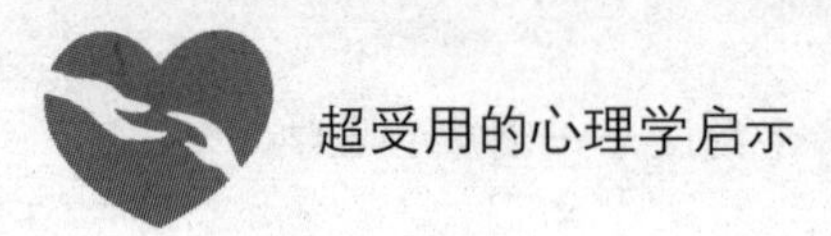

示：真正敏锐的眼光，是看在潮流之前。

史蒂夫·鲍尔默先生是全球领先的个人及商务软件开发商——微软公司的首席执行官。鲍尔默从小就很聪明，在上高中时，他的母亲带他参加全国数学大赛，他进入前十名，摇身成了数学奇才，拿到哈佛数学系奖学金，这个大奖帮助他实现了他父亲的梦想——考入哈佛。

鲍尔默1973年进入哈佛，大学期间，他曾担任校足球队队长，为《红色哈佛》报和哈佛的文学杂志工作过。他获得了数学和经济学学士学位。

20年后，鲍尔默功成名就后回到底特律私人学校，在开学典礼上他送给新生的忠告是，“打开你的思路，放远你的视线。”他说，“因为永远有想不到的机会你没有想到，你没有看到，可是这个机会会给你带来一生惊喜的突变。”

未来是现在的延伸，未来是现在人所创造出来的，所以每一个人都可以通过现在看看大多数人在做什么，找出未来可能会有什么走向。举个简单的例子，如果你能在20年前预测出个人电脑将会成为趋势，你现在就是世界首富了。当时你没有看出来，但是比尔·盖茨看出来了，所以他是世界首富，而你不是。

日本的“电子之父”松下幸之助，是一位富有智慧、善于洞察未来的成功人物，每当人们问及他成功的秘诀时，他总是淡淡一笑，说：“靠的是比别人稍微走得快了一点。”

第二次世界大战结束后，世界恢复了新的和平。遭受战争创伤的人民，在新的和平环境里又重新燃起对生活和工作的热情。睿智的松下幸之助又“超前”地看到“新文明”将带来世界性的“家电热”。对于“松下电器”，既是一次发展壮大难得的机会，也是一次艰巨而又严峻的挑战。松下幸之助正是凭借着“稍微走得快了一点”，大刀阔斧地进行机构调整和技术改革，从而使“松下电器”在新的挑战和机遇中得到了前所未有的发展。

20世纪50年代，松下幸之助第一次访问美国和西欧时发现：欧美强大的生产主要基于民主的体制和现代的科技，尽管日本在上述方面还相当落后，

然而这一趋势将是历史的必然。松下幸之助正是把握住了这一超前趋势，在日本产业界率先进行了民主体制改革。政治上给予产业充分的自主权，建立了合理的劳资体制和劳资关系。经济上他改革了日本的低工资制，使职工工资超过欧洲，接近美国水平，并建立了必要的职工退休金，使员工的物质利益得到充分满足。劳动制度上实现每周五天工作日，这在当时的日本还是第一家。

对于这样大刀阔斧地改革，松下幸之助是这样解释的：这一改革并非单纯增加一天休息，而是为了进一步促进产品的质量，好的工作成就产生愉快的假日；愉快的假日情绪会导致更出色的工作效率。只有这样，生产才能突飞猛进，效益才能日新月异。

心理启示

在一个人成大事的过程中，要想走得比别人稍快一点，必须具有超前的眼光，看到别人暂时还没有看到的利益，这样你才能赶在别人前面出手，得到更多的收获。有时候，思维所能爆发出来的正能量是前所未有的，那是因为好的思维往往引领着我们去干一些大事业。

世界上勤奋的人难以计数，但在事业上获得成功的人却不是很多。其原因在于并不是每个人都有卓越的眼光，都有超前的意识，能看到某个行业未来发展的轨迹。但只要你“打开你的思路，放远你的视线”，抬起头来审视前面的路，你就能脱离平凡，走在人前。我们不必要求每个人都有前瞻性的思路，高屋建瓴的眼光，但是只要你从身边的人和事出发，往前看一点点，那就是了不起的成就了。

多个角度看问题

人生就像一朵鲜花，有时开，有时败，有时候微笑，有时候低头不语。其实，人生就是这样，无论你处于什么样的境地，多角度看问题，你就会发现我们打开了心灵的另一扇窗户，你会发现人生是美好的，而我们所遭遇的那些根本算不了什么。人生之路本就是一条曲折之路，当我们被绊倒的时候，应多角度看问题，打开心灵的另一扇窗，以一种积极、乐观的态度去面对人生中的一切。半杯酒静静地在杯子中，来了个酒鬼，看了看摇摇头，说道："嗨，只有半杯酒。"过了一会儿，又来了一个酒鬼，看到以后兴奋地说："太好了，还有半杯酒。"足见，不同的角度看问题，会让我们获得一种全然不同的心境。所以，学会多角度看问题吧，这样你会发现事情远没有想象中那么糟糕。

有四个小孩在山顶上玩耍，正玩得起劲的时候，突然，从山顶远处窜出来一只大狗熊。第一个小孩反映很快，拔腿就跑，一口气跑了好几百米，跑着跑着，他感到身后没有人，他回头一看，发现其他三个孩子都没有动，他大声喊道："你们三个怎么还不跑呀，狗熊来了会吃人的！"

第二个小孩正在系鞋带，他回答说："废话，谁不知道狗熊会吃人呀，别忘了狗熊最擅长的就是长跑，你短跑有什么用？我不用跑过狗熊，只需要跑过你就行了。"这会，他惊奇地问旁边的小孩："你愣着做什么？"第三个小孩说："你们跑吧，跑得越远越好，一会儿狗熊跑近我的时候，保持安全距离，我带着狗熊，到我爸爸的森林公园，白白给我爸爸带回一份固定资产。"说完，他忍不住问第四个小孩："你怎么不跑啊，等死呀？"第四个小孩说："你们瞎跑什么呀，老师说了，在没有搞清楚问题的时候，不要乱作决策，不要乱判断，需要做市场调查，狗熊是不会轻易吃人的，你们看山那边有一群野猪，狗熊是奔着野猪去的，你们跑什么呀？"

面对"狗熊来了"同一件事，不同的小孩有不同的思维方式，而每一种思维方式都比前一种考虑得更周到。事实上，当我们试着多角度看问题的时候，你会发现狗熊并不是冲你来的，内心那些恐惧和忧虑是多余的，完全没有必要，生活依然是美好的，我们完全可以放下心中沉重的包袱。每一个人眼中都有一个与众不同的"小宇宙"，不同的人在各自的"小宇宙"中发现着不同的精彩，演绎着各自的人生。

英国曾举办了一次有奖征答活动，题目是这样的：在一只热气球上，载着三位关系着人类生存和命运的科学家。一位是环保专家，如果没有他，地球在不久之后会变成一个到处散发着恶臭的太空垃圾场；一位是生物专家，他能使不毛之地变成良田，解决几亿人的生存问题，还能够运用基因技术使人的寿命延长到200岁；一位是国际事物调解专家，没有他的存在，各个军事大国的矛盾可能就会一触即发，地球将面临核战争的危险。但是，不幸的是，三位专家所乘坐的热气球发生了故障，正在急速下坠，除非把其中一个人扔出去，也许还有可能脱离危险，问题是，把谁扔下去呢？

到底该把谁扔下去呢？下面的孩子们想了起来：环保专家很重要，没有他人类将会灭亡；可是，生物专家解决的可是生存问题，没有了粮食人类就会饿死；而国际调解专家也很重要，如果发生了核战争，人类也将会灭亡。这时，一个小男孩说出了正确的答案：“把最胖的一个扔下去。”

有时候，我们凭着传统的思维来解决问题，常常会感到无所适从，但机会往往会在你犹豫不决时悄然离去。如果我们都能像那个小男孩一样，跳出常规思维，多角度去思考和解决问题，可能就会有豁然开朗的感觉。有时候，多角度看问题，我们会获得意外的惊喜。

心理启示

老师在黑板上画了一幅画，白纸中画了一个黑色圆点。老师问学生：“你们看见了什么？”全班同学一起回答：“一个黑点。”老师说：“你们只说对了一部分，画中最大的部分是空白，只见小，不见大，就会束缚我们的思考力，许多人不能突破自己，原因就是在这里。”很多时候，传统的思维定势会束缚我们的想象力，而多种角度看问题，我们可能会有新的发现。

多个角度看问题，我们要有推翻成见的勇气和别出心裁的智慧，即使在黑暗的峡谷，我们也会沿着光走出来，顿时之间，你会有一种豁然开朗的感觉。

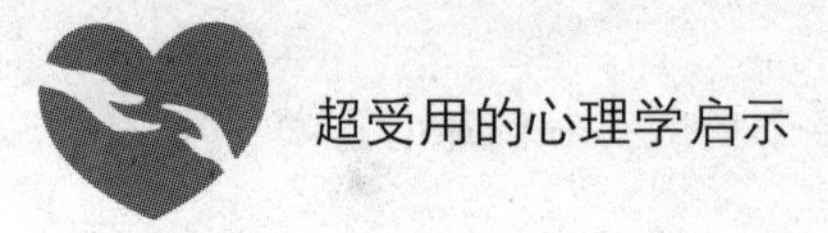

给思维一些创新

生活中，每一个年轻人都需要锻炼自己的头脑，扩展自己的思维。因为这是一个脑力制胜的年代，谁的想法更高明，更有效，谁就更容易提升自己的价值，获得财富的垂青。年轻人不应拜金，但对财富的追求，对财富的渴望，却不可消弱。这不仅仅是改善生活的需要，更是激发大脑潜能，调动大脑思维的最原始的动力。很多时候，一个金点子，花费不多，却拥有点石成金的力量。只有看到别人看不到的东西的人，才能做到别人做不到的事。灵活的头脑和卓越的思维为我们提供了这种本领，深入地洞察每一个对象，就能在有限的空间，成就一番可观的事业。

创意人人都要有，但它更青睐细心观察生活并随之跟进的人。创意是改变生活的“加速器”，它可以不是一件实实在在的产品，而是一种另辟蹊径的思维方式。思路决定财富并不是一句空话，处于困境中的人，如果有心要撬动财富的世界，改变自己的人生历程，只要头脑灵活，感觉敏锐，创意是你手中最有力的一根杠杆，它可以影响人生的成就和财富的流向。

因出产夏普牌电视机而闻名的早川电机公司董事长早川德次，很小的时候双亲与世长辞，他在小学二年级时，就去一家首饰加工店当童工。但早川并没有自暴自弃，他想：“在这个世界上没有疼爱我的双亲，也没有关心我的长辈，我的处境比任何人都悲惨，但只要我努力生活，就不会输给别人。”

他进首饰加工店之后，每天所做的工作就是照顾小孩、烧饭、洗衣服以及搬运笨重的东西。这样年复一年过了4个春秋，有一次他鼓起勇气对老板说：“老板，请您教我一些做首饰的工艺好吗？”老板不但没答应，反而大骂道：“小孩子能干什么呢？你喜欢学的话，自己去学好了！”

早川想，真的，不靠别人，要亲自去学，亲自思考，亲自去做。以后老板叫他帮忙时，他尽量用眼睛看，用心学，这样一切有关工作上的学识和技能，全部是靠自己偷偷学来的。

他的努力终于没有白费，这使他成为耳聪目明又富于创意的人。18岁他就

发明了裤带用的金属夹子，22岁时发明了自动笔。他有了发明，老板便资助他开了一家小工厂。这种自动笔很受大众喜爱，风行一时。世界没有给他任何东西，但他却给了世界很多。30岁时，在他赚到1000万日元以后，就把目标转向收音机，设立了平川电机公司。

每个人都有独立的思考能力，当你把这种能力转变为创意时，你的生活现状也许就会发生质的改变。商人说，创意无法标价，它实施后所创造的价值却是切切实实的。卡耐基说，年轻人在刚刚步入社会时，一般很难立即拥有发财致富的机遇，这也符合踏实肯干，付出才能有所收获的道理。也许我们此时实力不足，但如果能有好创意，常常会达到事半功倍的效果。

心理启示

一位心理学家称，每个人都容易羡慕别人，因为在比较中，你总会发现比你优秀的人。很多人不禁感叹，自己何时能赶上别人，能买房买车，能一夜暴富？世界著名的成功学大师拿破仑·希尔在其著作《思考致富》一书中，提出是“思考”致富，而不是“努力工作”致富。希尔强调，最努力工作的人绝不会富有。如果你想变富，你需要“思考”，独立思考而不是盲从他人。对于多数人来说，把思考和金钱联系在一起的，就是创意。

创意不是高深的科学技术，它的起源常常是有心人的灵机一动，不需要经过严谨的学术训练和精密的理论论证。对于创意，任何一个人都可以与之亲密接触。

巧妙的思维变通

当思维走进了死胡同时就需要进行思维变通，在很多时候，意想不到的思维变通会给我们带来很多惊喜，而这是创造力的开始。在漫漫人生长路上，许多人利用思维的变化找到了成功的机会，相比之下，那些不善于变通的人，纵有一身过硬的本领，也会因为不懂得因时因地变通，而无法捕捉和把握稍纵即逝的机会，从而无法成功。甚至有的时候，机会向他们迎面走来，他们也会视而不见，让成功与自己擦肩而过。

一位优秀的商人杰克，有一天告诉他的儿子说："我已经物色好了一个女孩子，我要你娶她。"儿子说："我自己要娶的新娘我自己会决定。"杰克说："但我说的这个女孩可是比尔·盖茨的女儿喔！"儿子："哇！那这样的话……"在一个聚会中，杰克走向比尔·盖茨。杰克说："我来帮你女儿介绍个好丈夫。"比尔说："我女儿还没想嫁人呢。"杰克说："但我说的这年轻人可是世界银行的副总裁喔。"比尔："哇！那这样的话……"接着，杰克去见世界银行的总裁，杰克说："我想介绍一位年轻人来当贵行的副总裁。"总裁说："我们已经有很多位副总裁，够多了。"杰克说："但我说的这年轻人可是比尔·盖茨的女婿喔。"总裁说："哇！那这样的话……"

最后，杰克的儿子娶了比尔·盖茨的女儿，又当上世界银行的副总裁。这个故事看似不可思议，却有着一个真实的结果。

生活中最大的成就是不断地自我改造，以使自己悟出生活之道。的确，在很多情况下，外物是无法改变的，我们能改变的就是我们的思想。遇到困难和变化时，让思维尽显其灵活和多变的本质，往往能得到更好地解决问题的方法。

柯特大饭店是美国加州的一家老牌饭店。饭店老板准备改建一个新式的电梯。他重金请来全国一流的建筑师和工程师，请他们一起商讨，该如何进行改建。

建筑师和工程师的经验都很丰富，他们讨论的结论是：饭店必须新换一台大电梯。为了安装好新电梯，饭店必须停止营业半年时间。"除了关闭饭店半年就没有别的办法了吗？"老板的眉头皱得很紧，"要知道，这样会造成很大的经济损失……"

"必须得这样，不可能有别的方案。"建筑师和工程师们坚持说。就在这时候，饭店里的一位清洁工刚好在附近拖地，听到了他们的谈话，他马上直起腰，停止了工作。他望着忧心忡忡、神色犹豫的老板和那两位一脸自信的专

家，突然开口说：“如果换成我，你们知道我会怎么来装这个电梯吗？”

工程师瞟了他一眼，不屑地说：“你能怎么做？”“我会直接在屋子外面装上电梯。”“多么好的方法啊！”工程师和建筑师听了，顿时诧异得说不出话来。很快，这家饭店就在屋外装设了一部新电梯，而这就是建筑史上的第一部观光电梯。

在人们的传统思维中，电梯只能安装在室内，却想不到电梯也可以安装在室外，像这样固守成法、循规蹈矩的人比比皆是。问题不在于他们的技术高低、学识多寡，而在于他们突破不了常规的思维方式。工程师和建筑师被专业常识束缚住了，而清洁工的脑子里没有那么多条条框框，思路很开阔，所以才会想出令专家们大跌眼镜的妙招。

心理启示

正能量从哪来来？当然是一切行之有效的方法，方法又从哪里来呢？自然是出其不意的思维变通。当你在迷茫之中找不到任何办法的时候，不妨出去走一走，打开自己的思维，改变思维，说不定可以在某个角落找到恰当的方法。

当然，如果你需要改变思维，那首先需要把残留在脑海里的传统思维清理掉，这样才能腾出地方进行思维变通。在现实生活中，那些墨守成规的人是无法想出好点子的，因为他们的思维总是在原地打转，因此，我们要想进行思维变革，就不能被传统思维所束缚。

换个角度，不幸也是一种幸运

有人说：“不幸就像一块石头，对于弱者来说，它是一块绊脚石，让你却步不前；对于强者来说，生活是一块垫脚石，让你看得更远。”面对不幸或挫折，当我们努力去思考的时候，你会发现自己是有办法将不幸转化为幸运的。一个人如果经不起挫折，受不了历练，他就只会沉浸在挫折带来的痛苦中，感觉不到快乐，对他来说，永远没有希望，也没有前进的方向。其实，那些生活中的不幸对于我们来说，并不完全是一件坏事，遭受不幸的过程，锻炼了我们的受挫忍耐力，而我们从挫折中所吸取的教训将成为我们迈向成功的垫脚石。许多人遭遇不幸的时候，总表现得怨愤难平，似乎自己的遭遇是不公平的，他们习惯于抱怨他人，抱怨上天，可是，他们却从来不思考自己能去做点什么。我们应该记住：即使自己遭遇了天大的不幸，但至少我们还有生命的力量。

有一个穷人为农场主做事。有一次，穷人在擦桌子时不小心碰碎了一只农场主十分珍贵的花瓶。农场主向穷人索赔，穷人哪里赔得起。最后穷人被逼无奈，只好去教堂向神父讨主意。神父说："听说有一种能将破碎的花瓶粘起来的技术，你不如去学这种技术，只要将农场主的花瓶粘得完好如初，不就可以了？"

穷人听了直摇头，说："哪里会有这样神奇的技术？将一个破花瓶粘得完好如初，这是不可能的。"神父说："这样吧，教堂后面有个石壁，上帝就待在那里，只要你对着石壁大声说话，上帝就会答应你的。"

于是，穷人来到石壁前，对石壁说："上帝请您帮助我，只要您帮助我，我相信我能将花瓶粘好。"话音刚落，上帝就回答了他："能将花瓶粘好，能将花瓶粘好……"

穷人听后希望倍增，于是辞别神父，去学粘花瓶的技术去了。一年以后，这个穷人终于掌握了将破花瓶粘得天衣无缝的本领。他真的将那只破花瓶粘得像没破碎时一般，还给了农场主。

难道真的是上帝回答了他吗？其实，他要感谢的是他自己，那块石壁只不过是一块回音壁，他所听到的上帝的回答，其实就是他自己的声音，那是强有力的来自内心深处的正能量。只要心中的信念在，希望就在。许多人陷入了逆境，总是悲观绝望，给自己增加很大的压力。事实上，逆境是一种希望的开始，它往往预示着美好的明天。

自古以来，伟人大多是抱着不屈不饶的精神，从逆境中挣扎奋斗过来的。在人生的道路上，我们常常会遇到各种挫折与不幸，而对于生活中的不幸，我

们该如何看待呢？所谓“百糖尝尽方谈甜，百盐尝尽才懂咸”，人生与河流一样，不经受历练的人生是单调、幼稚的人生。在不幸的生活面前，我们应换个角度去看待问题。

心理启示

魏尔仑说：“希望犹如日光，两者皆以光明取胜。前者是荒芜之心的神圣美梦，后者使泥水浮现耀眼的金光。”要知道，每一个明天都是希望，无论自己身陷什么样的逆境，都不应该感到绝望，因为我们还有许多个明天。只要未来有希望，人的意志就不容易被摧垮，前途比现实重要，希望比现在重要，人生不能没有希望。只要你保存希望，你就永远不会有绝望。凡是能够成大事者，他们都必须经得起不幸的历练，经得起失败的打击，因为成功需要风雨的洗礼。一个有追求、有抱负的人，他们总是视不幸为动力，甚至，生活中的不幸是他们成功的一块跳板，他们从来不去抱怨那些挫折，也从来不会去埋怨别人。因为他们明白，不幸是人生的一门必修课，自己是否能顺利毕业，实则源于对人生不懈追求的创造力。

摒弃陈旧的思想

心理学家认为，陈旧的思想就好像负能量一样会拖垮我们前进的步伐。当我们想要再向前走一步的时候，那些陈旧的思想就开始做出阻碍的动作了。事实上，无论我们做什么事情，如果你总是在别人用过的套路中打转转，那只会束缚自己的思维，这时你应该做的，就是跳出框框，别被固有的思想禁锢住。当经验在大脑里越积越多，甚至会形成一种思维定式的时候，人们总习惯用自己的价值标准和思维模式来评判事物，其实，这就是所谓的“思想僵化”。通常情况下，越是在机遇面前，一个人的心理越是趋于保守，他就越容易陷入这样的困境，他很难去做任何事情。生活在这个变幻莫测的世界，时代总是向前，逆水行舟，不进则退，如果你不愿意改变自己的思想，总有一天，你将会

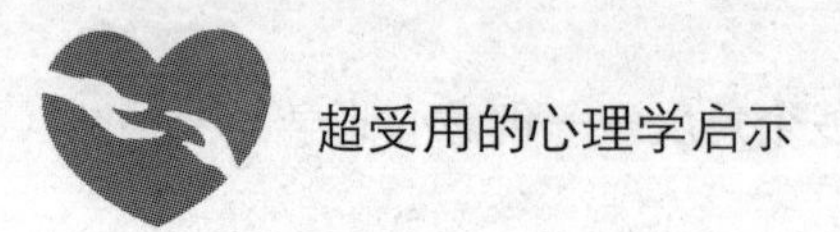

被这个社会所淘汰，你将永远难以获得积极向前的创造力。

匈牙利在20世纪40年代发明了圆珠笔，由于它易于书写和便于携带，所以一经问世便风行全球。可好景不长，这种圆珠笔在使用一段时间后就会出现漏油的毛病，弄脏了纸张及衣袋。

对此，圆珠笔发明者及很多研究圆珠笔的人对于漏油问题都反复进行了深入的研究，他们都发现毛病出在笔珠书写时受到磨损，墨油就跟随磨损部位漏出来。他们将注意力一直停留在笔珠的研究上，拼命提高笔珠的耐磨性。当他们把笔珠的耐磨性改善后，笔珠与笔杆接触的耐磨问题又冒出来了。

而日本人中田藤三郎却发现了问题中的奥秘，在他看来，圆珠笔是个很有发展前途的商品，假如能改进它的漏油问题，将会获得比圆珠笔的发明者更多的财富。他仔细分析了圆珠笔的结构及出毛病的原因，也总结了许多人对改进漏油问题的失败经验，最后，他采取逆向思维，获得了防止圆珠笔漏油的方法。

他的方法很简单：通过反复试验，统计当圆珠笔写到多少字后就漏油，在掌握这个数量的基础上，他着手把笔芯的装油量减少，减少到圆珠笔磨损在开始漏油之后，芯子中的笔油已经用完了，这样，再也无油可漏了。笔芯的油用完了，可换支笔芯，圆珠笔可继续使用。

在解决圆珠笔漏油的问题上，中田藤三郎并没有被固有思想的框框套住，而是逆向思想，因而巧妙地解决了难题。人和动物最根本的区别在于有思想、有思维活动，但是，思想也是需要推陈出新、不断更新的，否则，总是被固有的陈旧思想束缚，只会一事无成。

心理启示

其实，一个人要想成功，不仅要养成思考的好习惯，还需要不断地创新自己的思想。开阔思路，扩展思维，这样，你才能更大限度地获取有益的信息，从而促使自己获得辉煌的成就。对于那些敢于冲破固有思想的人来说，他们永远不会跟随众人的思维模式，而是独辟蹊径，那是他们身上的一种特质。

新思想是击破思维定式的有效武器，无论是在思考的开始，还是在其他某个环节上，当我们的思考活动遭遇了障碍，陷入了某种困境，难以再继续下去的时候，你需要思考一下：自己的头脑中是否有固有思想在起束缚作用，自己是否被某种思维定式捆住了手脚？

对失败的思考

爱默生曾说："每一种挫折或不利的突变，是带着同样或较大的有利的种子。"在失败的背后，往往隐藏着宝贵的经验与信念，事实上，失败是一笔不可缺少的财富。虽然，我们在遭遇挫折，面对失败的时候，心里都会产生一种负面的情绪，但是，如果自己长期深陷其中而不能自拔，失败将会成为你的代名词。当一个人在工作中的失败感大于他所取得的成就感时，就很有可能对自己的工作失去热情，而当这种失败感以一定的频率固定出现的时候，他就很容易对自己的工作产生倦怠。面对失败，我们需要做的并不是自甘堕落，自暴自弃，而是不断思考失败的原因，让失败成为一笔财富，成为我们前进的动力。

和田一夫21岁那年，自己经营的位于静冈县热海家的蔬菜水果店被一场大火烧毁，和田一夫几乎失去了所有，但是，失败并没有让他放弃希望，他将烧成平地的100坪土地拿去做抵押，借钱买了块300坪的土地盖了一个超级市场，开创了日本八百伴。超级市场在和田一夫的经营下，发展得越来越好，这时，和田一夫想带着自己的超级市场进军亚洲，而新加坡成为了其进军亚洲的起点。

1972年，和田一夫和日本野村证券公司第一次考察新加坡市场，然而，就在新加坡，他碰到了两件令自己苦恼的事情：由于新加坡租金太贵，完全超出了自己的预算；在新加坡期间，和田一夫无意中听到一位的士司机说到一段日本侵略新加坡的国仇家史。对此，和田一夫说："对日本百货公司来说，20

世纪70年代是一个必须面对历史的时代。”回到日本后，和田一夫告诉了董事们这两件事，结果董事们纷纷表示反对投资新加坡。但是，和田一夫明白“零售业成功的因素是要消费者口袋里装着钞票”，于是，在70年代初期，和田一夫在新加坡开辟了第一个亚洲市场。1976年，受世界石油危机的冲击，新加坡八百伴被迫关门。通过这次教训，和田一夫领悟到：“不该死守一个地方，要大胆调动资金，分散资产。”紧接着，八百伴从东南亚“流通”到了中国台湾、香港、内地。80年代末期至90年代初期，整个亚洲经济处于全盛时期，和田一夫的八百伴集团在16个国家拥有了400多间百货公司，八百伴集团坐上了世界零售业第一把交椅。

1997年，负责掌管日本八百伴公司的和田一夫的弟弟，因被指控欺骗日本财政部而被法庭判定有罪，当时也判定和田一夫结束所有海外企业，回日本受审。当时，日本媒体称和田一夫将资金调动到中国，拖累了日本八百伴。顿时，一夜之间，和田一夫变成了一个连累八百伴股东和员工的罪人。这时，和田一夫做出了决定，宣布“自我破产”，交出所有财物，向企业界告别，搬到一个租来的房子里。

如今，和田一夫成立了“和田一夫企业咨询公司”，他的日常工作就是用电脑给许多企业家回答问题，为企业团体作演讲。同时，他以探讨自己的失败撰写了《从零开始的经营学》，这本书成为了日本经典著作之一。对此，和田一夫这样说：“失败是我的财富，我想将这个企业咨询网络像当年八百伴一样伸展到亚洲，甚至全世界。”

莎士比亚曾说：“逆境使人奋进，苦尽才能甘来。”在人生道路上，成功没有巅峰，追求没有止境，短暂的荣誉往往会束缚着人们前进的手脚，一时的辉煌往往会消减人们的斗志。而失败，让人痛心更催人奋进，既让人难堪更让人坚定，让人们在放弃时能鼓足勇气，想逃避时拾起自尊。失败是前进路上的阻碍石，是一笔财富，失败能够使人不断地反省自己，在逆境中奋进，在低谷中抓住机遇，不断冒险与尝试，最后采摘成功的果实。

心理启示

其实，失败并不可怕，只要你思考失败的原因，在失败中不断地积累经验，终究能将失败变成财富，转化为我们前进路上的动力。其实，遭受失败并不可怕，关键是用积极的心态来面对。只要我们能改变心态，把每一次的失败都当作考验自己的机会，当作超越自己的机遇，那么，我们就不会沉浸在痛苦里，甚至感谢失败让我们看清了真相，获得了经验。失败会让人变得成熟，它是人生的一笔宝贵财富。

日本著名实业家原安三朗曾说：“年轻时赚一百万元的经验，并不能成为将来赚十亿元的经验，但损失一百万元的经验，倒可以培养赚十亿元的经验，逆境是锻炼人才最好的机会。”一个不能认识和接受失败的人，也无法看清楚成功的本质，从失败的教训中学到的东西，往往比从成功中学到的还要深刻。虽然，从表面上看，失败是消极的，但其背后却潜藏着源源不断的积极力量，积极思考失败，我们才能重新拥抱成功。成功，总是在经历多次失败之后才姗姗来迟，正确面对失败，才是走向成功的重要素质和能力。

换个角度看问题

一位小女孩趴在窗台上，看窗外的人正在埋葬她心爱的小狗，不禁泪流满面，悲痛不已。外公见状，连忙引她到另外一个窗口，让她欣赏他的玫瑰园。果然，小女孩的心情顿时明朗。老人托起外孙女的下巴，慈祥地说：“孩子，你开错了窗。”其实，生活就像是硬币的两面，一面是快乐，另一面是悲伤。当你的目光放得长远的时候，你会发现未来是充满希望的，你所感受到的是源源不断的正能量。但是，在生活中，因为眼界太狭窄或目光太浅显，我们也常常像小女孩一样开错了窗，看到那悲伤的一幕便情绪低落，萎靡不振。然而，如果我们以积极的心态试着打开另一扇窗户，换一个角度看问题，或许，我们会看见如画的美丽风景。很多时候，我们感到痛苦消极，那是因为我们目光太

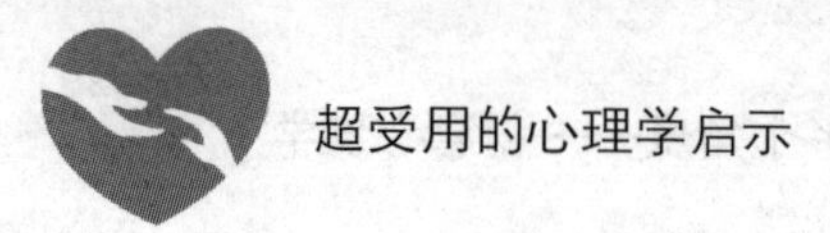

浅显了。我们只专注于眼前，而忽略了长远的打算，于是，总是为失去的东西而痛苦不堪。

每年的七八月份，北极地区的冰雪开始大面积融化，气温也逐渐回升，出现了短暂的春天景象，十分美丽。但是，随着气温的升高，也开始出现了大量的蚊虫，另外由于当地物种稀少，那些饥饿的蚊虫就会飞到人们聚居的地方，吸食人们的血液来维持自己的生命。让人感到奇怪的是，当地的居民却因此感到很快乐，他们对这些嗡嗡乱叫的蚊虫十分仁慈，从来不轻易伤害它们。有的游客拿出杀虫剂喷洒，还会被当地居民所制止。

这是为什么呢?

原来，一种被称为驯鹿的动物是当地居民过冬的主要肉质来源。可是，在天气比较暖和的时候，大批的驯鹿会自发地成群结队向低纬地区迁移，因为那里有大量的水草，如果没有人驱赶它们，它们就不愿意在严寒到来的时候准时回来。但是，在北极地区，如果你想靠人力来驱赶，这根本是不可能的事情。这时候，那些讨人厌的蚊虫就显示了它们的威力，天气开始降温，蚊虫就会飞到低纬地区逃命，自然会与驯鹿不期而遇。那些吸食血液的蚊虫是驯鹿无法抵御的天敌，而那边的气候还不适宜生存，所以那些驯鹿走投无路之下只能往回走。这一跑，正好钻进了人们事先已经设计好的陷阱里。

聪明的印第安人掌握了自然界物物相扣的规律，所以甘愿忍受蚊虫吸食的痛苦，来求得长远的生存。在他们看来，眼前的得失并不需要挂在心上，也不需要为此感到痛苦，而那些长远的考虑才是智慧者的生存之道。所以，在那些被蚊虫吸食的痛苦日子里，印第安人并没有过多的埋怨，而是保持着一份乐观豁达的胸怀，甚至，他们快乐地欢迎蚊虫的到来，因为他们知道有了蚊虫的存在，这个冬天就不用愁食物了。

眼光放长远一些，我们才不会被烦恼所困扰。或许，在上帝看来，即使生命已经殆尽却是一切永远的开始。狂风之后，一棵老树轰然倒下，多少人叹息着老树生命结束，不由自主地感叹自己的命运。但是，如果你换个角度，以长远的眼光看，你会发现一棵幼苗会在它倒下的地方重新生根发芽，新的生命才

刚刚开始。今年的逝去是为了明年能够花红满树，桃李芬芳。这样一想来，是否会觉得快乐些呢?

心理启示

在人生的路上，有着太多的得，也有太多的失，许多人一直都在计较着得与失，所以，每一天都在抱怨、懊悔中度过， 在他们的漫漫人生中，没有哪一天能够真正的快乐。终其一生，我们因为目光太浅显，只会让自己陷入负面情绪的无端困扰中，长期下去，我们的内心就会被忧虑所占据，而无法积极乐观地生活。

无声的年华岁月将我们带走，看尽了繁华落尽，这时，我们才感叹：原来自己从来没有快乐过。对于那些失去的，得不到的，为什么不能换一个角度去看待呢。保持内心良好的状态，你会发现，令自己陷入负面情绪的是浅显的目光，而不是生活。

第6章　由己及人，提升自己的吸引力——演说心理学

在许多人看来，演说似乎与心理学毫无关系。但是，许多人忽视了演说的目的就是吸引听众，而我们要想以演说内容去引起听众的注意力，那就需要运用一些心理学，这样我们才能有效地契合听众的心理，达到吸引听众的目的。

克服内心的恐惧心理

造成演说不能有效说话的最大障碍是什么？胆怯，这是大多数人面对听众时首先遇到的问题。在现实生活中，我们无法避免的事情就是每天与各式各样的人打交道。确实，社交就是展现一个人风采的重要场所，你可能会与重要人物交谈，当众表达你的观点，甚至还会出现在酒会、晚宴、谈判的场合。这时因为胆怯，人们总是选择退却，即便是鼓起勇气去了，却因表现失态，把整个场合搞得更尴尬。当再次需要公众演说时，你又开始胆怯、心慌、全身发抖，时间长了，胆怯在一次次窘态中越来越嚣张，以至于你几乎丧失了所有的自信和勇气。

某一年在纽约举办了一个世界演讲学大会，在这个大会上有许多演讲学的教授需要当众演说自己的论文。当时，有一位教授担心自己的形象得不到大家的认可，他越想越恐惧，结果上台没说几句话就晕倒在地了。本来在他后面一个发言的教授还在不断地练习演讲，一看前面的教授晕倒了，他心里感到一阵恐惧，额头上冒出大量的汗珠，不知不觉地他就在台下晕过去了。

在世界演讲学大会上，两位教授因胆怯而晕倒，这确实是一件有趣的事情。原来，胆怯是每个人都具备的一种心理素质，只是程度不同而已。不仅仅是我们这样的普通人畏惧当众说话，就连许多所谓的大人物也是如此。因此，明白了这个道理，相信对我们克服内心的胆怯是很有帮助的。

一位实习老师第一次走上讲台，当学生起立的时候，师生之间互相问候，这位刚刚踏出学校大门的小伙子竟不知道该说些什么，之前准备的开场白不知道跑哪里去了。心慌之余，他红着脸，用颤抖的声音说了句："老师，您好！"同学们面面相觑，继而哄堂大笑，而那位实习老师则是不知所措，低着头站在讲台上。

他努力想让自己镇静下来，但是越是这样，却越是忍不住心虚害怕。当他下意识地掏出手帕想擦掉额头上的汗珠时，课堂再一次沸腾了。小伙子心里纳闷了，后来经过同学们的暗示，他发现自己手里拿的不是什么手帕，竟然是一只袜子。他更恐惧了，心想可能是昨晚洗脚时无意中将袜子塞进了衣兜里。

整个教室快闹翻了天，他窘得无法自控，只好跑下了讲台，慌乱之中踢到了台阶，差点摔得四脚朝天，幸亏他眼疾手快按住讲台，才没有摔倒。

这位才出学校的小伙子无法克服内心的胆怯，因此第一次登台就窘态百出，无疑，克服胆怯是当众说话的第一关卡。其实，有许多所谓的大人物最初演说都会内心胆怯，但最终他们都无一例外地成了演说高手。例如，古罗马著名演讲家希斯洛第一次演讲就脸色发白、四肢颤抖；美国的雄辩家查理士初次登台时两个膝盖不停地抖；印度前总理英·甘地首次演讲不敢看听众，脸孔朝天。为什么他们最后都出现了如此巨大的变化？原因之一就是他们克服了内心的胆怯。

怎样才能克服内心的恐惧呢？

1. 心中有听众，眼里无听众

有一位老师初次登台讲课就表现不错，有人问他秘诀，他说："我在备课时心中一直想着学生，可上了讲台，我眼中所见，就只有桌椅而已，这样我就不怯场了。"当众说话有一个秘诀叫做"视而不见"，也就是在说话前心中有听众，在讲话时眼里不能有听众，而是按照自己的意图去进行语言表达，对下面的听众视而不见，这样会消除你内心的恐惧感和紧张感。

2. 抱着“无所谓”的状态

任何一个初次演说的人都会有些胆怯，既然避免不了这个当众说话的环节，为什么还要为此害怕呢？美国前总统罗斯福说过：“每一个新手，常常都有一种心慌病。”其实，心慌并不是胆小，而是一种过度的精神刺激。任何人都不是天生敢在公众场合自如说话的，都有一个艰难的“第一次”。只要你抱着“无所谓”，或者“豁出去”的心态，管他三七二十一，这样整个人也就放开了。

心理启示

美国的心理学家曾做过一个有趣的问卷调查，问题是：“你最恐惧的是什么？”调查的结果令人大跌眼镜，“死亡”原本如此让人恐惧的事情却排在了第二，而“演说”却高居榜首。相对于做其他的事情，有41％的人觉得当众演说是最恐惧的事情，甚至比死亡更可怕。同样的调查在大学里也做过，结果有80％~90％的大学生对演说很是恐惧。由此可见，在公众场合演说，感到恐惧和胆怯是一种很普遍的现象。

微笑，消除内心的紧张感

有人说戴安娜是微笑的专家，她用微笑征服了全世界。现在我想我们应该清楚为什么她会受到全世界男女老少的喜爱了，为什么有那么多不认识的人给她献花。这么多年过去了，这个既不是政治家，又不是企业家，当然也不是艺术家的女人却被那么多的人缅怀着。如果你再仔细观察戴安娜的照片，你会发现她的每一张照片都在微笑：牙齿露出，嘴角成一道弧线。她的眼睛里充满了笑意，充满了善意，如果说微笑是全世界共同的语言，那在这里得到了进一步的验证。

美国钢铁大王卡耐基说：“微笑是一种神奇的电波，它会使别人在不知不觉中认可你。”曾在一次盛大的宴会中，一位平日对卡耐基很有意见的商人当众抨击卡耐基，大家都尴尬地看着卡耐基，但卡耐基本人却安静地站在那里，脸上带着微笑，等那位商人与卡耐基对视的时候，他难堪地低下了头。卡耐基的脸上依然挂着笑容，他走上前去亲热地跟那位商人握手。后来，那位商人成为了卡耐基的好朋友。

紧张感能引起思维混乱，甚至大脑短路，一个人之所以会紧张是因为尚未掌握正确的调节心理的方法，这时你越是想镇静下来却变得更加紧张。而应付紧张感最好的办法就是微笑，放松你的下巴，抬起你的头，张开你的嘴唇，向上翘起你的嘴角，用轻松的节奏对自己说“我很好”，这样给人的感觉很好，而又给人有能力的感觉，好像你真的放松了下来。就这样，你内心的紧张感慢慢消失了，随之涌上来的是满足、轻松的心理状态。在如此放松的状态下，你的演说自然而然会发挥出应有的水平。

安安是一位爱笑的女孩子，难堪时微笑，紧张时也微笑，高兴时微笑，难过时也微笑。但就是这样一位喜欢微笑的女孩子，却天生胆子小，说话时声音像蚊子一样小，不了解她的人还以为是害羞，其实她就是这样。

大学毕业的论文答辩会上，安安不幸被抽中了，这意味着她需要在几百人的大厅里当众说话。安安还是第一次遇到这样的场合，这该如何是好呢？安安害怕得快要哭了起来，论文指导老师知道了这事，安慰安安说：“你知道你给人最大的印象是什么吗？”安安不解地摇摇头，老师说：“你最大的特点就是微笑，而这正好是缓解你紧张感的秘诀，当你觉得很紧张、很害怕的时候，不妨微笑，不仅对着听众微笑，还需要对着自己微笑，告诉自己‘放松点’，这样你就真的会放松下来。”安安若有所悟地点点头。

在论文答辩会上，安安脸上始终保持着微笑，每当不知道该怎么说的时候，每当紧张的时候。而当她微笑的时候，台下的老师和同学就会善意地看着她，不哄笑，也不唏嘘，只是等着她继续说下去。最后，安安成功地完成了答辩。

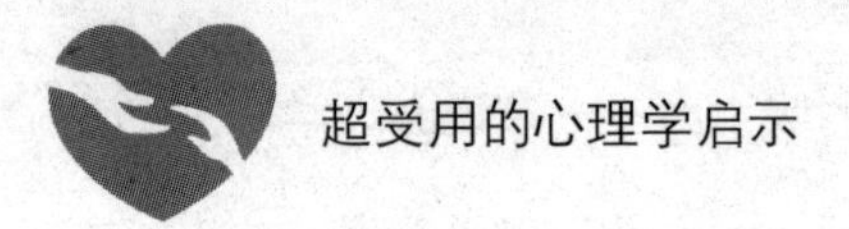

因为微笑，安安不再紧张；因为微笑，她征服了所有的听众。雨果说：“微笑是阳光，它能消除人们脸上的冬色。”对演讲来说，微笑不仅能够缓解内心的紧张感，而且还会化解观众内心对你的不解和抵触。微笑对观众的征服是自然而然的，既然它能兵不血刃地征服对手，更不用说征服你的听众了。那么，如何才能拥有迷人的微笑呢？

1. 对着镜子练习微笑

对着镜子练习微笑，你可以看到标准的微笑形象，并在脑海中形成一个视觉的记忆，以后再微笑时，你的脑海中就会浮现微笑的形象，从而帮助你加强记忆。

2. 每天多次练习微笑

有人说每天需要练习一百遍微笑，因为微笑是一种肌肉记忆训练，那些不喜欢笑的人，并非他内心不开心，而是他的脸部肌肉长期不动，已经僵硬了。如果你每天练习得比较少，那就难以形成肌肉记忆。所以，天天对着镜子练习，时间长了，不知不觉微笑就能长期保留在你的脸上了。

心理启示

微笑带来的心理效应，不需要任何人的翻译，不需要开口，所有的人都懂得她在说什么。其实，微笑不仅仅是一个人最好的名片，而且也在某种程度上减少了我们内心的紧张感。尤其是在演说的时候，如果你实在不知道说什么，那即便是一个微笑，也能够很好地让人们感受到你内心的阳光与温暖。

运用恰当的手势语言

早在两千年前就有一位古罗马的政治家、雄辩家说过：“一切心理活动都伴随着指手画脚等动作。双目传神的面部表情尤其丰富，手势恰如人体的一种语言，这种语言甚至连最野蛮的人都能理解。”在演说中，我们经常使用的就是手势语言了。手势是体态语言的主要形式，使用频率最高，而寓意深刻、优

美得体的手势动作，常常能产生极大的魅力，激发听众的热情，加深听众对说话内容的理解，促使演讲成功。

赫恩登作为林肯的老朋友，他曾说："林肯对听众恳切地说话时，那瘦长的右手自然地充满着强大的力量，一切思想情绪完全融入其中。为了表现欢乐的情绪，他会把两手臂举成五十度的角，手掌向上，好像已经抓住了那渴望已久的喜悦；而说到痛心的时候，例如，在痛斥奴隶制的时候，他便会紧握双拳，在空中用力地挥动。"

林肯所使用的抒情式的手势，是一种抽象感情很强的手势，在说话中使用的频率很高。依据手的不同形状以及活动部位，手势动作可以分为手指动作、手掌动作以及握拳的动作。对于这些手势我们需要细心辨认及掌握，因为它们具有多种复杂的意义。随着部位、幅度、方向、缓急、形状、角度等的不同，手势所表达的思想含义以及感情色彩也会有所不同。在实际说话中，我们不应该拘泥于某种固定的模式，而是依据说话内容的需要，从而灵活地运用不同的手势。

在这里，我们列举一些常见的手势：拇指式，竖起大拇指，其余四指自然弯曲，表示强大、肯定、赞美、第一等意思；手切式，五指并拢，手掌挺直，表示果断、坚决、排除之意；手包式，五指相夹相触，指尖向上，用于强调主题和重点，也表示探讨之意；食指式，食指伸出，其余四指弯曲并拢；食指、中指并用式，食指、中指伸直分开，其余三指弯曲，前英国首相丘吉尔就经常使用这样的手势。当然，诸如此类的手势还有很多很多，在这里我们就不一一列举了。

演说中，自然而安稳的手势，可以帮助说话者平静地说明问题；急剧而有力的手势，可以帮助说话者升华感情；含蓄的手势，可以帮助说话者表达内心的想法。如下就是运用手势的几个原则：

1. 表达感情的手势

随着感情的变化，手势也发生着明显的变化，也就是我们上面所说的林肯式的手势。例如，兴奋时拍手称快，恼怒时挥舞拳头，急躁时双手相搓，果断

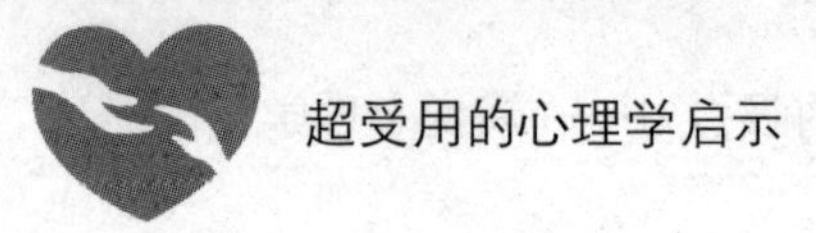

时猛力砍下。

2. 惯用手势

任何一个人在说话的时候，都有一些只有他自己才有而别人没有的惯用手势，手势的含义不明确、不固定，随着说话内容的不同而体现不同的含义。例如，列宁说话喜欢挥动右手用力一斩，而孙中山先生说话时常常拄着手杖，形成了他独特的形象。当然，说话手势需自然、协调、精简、富于变化、前后统一。

3. 模拟手势

模拟手势的特点是“求神似，不求形似”，因此有一定的夸张色彩。它可以是在说话过程中，说到某件事情中的某件物品时用手势把此物模拟出来，这样的手势信息含量很大，从而升华了感情。

4. 指示性手势

指示手势是用来指示具体真实形象的，分为实指和虚指两大类。实指是说话者的手势确指，它所指的人或事或方向均是在场的人视线所及的；虚指是指说话者和听众不能看到的。指示手势比较简单，不带感情色彩，比较容易做。

心理启示

手势动作只有在与口语表达密切配合时，其所表达出来的意义才是最生动形象的。随着说话的内容、自身的情感以及状态的变化，演说者的手势会自然而然地表现出来。不仅如此，手势还应该与有声语言、面部表情、身体姿态紧密配合，保持一致，千万不能硬生生地刻意摆弄手势。说话时手势泛滥会让听众眼花缭乱，颇有哗众取宠之嫌。当然，如果你演说时完全不使用手势，只是把双手摆在固定的位置，那无疑显得呆板、缺乏活力。

注意与听众的眼神交流

在说话过程中，许多人很容易忽视眼神的交流，他们通常是埋头看讲话

稿，或者仰着头看天花板，似乎那些视线所接触范围内的东西比听众更重要。当然，造成这种现象的原因有很多，有可能是内心胆怯，不敢跟听众进行视线接触，也可能是个人习惯所致。但无论是出于什么样的原因，假如你在整个演说过程中，都忘记了去注视听众，那将会直接导致你演讲的失败，不管你的说话水平有多高，说话内容有多精彩，但你忽略了最关键的一个环节——注视听众，那会让听众感觉不受重视，或是认为你太过于胆小，或是认为你根本是在心不在焉地说话。如此一来，就好像你刻意地躲避他们的视线一样，他们也会自然地忽视你正在进行的说话，转而去做另外的事情。

一位老师讲述了这样一件事：

昨天下午去听了实验室一位同学做的研究报告，我发现他在做报告的过程中，视线几乎没有离开过电脑屏幕，只是一味地讲，尽管不是照着那课件念，但我还是觉得缺少了点什么。

这让我想到了几个月之前我曾参加的一个学术会议，轮到我上台发言时自己觉得很紧张，而且觉得自己经验不足，因此在整个过程中我头都没抬过，只是盯着电脑屏幕自顾自地讲话，很快就讲完了。之后有个专家提问环节，如今对于那些专家提出来的关于学术上的问题我已经记不大清了，但我记住了一个外国专家给我的建议，他说："我不知道你是因为紧张还是其他什么原因，但我建议你下次做报告时与听众要有眼神上的交流。"那位外国专家的建议对我十分有用，这让我在上课时更加注重与学生们的眼神交流，自然我的教学水平也因此得到了提升。

实际上，与听众在眼神上的交流可以让你明白听众的一些心理活动，是同意，反对，还是疑惑，依据听众的这些反馈，我们则可以适时地调整说话进度和重点，从而获得一个很好的说话效果。

在对你的说话材料足够熟悉的基础上，你可以尽可能频繁地与听众进行眼神交流。如果你的眼光一成不变地盯着窗外或看着天花板，听众的注意力就会被你从演讲内容上引开。过了一段时间，听众关注的焦点开始转移到那些方向，他们并没有认真听你说话。而与听众进行眼神交流还需要掌握一些技巧，

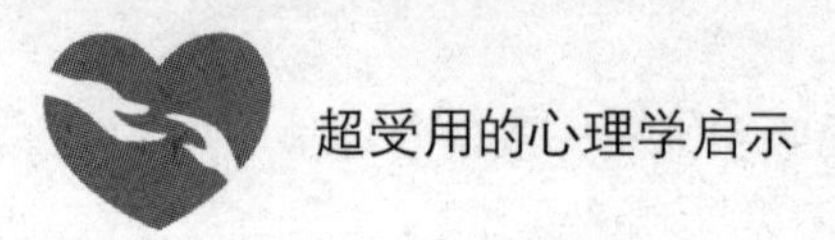

直视他人的脸意味着坦率和兴趣，而是目光游移或者躲躲闪闪则被认为心怀鬼胎或狡猾诡诈。

通常说话者与听众进行眼神交流，不仅仅是盯着前排或一两个听众，而是所有的听众。而且，这样的眼神交流是绝对真诚的，而不是虚假的。前后左右地环视你的听众，你可以选择一个人作为焦点，然后再换一个人，眼睛慢慢地从一个人移到另外一个人身上，在每一个人身上停留两到三秒，眼睛直视听众，或看着他们的鼻梁或下巴。寻找到那些看起来很友好的听众，向他们微笑，然后转向那些面带疑惑的听众，也朝着他们微笑。

不过在下面这两个关键时刻，你更需要与听众保持眼神交流：

1. 说话开始

当说话刚刚开始，你还没有步入正轨时，你可以用点头示意和积极的面部表情对你做出支持性回应的听众表示感谢。看着他们并利用他们的支持来帮助你度过这段令你感觉不舒服的时间。

2. 说话过程中

一旦你开始说话，应扩大你的视线接触的范围，使之包括所有的听众。你需要做的是直视单个听众的眼睛，并保持这种视线接触至少3秒钟以上。不要迅速地从一排排脸上扫视而过。在整个房间内随意地移动你的视线，不要掉入一种单调刻板的模式。

心理启示

对许多北美人来说，在公开场合演说最重要的一件事就是眼神的交流。因为与听众眼神的真切交流会为你开拓局面，保证听者的兴趣，而这些都可以助你演说成功，不仅如此，眼神交流还可以让你获取听众对你说话效果的反馈。对于美国人来说，他们更喜欢在说话开始之前进行眼神交流，当轮到你上台说话时，那需要暂停一下，先看看你的听众，这时眼神在无声无息地传送着信息。在眼神交流中，你可能正在传递这样的语言："我对你们很感兴趣，请听我说，我有一些东西想要和你分享。"这样下面的听众才不会厌倦地带着书本离开说话现场。

让听众过耳不忘的演说秘诀

通常情况下，演说短则几分钟，长则一两个小时，如何才能让听众记住自己所说过的话呢？其实，使演说令听众过耳不忘，并没有什么秘诀，最重要的就是运用口语化的语言，让听众觉得通俗易懂。说话的目的在于让听众理解你说的话。如果你在说话的时候，较多地使用生僻晦涩的词语，那听众就会觉得枯燥无味，不知道你在说些什么。有可能你说得滔滔不绝，唾沫星子漫天飞，而听众却是恹恹欲睡、烦躁不安。我们要说那些听者能够听得懂、记得住的话，这样才能达到你演说的目的，也才能让语言发挥出应有的作用。你讲起来语言简短精练，让听众不仅听得明白，而且印象很深，也更容易记住。

著名心血管病专家洪昭光教授作健康报告时，他会在自己的报告中运用大量的群众易于接受、耳熟能详的语言，通过生动有趣的故事和易学易记的“顺口溜”，让大家一听就懂，一懂就用，一用就灵。

一般来说，医学报告里都会有许多专业术语，例如，一天要摄取热量2200千卡、饱和脂肪酸8%、胆固醇少于300mg等，但你给老百姓讲这些，让人听了摸不着头脑，也没法操作。而洪昭光教授改用口诀就好记多了。其中的许多语言，让人听后看后难以忘怀。如“健康面前人人平等，遵循健康规律，你的身体就可能一生平安”，早已“润物细无声”地改变着人们的健康观念和生活方式。

据说，洪教授作报告，场场爆满、听众如云，他的讲稿更是十分抢手、火热得很，不论是高层领导、专家学者，还是基层群众、普通百姓，都十分喜欢听他演讲。这其中的原因，除了他拥有崭新的医学观点外，很重要的就是他在报告中的语言可以令人过耳不忘。

另外，为了使自己所说的话容易被听众记住，还应该站在听众的角度上思考问题。演说实际上就是一个态度的问题。说话者应站在听众的立场上，为听众着想，将自己的想法很好地传达给听众；不要以自我为中心，只考虑如何展现自己的语言表达能力。有的人长篇大论，把本来非常简单的道理绕来绕去，结果是，不说的时候听众还明白一些，越说听众越迷糊，这就是故弄玄虚，人为地设置沟通障碍，这样的演说，听众厌烦还来不及，又怎么会记住你所说的话呢？

那令听众过耳不忘的演说秘诀到底是什么呢？

1. 善用口语词汇

如“立即”可写成“马上”，“从而”可改成“这样就”，“备定”可写成“准备好了”等。如果遇到一个意思用几个词都可以表达，你要尽量选择其中一个容易让人听懂的词。不该省的字不要省。如“同期”最好说成“同一时期”，以免产生误解。

2. 尽量用短句

尽量用短句、少用很长的句子，并且尽可能地少修饰句子；要尽量避免使用文言句子和倒装句，以免造成听众的错觉或分散注意力。

3. 少用文言

有些难懂的、文绉绉的成语，最好不用。如果用一两句，也要专门作出解释。但是早已口语化了的成语，还是可以用的，这样才能使说话显得生动，雅俗共赏。

4. 小心使用方言

这主要是针对听众面比较广、人员比较多的情况而言。因为下面的听众可能来自五湖四海，用方言土语多了，有些人就听不懂，就会影响说话效果。当然，如果只是小范围的会议，而且大家都是本地人，这个时候可以适当运用一些方言土语，可以起到拉近说听者距离、增进感情的作用。

心理启示

在当众演说中，要让自己的语言令听众过耳不忘，我们应该尽量使用通俗的语言，因为只有语言生动活泼，具体形象，幽默风趣才容易被人记住。你使用的语言要具体可感，形象生动，丰富多彩，不能翻来覆去总是那几个词、几句话，那样就会显得毫无滋味。而语言生动有趣，最基本的要求就是尽可能使

用自己的语言，不能老是去套用别人的话，这样既具有个性，又有新鲜感。需要注意的是，要避免堆砌“时髦词”，或者把别人的东西生拼硬凑在一起，乍听起来挺“新鲜”，可是细细品味起来，似是而非，很不准确。

精彩开场白，一开口就有吸引力

即兴演说需要有精彩的开场白，出语不凡的开头，这样能唤起听众的兴趣和求知欲，产生巨大的吸引力，从而抓住听众的心，让听众非听下去不可。另外，精彩的开场白，可以画龙点睛地勾勒出话题的主旨，能自然顺畅地引领下文，将听众带进声情并茂的讲话情景中去，造成有利于接受说话内容的心理定势。

一位监考老师在监考开始时说：“同学们，考试就要开始了。大家都是久经沙场的老战将，对考场纪律、考试规则可以倒背如流，我就不再重述了。我作为一名监考者，既是一名服务员，又是一名裁判员。我将给大家提供最佳的服务，只要你举起一只手，必定回报：‘我来了’，不敢有丝毫的怠慢；但裁判员的身份又要求我是公正的，望我们互相关照，并原谅我的公正和严厉。最后祝大家考出优异的成绩。”

这段开场白说得非常美妙，犹如和煦的春风，使学生紧张恐惧的心情平静下来，从而进入最佳的心理状态；又沟通了监考教师和学生的心，二者之间对立的情绪烟消云散，使学生树立起自觉遵守纪律的主人翁意识。

抗战期间，著名的作家张恨水在成都中央大学的即席讲话中说道：“今天，我这个鸳鸯蝴蝶派的作家到大学来演讲，感到很荣幸。我取名‘恨水’不是什么情场失意，而是因为我喜欢南唐后主李煜的一首词《乌夜啼》中的‘恨水’二字，我就用它作了笔名。”

这种开头把自己的文学流派、性格、爱好，毫不隐瞒地介绍出来，给人留下一种真诚、坦率的印象。

大家都知道，开场白给人的印象是最深刻的，往往能起到先入为主、吸引听众的效果。而精彩的开场白就像磁铁一样，可以紧紧地吸引住听众，增强他们对活动的兴趣。那些有经验的演说者，他们开场的那几句话，多是反复推敲、认真琢磨的。因此，公众演说一定要有精彩的开场白，应该打破千篇一律的格式，例如“现在开会，请领导作报告”、“师生联欢晚会现在开始，第一个节目……”应根据活动的具体情况，或说说会议内容，或讲讲形式，或道道特点，或提提要求，或谈谈“历史上的今天”。总之，要因境制宜，灵活设计，最好在诙谐幽默之处，尽量来点乐趣，使听众能发出来自内心的微笑。

那在实际的即兴演说中，我们如何选择精彩而吸引听众的开场白呢？你可以采用下面几种方式。

1. 顺手拈来式

顺手拈来式，就是接过别人的话头，顺势发表讲话。这样的即兴讲话可以连接前一位发言者的讲话，也可以顺势发表自己的见解。但是需要找到前面发言者和自己的所讲话题的切合点，才能巧妙地使用。

2. 自我贬低式

自我贬低式的开场白，也可以使气氛更轻松活跃。开场白虽然采用了自我贬损的方式，但效果正相反，不但表现了讲话人的坦率幽默、机智随和，而且备受听众的欢迎。

3. 自我介绍式

即开头自我介绍，可以介绍自己的姓名、身份、职业、经历、爱好或表明自己的立场观点。这种开头形式给人一种诚挚、坦率的感觉。

4. 开门见山

就是一开始就用高度凝练的语言把基本的目的和主题告诉听众，引起他们想听下文的欲望，然后再接着在主题部分加以详细的说明和阐述。这是一种提纲挈领式的手法，立即进入正题，不迂回，不啰嗦，不要任何多余的语言。

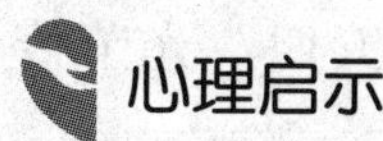

一个好的开场白是很重要的，假如没有一个好的开头，想在整个演说过程中始终保持轻松、巧妙的状态是很不容易的。一个拥有演说经验和演说学识的演说者，他们都很重视即兴演说的开场白。其实，原因很简单，开场白是演说者向听众发出的第一个同时也是最重要的信号，能不能吸引听众的注意力，引发他们听的兴趣以及积极性就取决于这最初发出的信息。

风趣演说，令听众欢喜

若想在即兴演说中有效地吸引听众的注意力，那就需要融入风趣幽默的语言。有的即兴演说是在灵感勃发时的讲话，这样的演说通常会在讨论会上、酒宴上和各种聚会上，偶尔也会在意外情形中遇到。这种即兴演说大多风趣、幽默，演说者可以通过别人的一席话来使自己发生联想，或者借景生情引出自己的思绪，达到风趣幽默演说的目的，让自己的演说趣味十足。人们通常是在特定的场景中发表即兴演说，为了让演说变得有趣，不妨关注眼前的客观事物，从而让自己内心产生某种兴致而临时发表演说。所谓“兴之所至，有感而发”，这样的演说大多都是风趣而幽默的。

1945年5月4日，云南大学、中法大学等校的大学生，在云南大学的操场上举行纪念“五四”大会，会议开始不久，便突降暴雨. 一些学生离开会场避雨去了，会场秩序大乱。这时闻一多迎着暴雨站在台上高呼：“热血的青年们过来！继承五四精神的热血青年站起来！怕雨吗？我来讲个故事：今天是天洗兵！武王伐纣那天，陈师牧野的时候，军队正要出发，天下大雨，于是领头人说，‘此天洗兵’。把蒙在甲胄上的灰尘洗干净，好上战场攻打敌人. 今天，我们集合起来纪念‘五四运动’，天下雨了，这也是天洗兵，不怯懦的人上来，走近来！勇敢的人走拢来！”

闻一多这段即兴演说，成功地借用了“景”和“情”，引出武王伐纣的故事，“天洗兵”的壮志豪情，进而号召青年们继承“五四”光荣传统，经受暴雨的洗礼，做一个坚强的民主革命战士。这样的演说既切景、切情，又切合大会的宗旨，颇具鼓动力、号召力，而且颇有些趣味，可谓是精彩纷呈。

1990年春节联欢晚会上，台湾著名电视节目主持人凌峰做了一段精彩的即兴演讲。他的开场白是这样的：“在下凌峰，我和文章不一样，虽然我们都得过‘金钟奖’和‘最佳男歌星’奖，但我是以长得难看而出名的……一般来说，女观众对我的印象不太好，她们认为我是人比黄花瘦，脸比炭球黑。”

虽然讲话者以自嘲的方式讲话，但效果却恰恰相反，这样的讲话幽默风趣，体现了讲话者超出一般的思维能力，而且有效地吸引了听众的注意力。

那如何让自己的即兴演说变得有趣呢?

1. 运用幽默

幽默是活跃气氛最好的武器，它可以缓解活动或会议现场的紧张、尴尬气氛，重新带来一种愉快的气氛，同时还可以展现说话者自身的涵养。

2. 灵感发言

某领导在为文联作形势报告时，他走上台来，一眼就看到了洁白的台布上放置着一个插着鲜花的花瓶，他小心地把花瓶移到台下，然后就发表了这样一段话：“我这个人作报告，很容易激动，激动起来就会手舞足蹈，这花瓶放在台上就有点碍手碍脚了，说不定我一激动，就碰翻把它摔破了，我这个普通干部还赔不起呢？”这种灵感发表的即兴讲话，不仅活跃了气氛，而且委婉地批评了讲排场的风气，让听众在笑声背后领悟其中的深意。

心理启示

相比较那些枯燥无味的演说，听众更青睐于那些风趣而幽默的演说。参加某种活动本来是一件愉快的事情，如果在开始之前还来一番枯燥的演说，那岂不是减少了活动本身带来的欢乐气氛？而若是参加会议，那就更需要有趣的即兴演说了，会议本身是枯燥、呆板的，要是来一段有趣的即兴演说，那在某种

程度上会让听众疲劳的大脑得到暂时的休息。

善用心理暗示，让你的演说别具吸引力

演讲者在演讲过程中，可根据自己想要达到的目的，创造宜于听众接受的环境，不知不觉地施加给听众某种暗示，使听众潜移默化地接受你的讲话。在这一过程中演讲者通过讲话表露出的信息不是简单明白、公开直接地抛出，而是采用暗示的形式，让听众觉察你的意图。这和曲径通幽是一个道理，在实际演讲中，如果演讲者能恰当使用暗示的讲话方式，往往可以收到意想不到的效果。

中华语言文化，博大精深，很多语言具有多义性，如果在讲话中巧妙地运用这种多义性，就可以达到出神入化的效果。这样可使讲话既简单明了，又含蓄自然。

在中国美国商会举办的“年度政府答谢晚宴”上，某领导即兴发表演讲：“我还特别佩服美国朋友，全世界都公认，美国站在高新科技和高新设备的最高层。但是，就在造航天飞机和研发高新科技的同时，美国朋友也没有忘记像衬衫、裤子、袜子等这些小东西。”领导风趣地说，用中国话讲，就是“大钱要挣，小钱也不放过”，（指着餐桌）“正好像今晚的宴会上，美国朋友特别关注的是龙虾、牛排，而我们特别关注的是三明治、馒头。但是，美国朋友一方面吃着龙虾和牛排，一方面还很关注我们，三明治是不是吃多了。”

这种暗示的说话方式，既化解了尴尬，又使话语含蓄、幽默，富于风趣，还能加深语意，引人思考，给人以深刻的印象。所以，经常被人使用，受到大多数演讲者的青睐。

下面我们简单介绍几种“曲径通幽”的讲话方式：

1. 环境暗示

演讲者可以创设特定的外部环境，使听众在无意之中接受你的讲话。当企业管理出现松懈时，可以让全体员工参加一次集体活动，增强集体荣誉感，适

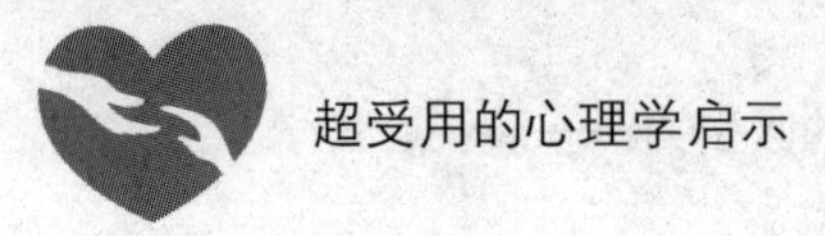

时发表讲话，给员工以情景的暗示。

2. 体态暗示

体态暗示就是演讲者用体态语言，如眼神、表情、姿势、手势等非言语行为，对听众加以暗示。例如，演讲正式开始了，一些听众还沉浸在兴奋之中，大声喧哗，不能立即安静下来。这时候你可以一言不发，以静制动，给他们一种暗示，听众会很快意识到演讲开始了。

3. 语言暗示

言语暗示就是演讲者凭借语言的轻重缓急、快慢节奏及“弦外之音”来传达信息。如果在演讲过程中发现有少数听众窃窃私语或玩手机，你就可以故意放慢语速或提高语调，以引起他们的注意，或者使用暗示的言语：“如果有听众现在需要接听电话，那我建议你们到外面去接听，以免我的讲话打扰到你了。”

心理启示

暗示是一种让人容易接受的方式。它能避免空洞烦躁的说教，愉快地让听众接受讲话，使双方在有意或无意间达成某种默契，心照不宣地完成一定的任务。有的演讲者喜欢直言不讳地说话，殊不知，太过直接的话语往往让听众难以接受，达不到预期目的。

结束语，画龙点睛之效

对演讲者来说，结束语是一个极其重要的步骤，对竞聘演讲来说更是如此。我们可以说，结束语是演讲者走向成功的垫脚石，结束语精彩，就好像乐曲结束时的“强音”，直达听众的心里；结束语糟糕，则就好像吃花生米，吃到最后一颗却发现是坏掉的，又苦又涩，这会让整个演讲都失去颜色。有时我们会听到诸如此类的结束语“我想我已经啰嗦得够多了”、“我不知道自己是不是把这个问题讲清楚了”、“我通常并没有这么兴奋，也许是因为咖啡的缘

故”，如此的结束语几乎可以毁掉整个演讲。

一位竞聘护士长的年轻护士在演讲结束时这样说：“同志们，现在大家都在看《钢铁是怎样炼成的》这部电视剧，在这里我只想用保尔的那段名言结束我的演讲：人最宝贵的是生命，生命对于我们只有一次，一个人的生命应该这样度过：当他回首往事时，他不因虚度年华而悔恨，也不因碌碌无为而羞耻。这样在他临死的时候就能够说：我已把整个生命和全部精力都献给了最壮丽的事业——为人类解放而斗争。”

当时，由于现场的听众都熟悉这段话，当这位护士开始说的时候，大家都一起朗诵了起来。顿时，整个场景庄重了起来，那语言含蓄而有力，演讲者不但有效地表达了内心的想法，而且给听众以深深的回味之感。

英国扶轮社的哈利罗德爵士，在爱丁堡大会上是这样结束演讲的：

当你们回家之后，有些人会寄一些明信片给我。就是你们不寄给我，我也要寄给你们每位一张，而且你们会很容易知道是我寄的，因为上面未贴邮票。在上面，我要写一些字：季节自己来，季节又自己去。你知道，世间一切都依时而凋谢。但有一件却永远像露水一般绽放鲜艳，那就是我对你们的仁慈和热爱。

这样的结束语，就好像马丁·路德·金在《我有一个梦想》的演讲中以“终于自由了，终于自由了，感谢万能的主，我们终于自由了”结束一样。这几句诗文正好表明了全篇演讲的旨意，因此这几句诗文用得十分合适。

俗话说：“编筐编篓，重在收口。”在演讲过程中，既要有先声夺人的开头，更应有“画龙点睛”的结尾，给听众留下回味无穷，遐想联翩的余音。那在实际演讲中如何收好这个口呢？

1. 不牵强附会，而是水到渠成

不管是以名言警句作为结束语，还是以自己的话作为结束语，都需要遵循一个原则：不牵强附会，而是水到渠成。让听众感觉到，这个结尾是自然而然地到来的，不是为了达到某种目的而刻意为之，否则为了达到画龙点睛的效果而刻意选择结束语，那就偏离了演讲本身的要求了。

2. 结束语需要有一定的高度

结束语的方式有很多，如议论式的结尾，象征式的结尾，号召式结尾，风趣幽默式的结尾，等等。不论使用哪种方式作为结束语，都需要将语言提高到一定的高度，韵味深刻，调动听众的情绪，避免陈词滥调或语言平淡无味。

心理启示

俗话说："没有结束语的结尾平乏无力，可没完没了的结尾则是令人害怕的。"有的演讲者明明已经把所有该讲的内容都讲完了，但临在结束时又讲了一些与主题无关或关系不大的话，这无异于画蛇添足，这是听众最讨厌的。这样的结束语不仅搅乱了听众的思路，破坏了听众的兴趣，而且很容易让听众忘记了之前的内容。因此，在表达结束语的时候，演讲者需要当断则断，当止则止，不要纠缠不清。

互动，让听众感觉到自己很重要

在演说活动中，虽然演说者居于主导地位，但并不意味着说演说者自己讲自己的，完全不用搭理听众。我们都知道，演讲是否有效，取决于听众的反应，尽管演说者是表面上的主角，实际上听众才是真正意义上的主角，因为有了他们，演说才会表现出它应有的意义。因此，在演说过程中，演说者需要观察听众的神色，是茫然，还是神情专注。若发现听众对自己的讲话不感兴趣，或纯粹不听，这时应该及时地采取一些互动措施，想办法吸引听众的注意力，唤起听众的兴趣。

一位学者到部队上演讲，他讲道：

"退后三十年，我和你们一样，也是一个兵！肩宽体阔，走路生风，迈步作响。当过班长、排长、连长。后来阴差阳错，改行成了摇笔杆子的爬格虫，经常熬通宵，弄成这般连我都不喜欢的样子。所以，一有机会就想寻根，今天总算又回来了，请你们接受我这个没有军装的老兵的致意……"

在案例中，学者利用自己和眼前战士曾有过的共同点，设计了这样一段话，试想，现场的士兵又怎么不会被感动呢？他们感受到了一种重视、尊重，自然而然，他们与演说者之间的距离也就拉近了。

有一次，冯玉祥将军率军来到抗日前线地区的河南鲁山县，受到当地民众的热烈欢迎，并开了一个“军民联欢大会”，会上他发表了抗日鼓动演讲。一直以来，冯玉祥将军在百姓心中的威望是极高的，但正因为如此，让在座的听众都产生一种敬畏。而由于冯玉祥将军在入场时脸色很严肃，他们心中就更添了几分畏意。但是，冯玉祥将军正式演讲一开始，听众顿时就没了畏惧感，只有亲切。

当时，冯玉祥将军是这样讲的：

各位老先生、老太太，兄弟姐妹们！各位青年学生们！全体官兵兄弟们！你们不是常听说“老冯老冯”的吗？我就是冯玉祥。咱们耳朵里是熟人，眼睛里是生人，从今以后咱们眼睛里也是熟人啦！我代表国民政府，代表蒋委员长，向抗战前线的河南军民致以亲切的慰问和崇高的敬礼！

亲切而朴实的语言，一句“从今以后咱们眼睛里也是熟人啦”，将自己与百姓的心贴得更紧。在演说过程中，如果演说者在表达自己想法时更富有感性，并将自己的热忱传达给听众，与听众之间形成互动，通常是不会出现冷场的。

那在实际演说中，若发现听众神色茫然，演说者应该如何与现场的听众进行互动呢？

1. 利用语言吸引听众的注意力

在演说时，演说者可以随手利用眼前的东西，如大厅里的听众、当前的事物、当地的参照物，或是采用大家熟悉的例子，人人使用的语言以及司空见惯的事件。如果能将这样一些事情纳入自己的演讲内容，定会让听众有亲切之感。

2. 让听众参与到演说中来

如果你对台下的听众进行过一番研究，那可以按照这个结果选取一些听

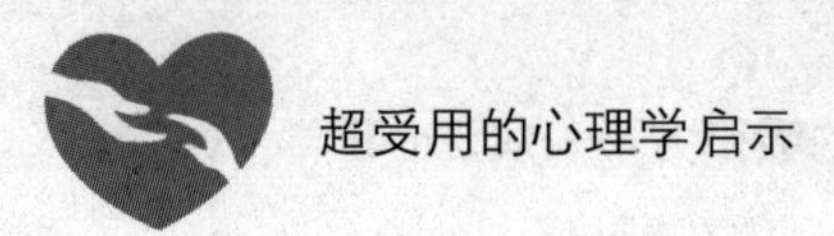

众感觉亲切或熟悉的东西融入演说内容，来吸引他们。例如，提及现场的细节或共同体验过的某一件事，“在座的各位有多少人今天吃了早饭？啊，我看见你们大约有一半的人举起了手。这位朋友，你吃了什么？豆浆加油条，那边那位，你吃了什么？”然后通过这些内容巧妙地引出你所演讲的话题。

心理启示

在某些时候，我们发现听众对演讲毫无兴趣，注意力分散，或者仅以“嗯”、“哦”之类的简单语言来应付。出现这种现象的原因在于演讲者的话没有吸引力，听众只是出于纪律的约束或一种礼貌而扮演一个“接受”的角色。因此，我们要和听众进行互动，让听众参与到演说中来。

第7章 敞开心扉，掌控情绪的影响力——情绪心理学

情绪是人类生活中不可缺少的一个重要组成部分。科学家们研究发现，人的情绪时刻受到心理变化的影响，所以了解情绪的性质和变化，掌握如何控制消极情绪，发掘积极情绪的方法对我们的生活十分重要。本章就是告诉你一些心理学知识，让你能够正确掌控自己的情绪，并理解他人的情绪，成为更好的自己。

情绪是快乐心情的主宰

从心理学上说，情绪是指伴随着认知和意识过程产生的对外界事物的态度，是对客观事物和主体需求之间关系的反应。是以个体的愿望和需要为中介的一种心理活动。喜怒哀乐是人之常情，想让自己生活中不出现一点烦心之事几乎是不可能的，但情绪化的表现太强，情绪波动较大，受情绪的愚弄，被情绪牵着走，让情绪主导自己的心理和生活，却是不可取的。

生活中的大多数人都有过受累于情绪的经历，似乎烦恼、压抑、失落甚至痛苦总是接二连三地袭来，有些人频频抱怨生活对自己不公平，用情绪化的反应来表达内心的感受。这样做的结果只能是越来越糟。

一天，著名专栏作家朱莉和朋友在报摊上买报纸，那朋友礼貌地对报贩说了声谢谢，但报贩却冷口冷脸，没发一言。“这家伙态度很差，是不是？”他们继续前行时，朱莉问道。“他每天晚上都是这样的，”朋友说。

“那么你为什么还对他那么客气？”朱莉问她。朋友答道：“为什么我要让他影响我的情绪和决定我的行为？与他计较除了会使自己不愉快之外，没有任何意义！”

善于控制情绪是人有涵养的表现，许多女人都懂得要做情绪的主人这个道理，但遇到具体问题时，仍是情绪化表现严重。心理学家告诫大家：将喜怒哀乐深埋在心里，不要轻易流露自己的感情。遇到高兴的事情不要狂笑不止；遇到悲伤之事，不要骤然哭泣。在平时保持平和的心态，处事不惊。学会掩饰感情，才不至于让人轻易识破你的心思，不会被情绪出卖自己的想法。能够稳定情绪的人，更容易获得成功。

马辛利任美国总统时，一项人事调动遭到许多政客的反对，在接受代表询问时，一位国会议员脾气暴躁，粗声恶气，开口就给总统一顿难堪的讥骂。但马辛利却视若无睹，不吭一声，任凭他骂得声嘶力竭，然后才用极委婉的口气说：“你现在的怒气应该消了吧？照理你是没有权利这样责问我的，但现在我仍愿意详细解释给你听……”

这几句话把那位议员说得羞愧万分，其实不等马辛利总统解释，那位议员已被他折服了。也许你以为马辛利总统是个“没有脾气的人”，恰恰相反，他是个脾气极大的人，只是他有一股比脾气更大的自制力，能将脾气暂时压住。

对情绪的控制就如对命运的掌控一样，对于很多人来说无从下手，只能听之任之。殊不知，人生苦短，青春易逝，还有很多有意义的事情等着我们去做，没必要对自己不喜欢的话去一一回击。聪明的人不会和那些无理取闹的人针锋相对，顺着脾气的梯子往高爬，他们知道，爬得越高，最后摔下来时就越惨。

洛克菲勒曾有一件很有趣的轶事：

有一位不速之客突然闯入他的办公室，直奔他的写字台，并以拳头猛击台面，大发雷霆：“洛克菲勒，我恨你！我有绝对的理由恨你！”接着那暴客恣意谩骂他达10分钟之久。办公室所有职员都感到无比气愤，以为洛克菲勒一定

会拾起墨水瓶向他掷去，或是吩咐保安员将他赶出去。然而，出乎意料的是，洛克菲勒并没有这样做。他停下手中的活，用和善的神情注视着这位攻击者，那人越暴躁，他便显得越和善！

那无理之徒被弄得莫名其妙，他渐渐地平息下来。因为一个人发怒时，遭不到反击，他是坚持不了多久的。于是，他咽了一口气。他是做好了来此与洛克菲勒作斗争的，并想好了洛克菲勒将要怎样回击他，他再用想好的话语去反驳。但是，洛克菲勒就是不开口，所以他不知如何是好了。

末了，他又在洛克菲勒的桌子上敲了几下，仍然得不到回应，只得索然无味地离去。洛克菲勒呢？他就像根本没发生过任何事一样，重新拿起笔，继续他的工作。

不理睬他人对自己的无礼攻击，便是给他最严厉的迎头痛击！社会上的强人之所以每战必胜，就是因为当对手急不可耐时，他们依然故我，冷静与沉着地处理事情。

心理启示

心理学家分析说，当人们的情绪低落时，做什么事都感觉百无聊赖，提不起兴趣，感到没有任何意义；当情绪高涨时，又会感觉脚下生风，干劲十足，每次行动都令人振奋，在干好某件工作之后似乎就想对世界高歌，宣泄内心的情感。能驾驭自己的情绪，才能真正驾驭自己。

现代社会，大家要面对工作、生活、婚姻、家庭，面对纷乱繁杂的事务和家务，过于情绪化会让自己疲惫不堪。所以我们要摆正心态，驾驭情绪，让快乐时时围绕，在愉悦的心情中完成工作，享受当下每一天。

先处理心情，再处理事情

在生活中，不如意之事十有八九，有些人因为心事过重，一遇到不如意的事情，就会大动肝火，结果把事情搞得越来越糟。而有的人则能很好地控制住

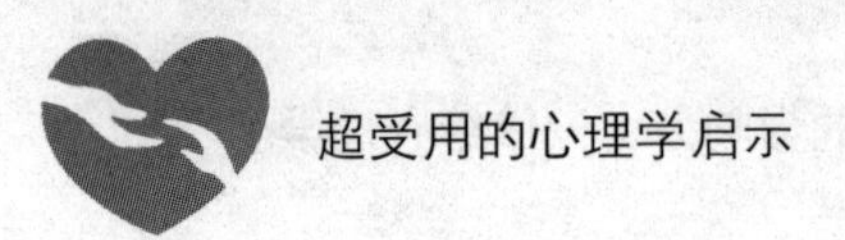

自己的情绪，泰然自若地面对各种刁难，在生活中立于不败之地。

心理学家说，人往往被情绪左右思考能力，在情绪的干扰下，思考容易偏激或受到限制，不利于做出正确的判断。

这一年，新的一届竞选又开始了，莫妮卡准备参加参议员竞选，她向自己的参谋讨教如何获得多数人的选票。

参谋说："我可以教你些方法。但是我们要先定一个规则，如果你违反我教给你的方法，要罚款10元。"

莫妮卡说："行，没问题。"

"那我们从现在就开始。"

"行，就现在开始。"

"我教你的第一条方法是：无论人家说你什么坏话，你都得忍受。无论人家怎么损你、骂你、指责你、批评你，你都不许发怒。"

"这个容易，人家批评我，说我坏话，正好给我敲个警钟，我不会记在心上。"莫尼卡轻松地答应道。

"你能这么认为最好。我希望你能记住这个戒条，要知道，这是我教给你规则当中最重要的一条。不过，像你这种愚蠢的人，不知道什么时候才能记住。"

"什么！你居然说我……"莫尼卡气急败坏地说。

"拿来，10块钱！"

虽然脸上的愤怒还没消失，但是莫妮卡明白，自己确实是违反规则了。她无奈地把钱递给参谋，说："好吧，这次是我错了，你继续说其他的方法。"

"这条规则最重要，其余的规则也差不多。"

"你这个骗子……"

"对不起，又是10块钱。"参谋摊手道。

"你赚这20块钱也太容易了。"

"就是啊，你赶快拿出来，你自己答应的，你如果不给我，我就让你臭名远扬。"

“你真是只狡猾的狐狸。”

“又是10块钱，对不起，拿来。”

“呀，又是一次，好了，我以后不再发脾气了！”

“算了吧，我并不是真要你的钱，你出身那么贫寒，父亲也因不还人家钱而声誉不佳！”

“你这个讨厌的恶棍。怎么可以侮辱我家人！”

“看到了吧，又是10块钱，这回可不让你抵赖了。”

看到莫妮卡垂头丧气的样子，参谋说：“现在你总该知道了吧，克制自己的愤怒，控制情绪并不容易，你要随时留心，时时在意。10块钱倒是小事，要是你每发一次脾气就丢掉一张选票，那损失可就大了。”

从上面的故事中，我们看到了情绪失控后的结果。在现实生活中，我们很可能因为自己的一时情绪失控而失去应有的机会。即使你是一个优秀的人，可就因为你的暴脾气而在无形中得罪了很多人，这使得你在通向成功的道路上不再一帆风顺，甚至触礁沉没。而这一切正是你自己造成的，因为你做不了情绪的主人，无法驾驭自己的情绪，甚至被它所左右。

心理学家提醒那些容易情绪化的人，要想更好地适应社会，获得经济上的独立和保障尊严，就必须学会调动自己的情绪，理智客观地处理所有问题。能调动情绪的人生活更有滋味，更易获得满足，更能运用自己的智能获取丰硕的成果。反之，不能驾驭自己情感的人，内心激烈的冲突，削弱了他们本应集中于工作的实际能力和思考能力。

心理学上讲心情决定事情，虽然有些绝对，但却很好地说明了心情在为人处世中的作用。心理学家劝诫那些情绪容易受外界干扰的人，应先处理好心情，再投入精力处理事情。人的每一个决定和行为，都或多或少地受到情绪的影响。无论是对学习还是对社会适应能力来说，情绪都扮演着非常重要的角色。能够稳定情绪、沉着处事的人，更容易取得想要的结果。

学会控制自己的情绪对于每个人而言都是相当重要的，它是我们在社会打拼的前提，也是自己身心健康的保证。

心理启示

情绪可以看作人命运的主宰。情绪好的人犹如美丽的天使，带给所有的人欢笑与掌声。如果把人比作天上飞的风筝，那么情绪就是拴在风筝上的那根线。掌控好情绪这根线，人这只风筝就会好风凭借力，在人生的天空中高飞，在人们的视野中展现最迷人的风姿。

换一种心情，换一种生活

或许生活中有许多令你不开心或是非常担心的事，或许你觉得上天不公，把所有痛苦和不美好都给了你，又或者你的人生从一开始便有一丝缺陷，你觉得自己天生比别人差一些……但是世界上没有不弯的路，人间没有不谢的花，哪个人的生命旅途是一帆风顺，没有丝毫风雨的呢？生活是艰难的，你无法逃避，积极面对才是解决问题的真正办法。然而，当挫折和逆境让我们感到无能为力时，换一种心情，换一种思考方式，该在意的要在意，该放下的就放下，或许问题便迎刃而解了。

从前有一个老太太，她没有儿子，只有两个女婿，大女婿是个开染坊的，二女婿是个做油伞（古时候的伞是木杆布面的，在布面上刷上油，一般只在下雨时遮雨用）的。这个老太太整天愁眉苦脸的，总是忧心忡忡。

这天有个货郎路过，见到她忧心的样子，就好奇地打听原因。

老太太说：“我没有一天不发愁，我为女婿的生意担心啊。晴天我惆怅，我二女婿的油伞卖不出去，他不能开张；雨天我也发愁，你看，我大女婿的染坊晒不成布他也不能开张。哎呀，愁死我了！”

货郎听后，哈哈一笑，“您为什么不换个角度想呢？晴天，你应该高兴，你看，你大女婿的染坊生意红火了；下雨天儿，你也应该高兴，你二女婿的油伞都卖出去了。”

老太太一听，对呀，是这个道理。从此，她天天快乐，精神好了，日子也

红火了。

生活中像这个老太太一样想问题的人着实不少，她们希望自己的老公有本事多赚钱，又怕老公有钱了就去外面拈花惹草；她们想减肥又怕自己吃太少营养不良；想吃红烧肉又怕热量太高会长胖……整天这样忧心忡忡的，怎么可能过得开心呢？其实，像那个货郎说的那样，换个角度想问题，让自己的思想彻底解放，你想美好的事，生活便是美好的，心情也会舒畅很多；你想发愁的事，你的困难也不会减少。

曾经有个非常快乐的人，大家都很羡慕她，有人就问她："为什么你每天都是那么快乐呢？"她说："我每天起床的时候都要问自己，你今天是要快乐还是要痛苦呢？我当然选择快乐，所以我每天都是快快乐乐的。"

心理学家曾做过"半杯水实验"，较准确地预测出乐观者和悲观者的情绪特点。悲观者面对半杯水说："我就剩下半杯水了。"乐观者则说："我还有半杯水呢！"因此，对乐观者来说，外在世界总是充满着光明和希望。

一个美国人着泳装在撒哈拉大沙漠游玩，一群非洲土著人好奇地盯着他。

"我打算去游泳。"美国人说。

"可海洋在800公里以外呢。"非洲土著人提醒道。

"800公里！"美国人高兴地说，"好家伙，多大的海滩哪！"

在悲观的人眼里，沙漠是葬身之地，800公里是遥远，人生是痛苦；在乐观的人眼里，沙漠是海滩，800公里是享受，人生是希望。

乐观使人经常处于轻松、自信的心境，情绪稳定，精神饱满，对外界没有过分的苛求，对自己有恰当客观的评价。乐观的人在受到挫折、失败时，常会看到光明的一面，也能发现新的意义和价值，而不是轻易地自责或怨天尤人。而悲观者一般是敏感、脆弱、内心情感体验细致、丰富，一遇挫折就会比一般人感受得深，体验得多。

心理学研究证实：如果人想的都是快乐的念头，他就能快乐；如果他想的都是悲伤的事情，他就会悲伤；如果想到一些可怕的情况，就会害怕；如果沉浸在自怜里，大家都会有意躲开她。如果一个人想的尽是成功，那结果又会怎

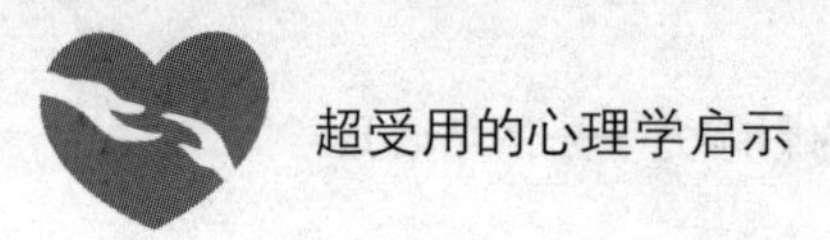

么样呢？答案是他会成功。乐观与悲观部分是与生俱来的，但天性也是可以改变的。乐观与希望都可学习而得，正如绝望与无力也能慢慢养成。

面对人生的诸多波折，诸多不如意，如果我们无力改变现状，也不要烦躁、焦急或是暴跳如雷，做这些无济于事的举动只会给自己徒增烦恼。学会放下无谓的执著，换种心情，以欣赏的心态耐心等待，柳暗花明的一刻也许更会早些到来。

对于生活的智者来说，变幻莫测的世界和残酷的现实，怎能只用一种心情面对呢？换一种心情，不做无谓的挣扎，忘记悠远的愁思，你的天空会更蓝，你的人生将更加精彩！

心理启示

要想摆脱忧愁，使自己乐观起来，我们要尽可能和快乐的人在一起，你是否有过这样的经历？在一个地方，或是和一些人相处，你会感到焦虑不安、脖子酸痛、疲惫不堪。你不知道到底是哪里不对劲，但就是觉得不舒服。但是和另一些人相处时，你就会觉得精神百倍，身体上的不适感也慢慢消失了。在这些人的陪伴下，你觉得事事如意，这些人所散发的正面能量，让你感到更快乐、更安详、更有信心。乐观的人是不会被打垮的，如果你也想变成这样一个人，现在就赶快行动起来吧。

坏情绪不是发脾气的理由

人是感性动物，是世界上情感最丰富的人，而人的情绪化也是出了名的严重，往往因为一些莫名的小事就搞得自己心情不好。但是你有没有想过，在你在心情不好的时候可能会乱发脾气，做出一些伤害到别人的事，这不仅影响你们和对方之间的关系，也会失去了已经拥有的快乐。

有一个女孩，她很容易因为一些小事而情绪波动，生气和发脾气也是常事。虽然她心地善良，待人真诚，但容易生气的毛病，使她失去了很多好朋

友。她也为此很是苦恼。

这一天，父亲给了她一袋钉子，并且告诉她，每当他情绪不好的时候就钉一根钉子在后院的围栏上。第一天，这个女孩钉下了37根钉子。慢慢地，每天钉下的钉子数量减少了，她发现控制自己的情绪要比钉下那些钉子容易。终于有一天，这个女孩没有失去耐性、乱发脾气，她告诉了父亲。父亲又说，从现在开始，每当她能控制自己情绪的时候就拔出一根钉子。一天天过去了，最后女孩告诉他的父亲，她终于把所有钉子都拔出来了。

父亲握着她的手，来到后院说："你做得很好，我的好孩子，但是看看那些围栏上的洞，这些围栏将永远不能恢复到从前的样子了。你生气的时候说的话，就像这些钉子一样会留下疤痕。每当你和朋友吵架，说了些难听的话后，你就在他心里留下了伤口，像那个钉子洞一样。插一把刀子在人家心里，再拔出来，伤口就难以愈合了。无论你怎么道歉，伤口总在那儿。要知道，心灵上的伤口比身体上的伤口更加难以恢复。"

这个孩子在听了父亲的教诲后，很少乱发脾气，因此，她身边的好朋友也随之多了起来。

因此当你发脾气、生气时，你周围的人也会跟着你而紧张和情绪低落，这种负面情绪的影响和扩散就像漏了的煤气一样，很快会充满整个房间，充斥于你的周围。而一旦你把这种情绪爆发出来，可想而知，它的后果会有多么糟糕。被怒气冲晕头脑的人，即使平时多么善良和会说话，此时也难免说出一些伤透人心的难听的话来。而这些话就像钉子一样刺进了和你争吵的人的心中。当你反省之后，真诚地向他道歉时，虽然他能够原谅你，但这道伤疤会永远留在他的心里。

古人总是说"三思而后行"，就是告诉我们做事不能只凭自己的一时冲动，要考虑到后果。我们每天接触的人无非是家人、朋友和同事，这些都是和你的生活息息相关的人，如果因为自己的坏情绪而向他们发脾气，不但会使自己失去一个生活伙伴，也会让周围的人对你感到失望。人与人之间的感情是相互的，只有你顾虑到别人的处境和感受，别人才能从心底真正地喜欢

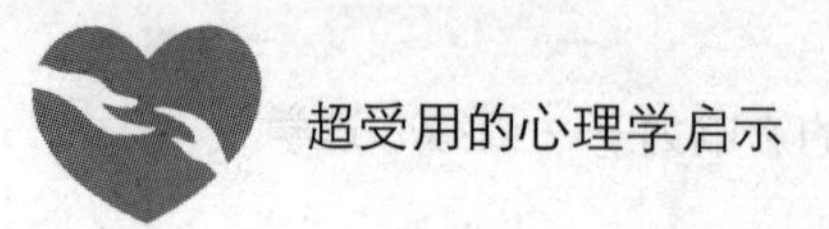

你、认可你。

两个水桶一同被吊在井口上。其中一个对另一个说："你看起来似乎闷闷不乐，有什么不愉快的事吗？"

"唉，"另一个回答，"我常在想，这真是一场徒劳，好没意思。常常是这样，刚刚重新装满，随即又空了下来。"

"啊，原来是这样。"第一个水桶说："我倒不觉得如此。我一直这样想：我们空空地来，装得满满地回去！"

生活中很多人就像这两只水桶，即使是在同样的境遇，同样的环境中成长的人，有人觉得幸福，有人深感不幸；两人同时望向窗外：一人看到星星，一人看到污泥。这代表着两种截然不同的态度。我们的坏情绪经常是庸人自扰，那么就更不要把这种烦恼带给身边的人了，凡事往好的那方面看，时间久了，心中自然装满了美好。

心理启示

心理学家认为，使情绪发生变化的原因不外乎外因和内因，外因如学习、工作、生活中遇到的各种高兴或不愉快的事情，但主要是内因造成的，即情绪变化主要取决于本人对事情的认识和所持的态度。同一件事，从不同角度去认识和采取不同的态度，产生的情绪会完全不同。所以，我们凡事要往好的一面看。

我们都要明白，悲伤总会过去

面对痛苦，女人会悲伤，但是不应该让悲伤充满我们整个生活，马克思说："一种美好的心境比千付良药更能解除生理上的疲惫和痛楚。"当厄运不幸降临时，情绪也会糟糕到极点。这种负面的情感体验让你觉得自己仿佛陷入了一片黑暗的沼泽之中，而且越来越深，终会被它吞没。然而我们的心里总会经受各种情绪的考验，当悲伤来临时，你用何种心态对待，将决定它在你心底

停留的时间的长短。

1945年8月，第二次世界大战对日作战胜利纪念日之后两天，玛丽·布朗太太回到她渥太华的家，站在空寂的房间里发愣。

几年前，她丈夫死于车祸，接着与她相伴的母亲去世。布朗太太这样描述当时的状况："钟声与哨笛宣布和平的到来，我唯一的儿子唐纳却死了。我的丈夫和母亲在那之前就死了，整个家只剩我一个人。

"离开孩子的葬礼回到家中，那种无名的空寂感，我永远难忘。没有哪儿会比家更空寂了。悲伤和恐惧让我窒息：除了学会一个人生活还要改变生活方式，最大的恐惧则是怕自己因伤心而发疯。"

一连几个星期，布朗太太沉浸在悲伤、恐惧和孤独之中，痛苦和惶惑使她茫然，不肯接受现实。她说："我相信，时间会帮我平复创伤，但是时间过得太慢了，我必须找点事打发时间，于是我就去工作。

"时间慢慢地过去，我发现我能重新对生活、同事、朋友产生兴趣。我渐渐明白不幸的事已经悄然走远，未来的一切正在变好。我曾经多愚蠢，怨苍天待我不公平，不肯接受现实。但是时间改变了我。

"这一天来得很缓慢，不是几天也不是几星期，它是渐进的。最重要的是我终于学会面对现实。

"现在，当我回首往事时，就觉得自己像一艘航船历经风雨后终于航行在平静的海面。"

生活中人人都有可能在某个时刻走入这种境遇之中，平静的你看待深陷痛苦之中的人，心生怜悯是大多数人的反应。而当你不巧是那个悲惨的人时，渴望被更多的人同情的潜在心理会成为你走出这种状态最大的障碍。每个人的心底都有悲伤划过，留住悲伤的人，就会失去阳光般的人生。

一个年轻的小号手被征召上战场。在战场上，他日夜思念着美丽的未婚妻。战争结束后，他回到家里，却发现未婚妻已经跟别人结婚了，因为有人误传他早已战死沙场，小号手痛苦至极，离开家乡四处漂泊。

孤独的旅途中，陪伴他的只有那把小号。他便吹响了小号，号声忧伤而凄

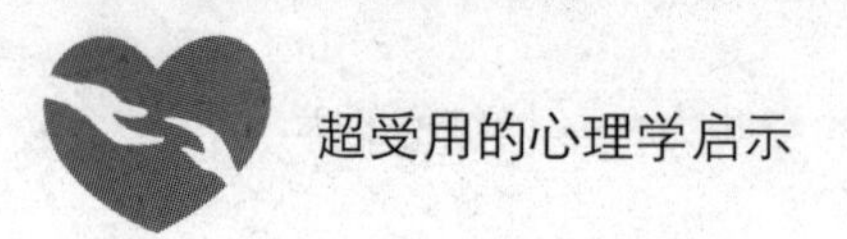

婉。有一天，小号手来到一个国家，国王听到他的号声，便召他入宫询问说："你的号声为什么这样忧伤？"小号手便把自己的故事讲给国王听……

你一定会认为这又是一个老掉牙的故事，结尾一下子就可以猜到：国王很喜欢小号手，看他才智非凡，便将公主嫁给了他。从此，小号手和公主便过上了幸福的生活……

我要告诉你：结尾不是这样的，这个结尾或许你根本就想不到：国王下了一道命令，请全国的人都来听小号手吹号，让所有人都来品味号声中的忧伤。日复一日，小号手不断地吹奏、不断地讲述，人们不断地倾听。只要那号声一响，人们便聚拢来默默地听着。就这样，不知从什么时候起，小号手的号声已经变得不那么忧伤哀痛，而开始变得欢快、嘹亮，变得生机勃勃了。

每个人都会遇到忧伤、挫折和苦难。忧伤、挫折和苦难，一方面像海浪一样打击人类的心灵，另一方面又像雕塑家一样塑造着人类的精神世界。

在后一个结尾中，国王除了同情心之外，更富于智慧——他通过这种特殊的方式告诉小号手："困境来了，大家跟你在一起，但谁也不能让困境消失，每个人必须自己鼓起勇气，镇静地面对它。"

《圣经》说："何必为衣裳忧虑呢？你想，野地里的百合花是怎么长大的。它不劳苦，也不纺线，然而我告诉你，就是所罗门最荣华的时候，他穿戴的也不如这一朵花呢。"我们每个人，都该向那野地里的百合花学习。

小号手拥有摆脱忧伤、走向欢乐的命运，其实我们都应为自己设计这样的命运。已经发生的一切是无法挽回的，如今，你需要做的事情是毫不抱怨地接受、承担和分享。是的，人间没有绝对"悲惨"的命运——无论怎样深沉的忧伤，都有人跟我们一起分享；无论怎样的风雨，也总会雨过天晴。

面对人生的种种际遇，我们也许无力改变，但是我们可以告诉自己风雨总会过去，只要我们学会接受、承担和分享。人生忧愁与快乐的关键在你的心态，把握住自己的情绪，用平和的心态处事，要坚信，悲伤总会过去，幸福很快会到来。

心理启示

一味抱怨的悲观者，看到的总是灰暗的一面，即便到春天的花园里，他看到的也只是折断的残枝，墙角的垃圾；而乐观者看到的却是姹紫嫣红的鲜花，飞舞的蝴蝶，自然，他的眼里到处都是春天。

学会在咆哮面前做聋子

多数情况下，坏脾气不是自动爆发的，不是你想生气，而是别人无缘无故地招惹你，使你心烦意乱，甚至大发雷霆。在这种情况下动怒，极为常见。

周末时，跟闺中密友逛街吃饭，回忆学生时代的美好时光，本来惬意无比，但一次无意碰撞，别人对你大声咆哮，满是埋怨，即使你一再告诉自己不要在意他说什么，甚至不跟他计较，但你内心的平静和良好的情绪不免付之一炬，这一天都会因为这件事情而耿耿于怀。

心理学家说，面对别人对你的指责、咆哮、叫嚣，如果你无法做情绪的主人，在某些时候，你最好学会做个聋子。

美国芝加哥的一家大百货公司在前台设立了咨询处，其中的一项主要任务就是受理顾客提出的问题和抱怨。每天，都有许多女士排着长长的队伍，争着向柜台后的那位年轻小姐诉说她们所遭遇的问题以及这家公司不对的地方。

在这些投诉的妇女中，有的十分愤怒且蛮不讲理，有的甚至讲出很难听的话，柜台后的这位年轻小姐，接待了这些愤怒的妇女，丝毫未表现出任何憎恶。她脸上带着微笑，指导这些妇女们前往相应的部门，她的态度优雅而镇静。

站在她身后的是另一位年轻女郎，她在纸条上写下一些字，然后把纸条交给站在她前面的那位年轻小姐。这些纸条很简要地记下妇女们抱怨的内容，但省略了这些妇女原有的尖酸刻薄的话语。

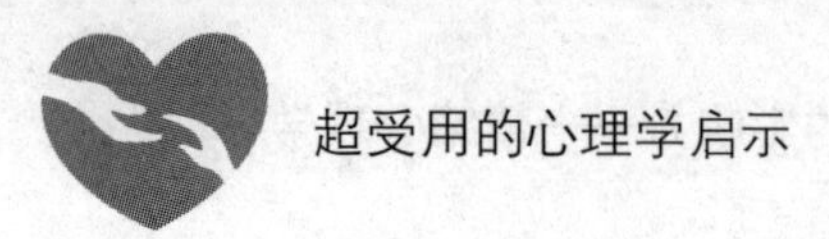

原来，站在柜台后，面带微笑聆听顾客抱怨的这位年轻小姐是位聋子，她的助手通过纸条把所有必要的事实告诉她。

这家百货公司的经理之所以挑选一名耳聋的女郎担任公司中最艰难而又最重要的一项工作，主要是因为他一直找不到其他能够面对别人的抱怨甚至是咆哮时，仍能镇定自若，面带微笑的人。

柜台后面那位年轻小姐脸上亲切的微笑，对这些愤怒的妇女们产生了良好的影响。她们来到她面前时，个个像是咆哮怒吼的野狼，但当她们离开时，个个却又像是温顺的绵羊。

事实上，她们之中的某些人离开时，脸上甚至露出了羞怯的神情，因为这位年轻小姐的好脾气已使她们对自己的作为感到惭愧。

站在柜台前，面对客户的埋怨和咆哮，仍能平和对待的女人实属不多。也许你能勉强工作一天、两天，长期如此，如果不是一个聋子，或者在心里不能把自己当成一个聋人的话，干这份工作只会自找麻烦。

但对于现实中的我们来说，只是沉默地对待别人的坏情绪还不够。心理学家分析说，人的情绪的好坏和人的性格有关，而人的性格又和人的德行有关，而德行是不可能装的出来的，德行是要靠自己一点一滴去修养的。只有似海洋一样广阔心胸的人，才能容忍生活中那些看似不公平的事情，守住内心的平静，不让别人的坏情绪摧残自己。

一天，一位德高望重的法师吃完午饭，正要开门出来，不料，迎面撞进一位身材肥胖的妇女，说时迟，那时快，只听得“碰”的一声，刚巧撞在法师的眼镜上，眼镜戳青了他的眼皮，然后跌碎地上，镜片摔得粉碎。

此时那位胖墩墩的妇女毫无愧疚之色，反而理直气壮地说：

“你出门怎么不注意点，还戴眼镜！”

法师此时心想：世间万法多由因缘合和而生，有善缘，亦有恶缘，解决恶缘之道，唯以慈悲待之，因此便以豁达的心胸来接受这个事实。

肥胖的妇女见法师以微笑慈容回报她的无理，颇觉讶异地问：

“喂！和尚，为什么不生气？”

法师借机开示说：“为什么一定要生气呢？生气既不能使破碎的眼镜重新复原，又不能使脸上的淤青立刻消失，苦痛解除。再说，生气只会扩大事情，如果我生气，对您破口大骂，或是打斗动粗，必定造下更多的恶缘，甚至伤害了身体，仍不能把事情化解。

以世间因缘果报来看这件事情，我早一分钟，或迟一分钟开门，都可以避免相撞，而我们却撞在一起，或许这么一撞化解了我们过去的一段恶缘，因此，我不但不生气，反而还要感谢您助我消除业障哩！”

妇女听后十分感动，她问了许多佛法和法师的称号，然后若有所悟地离去。

这位法师道行深厚，在被人欺负的情况下仍然心平气和，面对别人的咆哮依然不生气，平凡人恐怕没有几个人能够做到。

人与人之间相处，当矛盾当头时，往往以嗔恚、忿怒相向，殊不知“生气是不能解决问题的”。法师以豁达的心接受横逆，不但化解一段恶缘，并且点醒了妇人，令她知道忏悔。

易发脾气时很多人自己都莫名其妙心情烦躁、情绪不宁，这在他们的生活中是常有的事情。当被人招惹，脾气上来时，沸腾的血液在人狂热的大脑中奔涌时，控制自己的情绪是多么困难的事。但我们更要清楚，让情绪左右你的情感和生活，让自己成为情绪的奴隶是多么的危险和可悲。你的工作、爱情、亲情等也有可能由此陷入尴尬的境地。

对我们来说，在别人对你咆哮时，有五种处理升腾起来的怒气的方法：一是把怒气压到心里，生闷气；二是把怒气发到自己身上，进行自我惩罚；三是无意识地报复发泄；四是发脾气，用很强烈的形式发泄怒气；五是转移注意力以此抵消怒气。其中，转移是最积极的处理方法。当怒火中烧时，你最好先“三十六计走为上策”，迅速离开使你发怒的场合，做些能使自己高兴的事情，如逛街、吃小吃、听音乐等，让情绪渐渐地平静下来。我们经常有这样的体验，很多时候，过后一想，事情根本就没有那么糟糕，自己的怒气是多么地小题大做。

心理启示

对很多人来说，怒气冲上心头，特别是面对别人的欺负、挑衅时产生的愤怒是很难控制的。但我们仍要切记，忍字头上一把刀！在想发脾气的时候飞快在心里给自己按一个”暂停键”，在脑子里过一下发脾气过后自己要承担的后果和是否会后悔，然后再决定怎么做。

在日常生活中要尽量避免生气，用宽大的心胸去容忍别人的错误，在提升自身修养的同时，对自己的心情和面容也是天然的滋养。

聪明的人会控制自己的愤怒

愤怒是情绪中可怕的暴君，愤怒行为会伤害他人，也会伤害自己。培根说：“愤怒，就像地雷，碰到任何东西都一同毁灭。”如果你不注意培养自己忍耐、心平气和的性情，一碰到“导火线”就暴跳如雷，情绪失控，即便你有再好的人缘，也会因此全部被“炸”掉。

心理学认为，愤怒是一种不良情绪，是消极的心境，它会使人闷闷不乐，低沉阴郁，进而阻碍情感交流，导致内疚与沮丧。有关医学资料认为，愤怒会导致高血压、胃溃疡、失眠等。据统计，情绪低落、容易生气的人，患癌症和神经衰弱的可能性要比正常人大。同病毒一样，愤怒是人体中的一种心理病毒，会使人重病缠身，一蹶不振。可见愤怒对人的身心有百害而无一利。

人在愤怒时千万要注意两点：第一不可恶语伤人，这不同于一般的对事情发牢骚，会给别人留下深刻的伤害；第二不可因愤怒而轻泄他人的隐秘，这会使人不再被信任。总之，无论在情绪上怎样愤怒，但在行动上千万不能做出无可挽回的事来。人在受伤害后最好的制怒之术是忍耐，等待时机，把复仇的希望寄托于将来。

有一天，国王到森林中去打猎，许多文官武将跟随其后。国王的手腕上站着一只强悍威武的老鹰，只要国王一声令下，它就会飞向云端，向下四处寻找

猎物。

这天，国王的运气并不好，他与大家走散了，天气又很热，国王觉得十分口渴。终于，国王发现有一些水沿着一块岩石边缘滴流下来。

国王从马背上跳了下来，从袋子里取出一个小银杯，将它拿去盛接那慢慢滴落下来的水珠。国王花了很长时间才将杯子装满，他迫不及待地把嘴凑到杯边。就在这个时候，突然天空中传来呼呼的声音，接着他的杯子就被打翻了。国王抬头一看，原来是他养的老鹰。

国王捡起杯子，又继续接落下的水滴。就在杯内的水才半满的时候，他就把杯子举到嘴边。但是，在杯子碰到他的嘴唇之前，那只老鹰再一次打翻了杯子。这下子，国王真生气了。

他大声吼叫着："如果你再来，我要把你的脖子砍断！"

然后，他又拿杯子盛水。但是，在他预备要喝水之前，老鹰又冲下来。愤怒的国王拔出剑刺中了它，可怜的老鹰倒在了血泊中，国王的杯子掉进了岩缝中。

国王只好继续向前走，他想找到水的源头。后来，他终于找到了一个积水的池塘，在水池里有一条死去的巨大的毒蛇。他顿时明白了，哭喊道："我的老鹰救了我，它是我的朋友，而我竟然把它杀掉了。"

他又艰难地回去，找到老鹰的尸体，把它厚葬了。从此以后，当他再发怒时，就告诫自己：永远别在盛怒下做事。

我们对人所造成的伤害，再多的弥补往往也无济于事，宁可事前小心，而不要事后悔恨。所以在生气的时候，不管怎样总要留下退一步的余地，以免做出无法挽回的事情来。

在现实生活中，有人只顾一时的口舌之快，有意无意地对他人造成了伤害，殊不知这些伤害就像钉孔一样，也许永远都无法弥补。

研究表明，最后失去控制、大发雷霆的人，通常都经历了情绪累积的过程。每一个拒绝、侮辱或无礼的举止，都会给人遗留下激发愤怒的残留物。这些残留物不断地积淀，急躁状态会不断上升，直到失去"最后一根稻草"，个

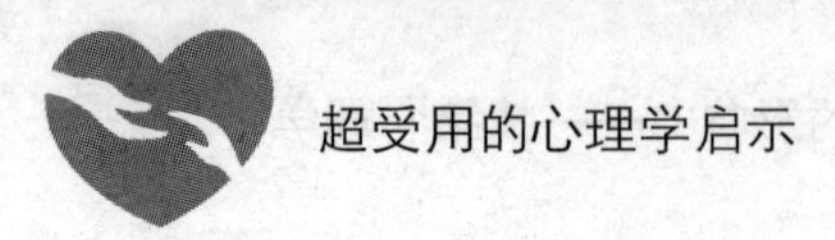

人对情绪的控制完全丧失，直到出现勃然大怒为止。所以制怒的最好方法不是压抑自己的怒气，而是进行恰当的疏导。

一个年轻的爸爸推着一部婴儿车，在拥挤的人行道上匆匆走着，车里面坐着一个看似刚满周岁的小孩，正在大吵大闹，挥舞着双手，放声大哭。

年轻的爸爸则是急得满脸通红，汗流浃背，不知所措，他一边推着车子，一边不停地说道："大宝，不要发脾气，马上就到家了，千万不要生气，顶多再过五分钟就到家了，忍耐、忍耐，拜托忍耐一下哦！"

路人纷纷停下来，观看这温馨的一幕。有一个中年妇女走向前，对这位年轻的爸爸说："你真是一位伟大的爸爸，我从没见过像你这么年轻，还能这么有耐心哄小孩的爸爸。"

"你是说我……"

"是啊！一般年轻的爸爸，只要小孩哭闹不休，都会跟着发脾气。"

"这位太太你弄错了，我不是在哄孩子；大宝是我的小名，我在哄我自己，免得自己受不了。"

心理学家说，生气是非常伤身体的。事实上，一个人生气，不但令对方伤心，自己也受亏损，据说发一次脾气比一个星期的工作更累人。有一本灵修书籍上说："一个人若常在家里发脾气，必然弄得家人内心痛苦不安；一个人若在教会里随意发脾气，对弟兄姊妹所造成的伤害，久久无法抚平。"所以我们应当培养自己的忍耐力，不轻易发怒。

如果你是一个脾气很暴躁的人，也不要过于担心，只要适当忍耐，延迟发脾气的时间，慢慢地你就会发现自己可以自如地控制脾气了。容易被激怒的人不仅可能会因为发脾气而失去朋友，也可能会被别人利用脾气暴躁的弱点。当我们怒火中烧时，最好的方式是守口如瓶，并尽量抑制我们的愤怒，勿使形之于外。生气就像一把火，如果没有氧气助燃，它很快就会熄灭。

如果你生气了，出去参加一次剧烈的运动，看一场电影娱乐一下，出去散散步，都是缓解怒气不错的方法。

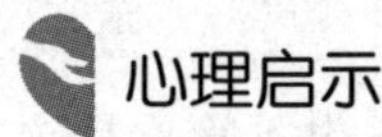

心理启示

人的情绪极度激动之时，尤其是愤怒的时候做出来的决定往往不太理智，事后人们往往追悔莫及，却为时已晚。遇事时最重要的就是冷静处事，这在任何时候都是有百益而无一害的。记住，永远不要在盛怒下做任何事情。

做个会宣泄的人

面对情绪问题，有的心理医生的建议是：如果有人伤害了你，你必须回忆整个过程，不断描述其中的细节，直到这件事不再影响你为止。这样的心理治疗方式只会让感情变得麻木。你似乎学会了压抑痛苦，但是伤口仍然存在，你仍会觉得隐隐作痛。

另外有些心理医生则会分析患者的情绪问题，然后鼓励患者告诉自己，生气是不值得的，以此否定所有的负面情绪。这些做法都不十分明智。虽然通过自我对话来处理问题并没有什么不对，但我们不该一味强化理性，压抑感情。总有一天，你会发现，你已背负了沉重的心理负担。如果实在是无法控制自己的情绪，不妨用一些无伤自己与他人的方法来解决。

一天深夜，一个陌生女人打电话来说：“我恨透了我的丈夫。”

“你打错电话了。”对方告诉她。

她好像没有听见，滔滔不绝地说下去：“我一天到晚照顾小孩，他还以为我在享福。有 时候我想独自出去散散心，他都不肯；自己却天天晚上出去，说是有应酬，谁会相信！”

“对不起。”对方打断她的话，“我不认识你。”

“你当然不认识我。”她说，“我也不认识你，现在我说了出来，舒服多了，谢谢你。”她挂断了电话。

其实每个人或多或少的都有些难以释怀的经历，此时不应该把这些锁在心中而是应该寻找一种适合自己的释放方式，展现出自己的让人意外的美丽，生

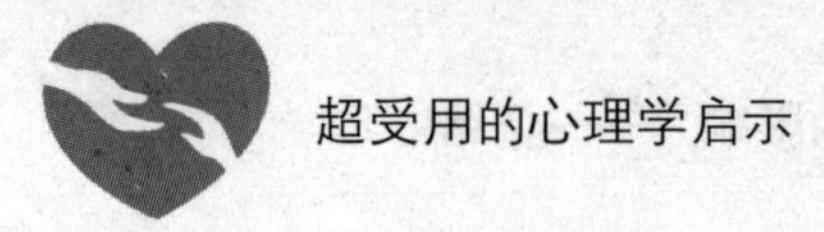

命也因此会有戏剧中的美满结局。

每个人的一生都要经历一些痛苦，不管你是穷人还是富人，也不管你是领袖还是乞丐。每一次痛苦袭来的时候，我们都会感到天不再蓝，树不再绿，美丽的世界一下子变成了无边无际的黑暗世界。但是痛苦不能自己消失，只有适当地把痛苦释放出来，人才能继续健康地活下去。

美国钞票公司的总经理伍德赫尔在年轻的时候曾经是一个小公司的职员，他得不到重视，得不到提升，总是觉得这不对，那不好，愤怒、不满总是缠绕着他。

他说："有一个时期，我这种感觉非常之厉害，并渐渐扩大，以至我觉得不得不辞职而去。但是在我写辞职信之前，我去拿了一支笔和一瓶红墨水——因为黑墨水不足以发泄我巨大的愤怒——坐下来把我对公司中每个上级职员和经理的评判都写出来。我写得很不错，用了不少形容词。然后我把单子收起来，把我的忧愤说给一个老友听。"

当时，那位老友叫伍德赫尔再拿一瓶黑墨水来，把这些人的才能写出来，并要求伍德赫尔把自己所能做的事也写出来，同时写一份在十年内如何提升自己地位的计划。

当伍德赫尔把写着红字和黑字的两张纸一比较，愤怒竟然都消失了！

伍德赫尔一下子就冷静下来，决定继续留下来工作。后来，面对愤怒和不满的时候，伍德赫尔总是用这种办法来解决。伍德赫尔说："以后凡是我忍不住的时候，我便坐下来把我所要说而不敢直说的话都写下来。这实在是一种很好的安全活塞。我写了之后，便觉得一身轻松。我把写的这些东西收藏起来，不给人看。一年一年之后，别人都晓得我有一种自制的能力。我劝告一般在管理别人的人，无论年轻年老的，都学着写这种红墨水纸条，以约束自己。"

聪明的人完全能够定期排除负面能量，而不是依靠压抑情感来解决情绪问题。敏感的心是实现梦想的重要动力，学会排除负面情绪，这些情绪就不会再困扰你，你也不必麻痹自己的情感。

如果你生性敏感，当你学会如何排除负面能量后，这些累积多时的负面情绪就会逐渐消失。此外，你还必须积极规划每一天，以积蓄力量，尽情追求梦想，这是你最好的选择。

心理启示

生活中，大概谁都会产生这样或那样的不良情绪。任何不良情绪一经产生，就一定会寻找发泄的渠道，当它受到外部压制，不能自由地宣泄时，就会在体内发泄，危害自己的心理和精神。每一个人都难免受到各种不良情绪的刺激和伤害，但是，善于控制和调节情绪的人，能够在不良情绪产生时及时消灭它，从而最大限度地减轻不良情绪的影响。因此，最好能找到一种不会危害到别人的适合你的发泄方法，给坏情绪找个出口。

赶走你的坏情绪

每个人的一生都难免遇到不顺心的事，如不能宽容待之，一时情绪激动，甚至暴跳如雷，大发脾气，会严重危害自身健康。心理学家研究表明，情绪对人的能量消耗特别大，很多癌症患者就是因为长期积累的怨恨、压抑情绪得不到发泄，才身患绝症。

美国一些心理学家做了一项实验，他们把生气人的血液中含的物质注射在小老鼠身上，以观察其反应。初期这些小鼠表现呆滞，胃口尽失，整天不思饮食，数天后，小老鼠就默默地死去了。美国生理学家爱尔马不久前也做过实验，他收集了人们在不同情况下的“汽水”，即把有悲痛、悔恨、生气和心平气和时呼出的“汽水”做对比实验。结果又一次证实，生气对人体危害极大。他把心平气和时呼出的“汽水”放入有关化验水中沉淀后，则无杂无色，清澈透明，悲痛时呼出的“汽水”沉淀后呈白色，悔恨时呼出的“汽水”沉淀后则为蛋白色，而生气时呼出的“生气水”沉淀后为紫色。把“生气水”注射在大白鼠身上，几分钟后，大白鼠死了。由此，爱尔马分析：人生气（10分钟）会

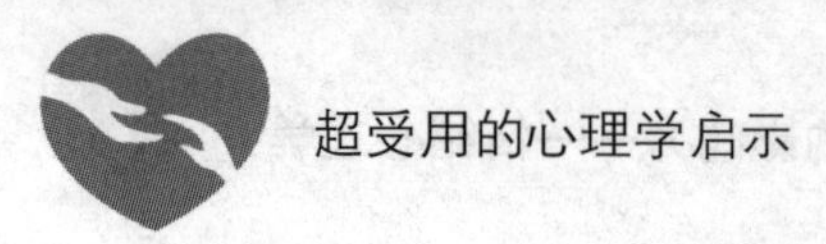

耗费大量人体精力，其程度不亚于参加一次3000米赛跑；生气时的生理反应十分剧烈，分泌物比任何情绪的都复杂，都更具毒性。

因此，动辄生气的人很难健康、长寿，很多人其实是“气死的”。由此可知，一个人大发脾气或生闷气时会在人体生理上产生一系列变化和反应，致使人体各部损伤，甚至危及生命。

同样的，在日常生活中，一些心思细腻、比较敏感的人，因为牵挂的太多，在意的太多，情绪更容易起伏无常。所以在你生气之前，是不是应该仔细想一想，为这件事发脾气或者影响自己的心情到底值不值得呢?

乡下有一对清贫的老夫妇，有一天他们想把家中唯一值点钱的一匹马拉到市场上去换点更有用的东西。

老头子牵着马去赶集了，他先与人换得一条母牛，又用母牛去换了一头羊，再用羊换来一只肥鹅， 又用鹅换了一只母鸡，最后用母鸡换了别人的一大袋烂苹果。

在每一次交换中，他倒还真想给老伴一个惊喜。 当他扛着一大袋子烂苹果来一家小酒店歇气时， 遇上两个英国人，闲聊中他谈了自己赶场的经过， 两个英国人听得哈哈大笑，说他回去准得挨老婆子一顿揍。

老头子坚称绝对不会，英国人就用一袋金币打赌， 如果他回家未受老伴任何责罚，金币就算输给他了，三人于是一起回到老头子家中。 老太婆见老头子回来了，非常高兴， 又是给他拧毛巾擦脸又是端水解渴，听老头子讲赶集的经过。 他毫不隐瞒，全过程一一道来。

每听老头子讲到用一种东西换了另一种东西时，她竟十分激动地予以表扬：“哦，我们有牛奶了”，“羊奶也同样好喝”，“哦，鹅毛多漂亮！”“哦，我们有鸡蛋吃了！”诸如此类。最后听到老头子背回一袋已开始腐烂的苹果时，她同样不愠不恼，大声说：“我们今晚就可吃到苹果馅饼了！”不由搂起老头子，深情地吻他的额头……其结果不用说，英国人就此输掉了一百多磅金币。

或许很多人看到那个老头子的行为，都会觉得他傻，觉得他吃了亏，当

然，他妻子肯定也是知道的，然而他聪明的妻子不但没有责怪他，反而很开心地赞扬他的举动，只因为她懂得，两个人的快乐比一匹马、一头牛更重要，有了快乐，何必去计较那些快乐之外的东西呢？何不让一些已经无法挽回的事实破坏自己的好心情呢？更何况，正是因为有了妻子的大度和不计较，他赢得了英国人的一百多磅金币！

快乐、宽容、坚韧、恬静、感激、自信、勇敢是我们克服情绪低落、战胜困难的法宝，我们必须学会在逆境中寻找力量，并牢记就算是生气也无济于事，不如在动摇中培育信心，把握好航向。有人曾经说过的一句话："心理的健康就像一道菜，酸、甜、苦、辣、咸，全由自己来调适。"让我们用平和的心态去对待每一件事，用"最本质的心情"去思考我们的行为，用快乐装满我们的生活！

心理启示

快乐就像缓缓流淌的小溪，可以永远延续下去，而坏情绪就像是污泥或者石子，不但会把清澈的溪水弄浑浊，还会减缓流水的速度。坏情绪多了，溪水可能会停止流淌，也可能会变成污浊的臭水沟，完全失去了它本色的美丽。因此，当你因小事而生气的时候，学会赶走坏情绪，让自己开心地生活，于人于己都有益处。

不要让自己陷入悔恨的情绪中

每个人都有属于自己的情绪体验，不同的事情不同的情况会产生完全不同的心情。然而面对繁重的工作和生活压力，负面情绪总是很轻易地占据我们的脑海，一旦情绪失控，我们的工作和生活都会受到影响。所以身在职场的人，更是要学会控制和梳理自己的情绪，对待各种不同的情绪，每个人都有自己的方式，但是无论采用何种方式都要遵循一个原则：就是通过正当的方式进行发泄和疏导，一定不能为了发泄情绪而做出伤害他人和伤害自己的

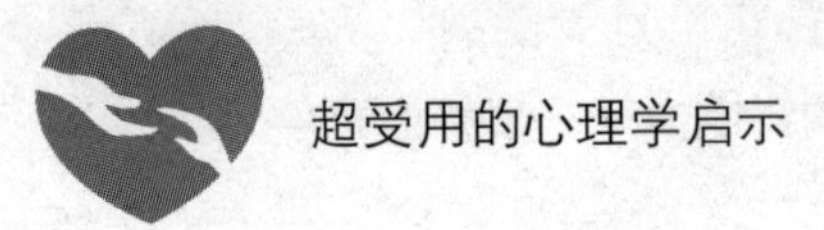

事情。

可能很多人都有过这样的体验：自己刚说出口的某句话，忽然就后悔了，尤其是当对别人作出评价的时候，既想说出自己的真实感觉，又不想伤害别人，真是进退两难啊。但是偏偏很多时候自己没想那么多，这话自己就出来了，又或者很多话只有说出来了才让人意识到它的威力。的确，人都是冲动的，很多人的本性我们不能改变，但是在说出每一句话、做出每一件事之前，我们可以试着控制自己的情绪。

既然如此，就要从一开始就控制好自己的情绪，千万不能应了“早知今日，何必当初”的悔恨的话，世界上没有卖后悔药的，相信控制自己比牺牲更多去挽回损失要容易得多。

心理学研究表明，人的每一个决定和行为，都或多或少地受到情绪的影响。无论是对学习还是对社会适应能力来说，情绪都扮演着非常重要的角色。正所谓“心情决定事情”，做不了情绪的主人，就要被情绪左右。为了更好地适应社会，每个人都应该学会调整自己的情绪，理智客观地处理所有问题，不让自己陷入一再悔恨的漩涡中。

心理启示

美国作家大卫·雷诺兹在他的书中曾经提到这样的“情绪法则”：

（1） 情绪不能直接被意愿所控制。也就是说，你无法让自己感受到任何情绪。不过，你可以通过各种途径，去间接地影响自己的情绪……情绪是不可控制的。

（2） 必须顺乎自然地去认识情绪，接受情绪。处理情绪的最佳策略，便是先接受它们，并看自己能从中学到些什么。有时，情绪本身会给我们一些暗示，暗示我们需要干些什么。

（3） 无论情绪本身如何令人不愉快，每一种情绪都有不同的用途。所要记住的是，即便在最令人不快的情绪中，也潜藏着变好的可能。而对这种可能，我们应加以利用。认识到所有情绪都有好的一面，我们就会对各种各样的情绪

加以珍惜。这样一来，我们就再也不必白费经历去摆脱那些“不受欢迎”的情绪，而应该从中学会某些东西。

（4） 无论何种情绪，只要不被重新刺激，它就会随时间而消逝。时间会逐渐磨损各种情绪最初的威力。

（5） 情绪可间接地被行为所影响，积极行动起来。

第8章　激情飞扬，职场晋升的小小心机——职场心理学

工作是我们获取物质财富的一个重要手段，然而，它的作用不仅在于此，它还是我们实现自身价值的一个途径。一个人，只有热爱自己的工作，并带着激情工作，他才能在工作中有所成就、获得成就感，才能最终获得成功，达到自己的人生目标。

激发激情从改变工作态度开始

现实生活中，我们每个人都怀揣梦想，希望可以大展拳脚，但现实的状况可能是，面对我们每天都必须做的重复的工作，有些人已经失去热情，甚至开始抱怨，却拒绝作出改变。如果你问他们，为什么不干脆辞职，或者要求调任，或者做点什么来改变这种局面，他们总是有各种各样的借口：我还要还贷款；我的家人不允许我这么做；我对这份工作已经习惯了；也许没有更好的地方了；我的工资很高，我舍不得放弃这份高薪工作；我没有其他方面的技能；我只会做这个，等等。而这些，都是对工作不热爱的表现，以这样的状态工作，你会发现，工作是枯燥的，工作效率也是低下的。事实上，无论你从事哪一行，热情都是你成功的动力。蒂夫·鲍尔默说："我想让所有的人和我一起分享我对我们的产品与服务的激情，我想让所有的员工分享我对微软的激情。"卡耐基说："除非喜欢自己所做的工作，否则永远无法成功。"

因此，如果你认为自己对工作提不起兴趣，觉得工作毫无意义，那么，你

首先要做的就是改变你的工作态度。

小李高考落榜后，就在一家汽车修理厂工作，从他工作的第一天开始，他就对自己的工作充满了不满，他经常抱怨：“修理这活太脏了，瞧瞧我身上弄的”，“真累呀，我简直要讨厌死这份工作了”，“要不是考试中出了点失误，我现在都是名牌大学的学生了。干修理这活太丢人了！”

每天，小李都在煎熬和痛苦中过日子，但他又害怕失去手上这份工作，于是，只要师父不在，他就要滑偷懒，应付手中的工作。

几年过去了，与小李一同进厂的三个工友，各自凭着自己的手艺，或另谋高就，或被公司送进大学进修了，唯有小李，仍旧在抱怨声中，做他蔑视的修理工。

可见，无论你正在从事什么样的工作，要想获得成功，就要对自己的工作充满热爱。如果你也像小李那样鄙视、厌恶自己的工作，对它投注“冷淡”的目光，那么，即使你正从事最不平凡的工作，你也不会有所成就。

的确，对于工作，“热爱”才是最大的动力，只要热爱，才会产生意愿、努力、成功。年轻人，从现在起，就开始热爱你的工作吧，你会自然而然地产生积极性、作出努力，会在最短时间内进步。

可能你会说，你是在为别人打工，再怎么热爱也不会成功，实际上，每个成功者都经历过打工的过程，但对工作的不同态度造就了不同的结果。如果你以学习经验的态度对待现在的工作，那么，工作所能带给你的，要远比工资带给你的多得多。因为每一项工作中都包含着许多个人成长的机会。而那些因为薪水低而对工作敷衍塞责、当一天和尚撞一天钟的人，固然对公司、老板是一种损害，但长此以往，无异于降低自己的价值，使自己的生命枯萎，将自己的希望断送，使自己维持在一种低档次的生活水平上，过着一种庸庸碌碌、牢骚不断的生活，并因此而埋没了自己的才能，湮没了生命应该有的那种创造力。

如果你为自己还是平凡岗位的一员而抱怨的话，请调整自己对工作的态度，如果你从现在开始热爱你的工作，不论多平凡的岗位，你也会有不俗的成绩。热爱自己的岗位并做个快乐工作的人吧。

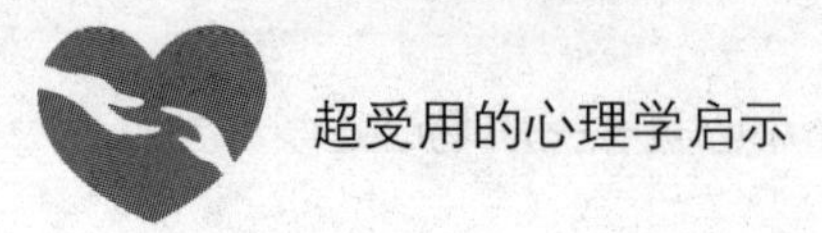

心理启示

世界上没有卑微的工作，只有卑微的心态。如果你以麻木的态度对待工作，就是亵渎了自己和自己的工作。要热爱自己的事业，这是成功的起点。

带着感恩的心态工作

生活中，我们可能经常听到身边的人抱怨：为什么我的工作这么累，我们的工作太无趣了，工资太少了，工作毫无前途……然而，也有一些人，每天早晨都带着微笑来到办公室，他们总是快乐地工作着，领导交代给他们的工作，他们总是能圆满完成……为什么有这样的差别？这一切源于是否有一颗感恩的心。如果我们每天都能以感恩的心态去工作，我们就能在平凡的工作中，体味关爱与珍惜，学会耐心与细致，学会相处与沟通，学会理性与思考，就会发现工作给我们提供了启迪智慧的场所，历练能力和身体的机遇，从而收获成功与喜悦。

微软最初是从两个好朋友创业开始的，发展到现在，已经成为拥有8万多员工的大企业了。在公司中，盖茨的领导力发挥了重要的作用。他独特的人格魅力，他所创造的积极勤奋的工作氛围，吸引了全球软件行业的顶尖人物纷至沓来。他们个性迥异，如果没有他们对盖茨的感恩、对工作的勤奋，那么微软在30年的创业历程中时刻都有可能分崩离析。

微软公司内部早已营造出一种“工作第一，以公司为家”的气氛，当年盖茨本人对工作的狂热和勤奋也带动了员工的工作激情。大家都是没日没夜地干，甚至可以一连几天都不休息。人们也经常看到盖茨加班工作，与员工一起讨论公司的经营计划，并经常鼓励员工要突破障碍，努力进取。对表现出色的员工，盖茨也会给予高额的物质奖励，以及精神上的鼓励。这也让员工自身的价值得以体现，对微软和盖茨都充满了感恩之情。而这种感恩，又会带动员工的积极性和工作热情。面对困难时，一个员工可能难以解决，但是多个员工同

心协力，困难就会很容易被解决。

如今的盖茨已经辞职了，但他为微软创造的价值，以及为微软员工带来的影响，却是深远而意义非凡的。正是他站在员工们的前面，为员工做榜样，才让更多的微软人找到了归属感，让员工真正体会到微软不只给员工发薪，还关注员工未来的发展，以及他们的家庭，从而使员工心怀感恩，更乐于勤奋工作。

的确，勤奋不仅是一种对待生活、工作、学习的态度，也是一种感恩的具体表现。一个人只有心怀感激，才能投入全部的激情面对生活、努力工作，这样，无论他遇到什么困难和压力，都能不断寻找解决的方法，而不是牢骚满腹。

但很多人可以带着感恩的心生活，却不能带着感恩的心去工作。有人戏说，在现代社会的公司工作就是坐牢：空间的大小相同，管理的严格相仿。其实每一份工作或每一个工作环境，都无法做到尽善尽美，但在从事你认为繁琐的工作时，你是否曾想过？父母给了我们身体，但给了我们工作吗？是谁给了我们工作？是谁养活了我们？如果没有公司为我提供岗位，我的生活是否有今天这么美满和幸福？

另外，你可能没想到的是，工作会使你拥有宝贵的经验，拥有和睦的工作伙伴，拥有值得信赖的客户，等等。如果你每天能带着一颗感恩的心去工作，那么，你会发现，人们口中所说的“牢”其实是“天堂”。

带着感恩的心去工作，你就会懂得，工作不光是我们谋生的手段，更是我们自我成长和实现自我价值的一个平台。没有了这个平台，我们的能力则无从体现。所以，感恩会让我们敬业。

带着感恩的心去工作，人与人之间的关系就会融洽起来。员工真诚地感恩公司的培养，老板真诚地感恩员工的帮助，员工与老板之间的配合就会默契，一种雇用与被雇用的关系，就会变成朋友之间真诚的合作关系。所以，感恩会让我们学会忠诚。

带着感恩的心去工作，就会包容别人的错误。一个一辈子不犯错误的员工不是好员工，一个第二次犯同样错误的员工仍然可能是个好员工。感恩会让我们变得宽容，与同事和谐相处。所以，感恩会让我们拥有良好的人际关系。

有了敬业精神，有了忠诚之心，有了良好的人际关系，你就有了主人翁精神。你必然会“不找任何借口”、“注重细节”、“精益求精”、“用最强的执行力，努力完成好工作任务，以感谢企业提供良好的工作环境，以感谢领导的栽培，以感谢同事的帮助。

因此，带着感恩的心去工作吧，相信你一定会逐步走向成功。

心理启示

工作岗位为我们提供了广阔的发展空间，工作为我们提供了施展才华的平台。对于工作为我们带来的包括维持生计在内的所有一切，都要心存感激，并要通过努力工作来表达、来回报。

职场倦怠，别让工作成为负担

每天清晨起来，照镜子时，你的脸上还有和刚工作时一样的微笑吗？你是不是从某天起，总是希望周末赶紧到来？你睡觉前是不是恨不得第二天生个小病，这样就不用去上班了？你是不是觉得这份工作除了那点薪水让你激动外，你已经提不起半点兴趣了？你，已经成为职场“倦鸟”！

在网络上曾经有个被网友广为评价的帖子，内容是这样的：

“你最痛苦的事情是什么？”

“加班。”

“比加班更痛苦的事呢？”

“天天加班。”

“比天天加班更痛苦的呢？”

“义务加班。”

为什么这段话能受到网友们的热捧？很明显，因为它真切地传达了很多人

内心对工作的情绪，如果你也对这种情绪感到似曾相识，那么这表明："倦怠情绪"正在你的身体中蔓延——"被传染者"会无心工作，没有了向心力的团队更如同一盘散沙。因此，企业和个人如何跳出职业倦怠泥沼至关重要。

日前，国内某知名人力资源网站开展的一项《2008中国职场人士工作倦怠现状调查》显示，74.6%的职场人产生了工作倦怠。

与过去相比，现在的年轻人似乎更容易出现职业倦怠。调查中显示，近50%的工作倦怠者参加工作未满4年。工作5年后，倦怠指数有明显下降，工作16年后，工作倦怠程度降到最低。此次调查也显示，25岁以下人群中，35%的人出现了职业倦怠，其次为25~35岁人群。职业倦怠的年轻人最典型的应对则是换工作。和其他年龄层的劳动者相比，30岁以下的年轻人职业流动周期最短，平均不到一年半就换工作。

小夏是一家知名化妆品公司的员工。在大多数人的眼里，她是一个幸运儿——目前从事的化妆品的市场推广工作，既和自己的专业对口，又与自己的兴趣相投。她已经在这个公司工作了整整七年。

七年来，小夏并没有升职。目前的她觉得工作越来越没劲。她无奈地说："我每天都不想上班，就想着只要不出错就万事大吉了。虽说我也曾为了能实现自己的梦想付出了很多，但现在那种职业的成就感已经没有了。"

小夏的情况在不少职场白领中较为普遍，这就是人们通称的"职业倦怠"。那么先为自己作一诊断，看看是否正在倦怠中。

（1）对工作开始缺乏热情，注意力不集中，对上级交代的任务提不起兴趣，工作时间延长，同样的工作需要花费更多的时间。

（2）经常会出现头痛、胃痛、肌肉酸痛等一些症状。

（3）开始莫名其妙地猜疑一些事情，如老怀疑自己生病了，不停地去看医生。

（4）食欲不振、失眠。

（5）在工作中情绪不稳定，对人际关系敏感，遇事容易着急，一着急又容易发火。

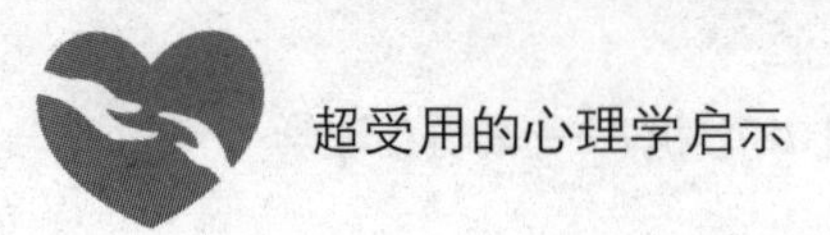

以上五个选项，如果你拥有三种以上的症状，就要警惕了，你很可能已经成为一只可怜的职场“倦鸟”。

那么，如何才能解除这种职场倦怠感呢？

1. 科学规划职业生涯

先了解自己的特长、优点等，这样，你能寻找到适合自己的工作，并在工作中寻找到成就感和满足感；另外，你的职业前景也会变得明朗、开阔起来。

2. 做好时间管理，让工作更有条理

养成列举工作日程表的习惯，然后考虑哪些条目可以完全放弃，哪些可以委托他人或与他人合作完成，尽量使工作时间缩短，工作效率提高，成就感增强。

3. 端正自己的心态

你要明白的是，工作的目的并不只是获得每月定时发放的工资，还是一种自我价值与社会价值的实现过程，因此，我们每天都要带着感恩的、阳光的心态去工作。

4. 与你的同事、上司搞好关系

在工作中，与你的上司、同事的关系如何，直接关系到你在工作中的心情、工作效率等各个方面。

心理启示

随着社会的变革转型，就业压力增大。企业求创新突围，给管理者、员工带来一定的压力，职场倦鸟应运而生，且已经成为影响工作效率的头号敌人。作为企业及其管理者以及我们自身，懂得如何防治职业倦怠，在当前尤其重要。

你相信什么，就能得到什么

心理学上有个著名的定律叫自我实现预言，又称皮格马利翁效应，它是由美国社会学家罗伯墨顿根据社会学家汤玛斯的情境定理（如果假设情境为真

实，其结果也将成为事实）修改后所提出的。

20世纪60年代，美国权威心理学家罗森塔尔和雅各布森等人在一所小学作了一次最有发展前途“预测”的心理实验，他们在一至六年级各选三个班进行测试，然后按随机抽样向各任课教师提交一份有“最佳发展前途者”的名单，名单上的学生大多属中等生，有的甚至是差生，由于各科任课教师相信了心理学家“权威的谎言”，对名单上的学生不但在言语上表示尊重，而且赋予他们特殊的爱抚感情，在平时教学中，尽力发现他们的闪光点，尊重他们的个性，多肯定，多表扬，谆谆善诱。八个月后，再重测时，奇迹出现了：凡列入名单的学生，都比名单外的学生进步快，这就是著名的“皮格马利翁效应”。

自我实现的预言，指的是个人有一个将要发生什么情况的信念，因而使可能的事情变成了现实。也就是说，一个人一旦形成了一种期待，他就会把这个信念当成真实的，从而朝着这个方向去准备或努力。最终，他的行动使信念变成了现实，实现了预言。简而言之，人们预先主动建立起的期待，倾向于调动和这种期待相一致的知觉方式和行为方式。

其实，自我实现预言在生活中我们经常可以看见，例如，在一个班级中，对于那些成绩差的学生，如果老师对其听之任之，那么，他也会认为老师放弃了他，进而自暴自弃，最终成绩越来越差。

当然，自我实现预言也可以作为一种技巧被应用到社会的某些方面。国外有一种治疗癌症的独特心理治疗法，称作“内视想象疗法”。这种心理治疗方法，是让病人想象自己的白血球正在不断地击败入侵的癌细胞，有的患者靠这种方法使病情得到控制。想象白血球正在不断地击败入侵的癌细胞，这是病人对自己抗病能力的一种期待。这种期待会调动肌体的对病毒的抵抗潜能，而事实上，白血球并不是在击败入侵的癌细胞。

自我实现的预言很多时候是不自觉的行为，这里，我们可以看出自我暗示的强大力量。

“自我实现预言”是中性的，关键在于信心，如果你相信事情会朝乐观的方向发展，相信事情成功的机会比较大，那就会朝成功和乐观的方向发展。

现代社会中的每个人，离开学校后，都必须进入职场、参加工作，这是实现自我价值的一个重要方法。然而，在你的职场生涯规划中，个人信心是至关重要的，而信心的展现就在自我实现预言上，尤其在充满不确定性的当代社会，人心脆弱，保持对社会和自己的自信心和凝聚力就显得更加重要。如果一个人如果老是觉得自己无论做什么事情都会失败，这个人通常真的比较容易失败。反过来说，如果一个人对自己有信心，目标清楚，手段明确，最后往往比较容易成功。

因此，根据自我实现预言，我们应该明白的是，保持乐观的心态，相信自己能在职场有所作为，相信自己能在竞争中脱颖而出，那么，最终你必定能成为一个真正有所作为的职场人士。因为自我实现预言将会在人的心中生根发芽。

心理启示

自我实现预言指事件一开始时的一个虚假的情境定义，引发了新的行动，因而使原有虚假的东西变成了真实的。 或者反过来说，原来真实的东西也有可能变成虚假的，即会“自我失败”。也就是说，你原本预期的是什么，结果就会受到你的预期影响而成真。

学会“非语言”沟通

身处职场，我们每个人都需要与同事、上司打交道，就免不了人际沟通，积极的沟通能帮助我们更好地与他人合作、共同完成任务，而消极的沟通则会产生人际矛盾，影响工作效率。而怎样才能更好地沟通呢？可能你会说，沟通不就是说话吗？的确，我们通常会以为沟通的技巧在于口头语言上，而实际上，这只是人们的主观感受，事实并不是如此。人们使用最频繁的是非语言的交谈方式，这就是人们常说的“肢体语言”，它通常是在说话之前就已经表达出了我们的感觉和态度，反映了我们对他人的接受度。有数据显示，一个人要

向外界传达完整的信息，单纯的语言成分只占7%，声调占38%，另外的55%信息都需要由非语言的体态来传达。因为肢体语言通常是一个人下意识的举动，所以，它很少具有欺骗性。

因此，在工作中，无论是与同事、下属还是领导交流，如果我们善于运用非语言沟通的方式，那么，沟通起来一定顺畅得多。

大学刚毕业的玲玲在经过了三四个月找工作的过程后，终于接到了一家外企的面试通知，她很兴奋，也很紧张，怕自己表现不好，她决定找自己在培训机构的表姐帮忙。这天晚上，她来到表姐家，表姐对她说："在面试中，你的肢体语言很重要。从见到主考官的那一刻你就要注意，要微笑并直视对方，如果他回以微笑，表示你有一个好开始。但如果对方面无表情，也不要使自己焦虑。注意眼神的接触，正向回应主考官的身体语言，突破他的防线：他紧绷着脸，你就面露微笑；他姿势僵硬，你就放松，像照镜子一样。

记得别交叉手臂，也不要跷起二郎腿；双脚略为平行，正对主考官而坐。双手轻松垂下或置于膝上，眼睛平视，不要乱瞄或东张西望。坐时微向前倾可以给人积极的印象，但别太靠近免得造成压迫感，如果注意到主考官不自觉后退，试着放松你的姿势，稍微向后靠。"

从玲玲表姐的话中，我们可以看出，如果你希望给主考官好印象，就必须淘汰那些负面的身体语言。在说话时，对自己的手势、姿态保持警觉。避免行为和言语出现矛盾，让别人不信任或产生敌意。

在职场沟通中，如果我们希望自己的肢体语言传达出积极正面的信息，我们还需要使用这些肢体动作：

1. 展开你的笑颜

人们对于那些总是报以微笑的人似乎总是多一份好感。微笑是一种易于被接受的非语言信号，给人以友好、热情的印象。

当我们对他人微笑时，传递的是友好、渴望沟通的信息，对于对方来说，也自然能感受到你的暗示，那么，他们通常都会同样以微笑来回答你。

当然，这并不是要你时刻都强颜欢笑，而是当你在遇见熟人或者结交陌生人的时候舒心地微笑一下，它可以展示你开放的交谈态度。

2. 张开你的双臂

这是一个热情的动作。可以想象，当你遇到某人的时候，如果他交叉双臂站着或坐着，说明他很冷漠，一点也不高兴。给人的感觉是：他不愿意交谈，他有防备心，他将自己封闭起来了。手捂着嘴（或手捂着嘴笑）或支着下巴的动作表明这个人正在思考。反过来，你也可以想象一下，如果是你，可能也不会打扰一个正在深思的人吧。另外，如果你双臂交叉，那么，你自身也会显得局促不安，从而让他人也不愿意靠近你，因为在与你交谈的时候，他们也会感到不自在。

所以，如果你想向对方表达出你的热情，就张开你的双臂，虽然看起来有点夸张，也比交叉抱着双臂要好得多。

3. 身体微向前倾

当你和对方谈话的时候，身体微微前倾，这表明你对他的话题感兴趣。而这对于他来说，显然是一种尊重，他自然很愿意同你交谈下去。

4. 掌握握手礼仪

你需要掌握一些握手礼仪：例如，如果男士与女士握手时需待女士先伸出手，而不能主动与女士握，握时轻握女士的手指部分，不要握手掌部分。不要随便主动伸手与领导握手，应等他们先伸手时才能握。对方可能未注意自己已伸手欲与之相握，因而未伸手，此时应微笑地收回自己的手，无需太在意。

可见，除了语言，肢体也是最重要的交谈技巧之一。掌握以上四个肢体动作，就可以为我们在职场上与人的沟通锦上添花。

心理启示

职场中，我们要想巧妙地运用自己的肢体语言传达出积极的信息，你就要随时注意对方身体发出的信息，解读他们真正的想法，从而借助身体语言来沟通。

学会表现自己，从竞争中脱颖而出

自古以来，中国人都强调做人要谦虚内敛，但这并不意味着我们要妄自菲薄、在激烈的职场竞争中处处逃避。如果你在关键时候不敢表现自己的才华，那么，只能错过大好的晋升发展的机会。

相信我们都看过赵本山的小品《不差钱》：当赵本山扮演的爷爷向贵人推荐自己的孙子时，餐厅的服务员小沈阳却发现了这是个机会。于是死死地抓住这个机会不放，愣是获得了贵人的青睐。尽管这是一个主题是花钱吃饭的小品，但是侧面也给所有职场人士一个启示：身处职场，要想从竞争中脱颖而出，我们就要懂得表现自己，只要你有才能，敢于抓住机会，让他们了解你的本事和才华，你就能获得领导的青睐，你事业有成就变得简单多了。

三年前，钟玲玲和陈晓同时被一家大型企业录用。在校时，她们都是才思敏捷、成绩优异的好学生。但是参加工作以后，仅仅才过两三年，她们的薪资待遇和岗位级别就有了很大差别。

钟玲玲是学会计的，自然进了公司的财务部，但一直以来和数字打交道的她显得木讷、内敛，甚至有点自卑，给人的印象就是不太合群、不大吭声，也很少参加单位组织的各项活动。事实上，在公司工作的三年里，她一直努力工作，在专业能力上可以说早已超过了其他同事，但是她并没有得到领导的肯定和赏识。

有空的时候，她经常想："如果哪一天老总找我单独谈话，借着向他汇报工作情况的机会，我就可以好好展示一下自己的才干了！"可是，每次老总来视察的时候，当其他同事都从座位上站起来，不是跑过去打招呼就是端茶倒水时，她连大气都不敢出，更别说与老总寒暄了。

相反，陈晓则与钟玲玲不大一样，她在大学学的是市场营销，也自然进了公司的市场部。几年与客户打交道的经验，已经让她知道怎么自信地表现自己的能力。她刚进公司没多久，就通过各种方法了解到了老总的情况，包括学历背景、生活习惯、处事风格、人生起落等，然后她还设计了几个与老总交流的

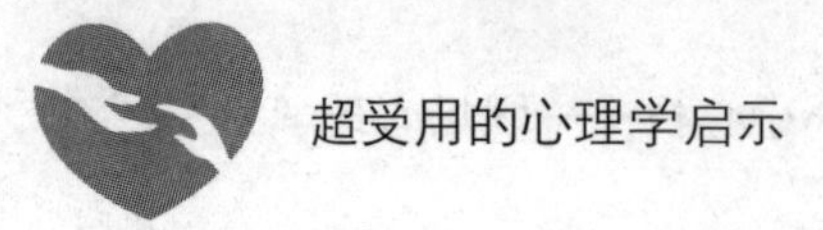

话题。

陈晓留意到，老总中午的时候多半都会去员工餐厅吃饭，于是，她便开始找机会结识老总。一天，她看见老总一个人坐在餐厅的角落里，她便走过去，随意地坐在老总旁边，然后和老总闲谈了几句。渐渐地，老总觉得两人有很多共同话题，也越来越欣赏她。

后来，有一次在工作时间，老总把她叫到了办公室，了解了她的工作情况和她的才干。很快，陈晓如愿以偿，在公司里争取到了更好的职位和发展空间。

在这个故事中，我们发现，钟玲玲和陈晓同时进入这一家公司，同样具备某些方面的能力，却有着完全不同的职场命运。这是为什么呢？很简单，因为陈晓懂得如何表现自己而钟玲玲却孤芳自赏，它让自卑掩盖了自己所有的美丽，掩盖了自己的才能！

那么，身处职场，我们该如何表现自己呢？

1. 积极暗示，鼓励自己

你很想让领导记住你，看到你的才华，而你却不敢站出来，那最终肯定是“无可奈何花落去”，“一江春水向东流”，落得个自怨自艾。如果你不勇敢地走出自己设置的心理障碍，不主动地展示自己，那么你真的很难做到让领导记住你。为此，你不妨告诉自己：我有实力和优势，我有专业能力和无限的潜力，我是最棒的！你必须有自信，对认准的目标有大无畏的气概，怀着必胜的决心，主动积极地争取机会。

2. 主动出击，赢得注意力

从现在起，再不要蜷缩在办公室的某个角落了，主动出击吧，在电梯里遇到领导，不妨主动打个招呼，然后和他讨论一下手头的工作；会上，如果你有更好的建议，大胆地表达出来吧；你可以主动定期向老板报告团队的最新工作绩效，反映自己优秀的领导能力；同时主动与其他相关部门建立关系，介绍你的职务，让他们了解你能为他们做什么，你有什么资源可以分享。让他人看到你自信、能力，你会获得完全不一样的工作感受！

心理启示

在如今的职场上，我们要赶快丢弃“埋头苦干”的过时态度，学习“抬头苦干”的聪明诀窍，学会表现自己，让领导认可你的工作。

找一个迫切完成工作的理由

美国行为学家D. A. 梅约曾提出：只有从人的行为的本质中激发出动力，才能提高效率。这就是著名的梅约定律。根据梅约定律，我们可以看出，我们若想提高工作效率，就要给自己找一个迫切完成的理由。

世界著名科学家贝尔曾经说过这么一段至理名言：“想着成功，看看成功，心中便有一股力量催促你迈向期望的目标，当水到渠成的时候，你就可以支配环境了”。这句话的含义是，人世中的许多事，只要想做，并坚信自己能成功，那么你就能做成。而这中间，我们需要一个激发自己的理由，也就是动力。在相同条件下，有明确而且强烈的目标，有动力，与没有目标被动懈怠的结果是完全不同的。有这样一个故事：

老木匠辛苦了一生，建造了多得数不清的房子。这一年，他觉得自己老了，便向主人告别，想要回家乡去，安享晚年。

老板十分舍不得他离去，因为他盖房子的手艺是镇上最好的，再也没有第二个人能够跟他相比。但是他的去意已决，老板挽留不住，就请他再盖最后一座房子。老木匠答应了。

最好的木料都被拿出来了，老木匠也马上开始了工作，但是人们都可以看出，老木匠归心似箭，注意力完全没有办法集中到工作上来。梁是歪的，木料表面的漆也不如以前刷得光亮。

房子终于如期建造完成，老板把钥匙交到老木匠的手上，告诉他这是送给他的礼物，以报答他多年来辛苦的工作。

老木匠愣住了，他怎么也没有想到，自己一生建造了无数精美又结实的房子，最后却让自己获得了一件粗制滥造的礼物。如果他知道这房子是为自己而建的，他无论如何也不会这样心不在焉。

现实生活中，我们身边有不少人和故事中的这位老木匠一样，因为缺乏动力，每天带着一脸的茫然和无奈去工作，茫然地完成上级的任务，茫然地领回工资。因为他们认为，自己只不过是为别人打工而已。很明显，这种消极的工作状态无论对于员工个人还是对整个组织，都是极为不利的。被动地应付工作，我们自然不可能投入全部的热情和智慧，也就不可能在自己的岗位上有所成就。而同时，我们深知，效率是管理工作的根本，没有工作热情又有何效率可言呢？

那么，我们该如何寻找这个让我们努力工作的理由呢？你可以记住以下几点：

1. 关注未来，不要满足于现状

如果你得过且过，每个月只为那点薪水工作，那么，你怎么会有热情和使命感？相反，那些有梦想的人则不会只关心这些眼前事物，他们一般会用极有远见的目光关注未来。只有目光长远，你的潜能才会被最大限度地激发出来。

2. 树立脚踏实地的态度

你若想成就一番事业，就必须具备勤奋的工作态度。爱因斯坦说："人的价值蕴藏在人的才能之中。在天才和勤奋两者之间，我毫不迟疑地选择勤奋，她是几乎世界上一切成就的催产婆。"真正的成功是一个过程，是将勤奋和努力融入每天的生活中，融入每天的工作中。成功没有捷径，它需要脚踏实地。

3. 努力工作，获得成就感

日常工作中，一些员工缺乏使命感，没有工作积极性，某种程度上是因为他们对自己的工作没有信心，而其实，信心是自己给自己的，如果你努力工作，你就能看到自己的成绩，你就能成为行业内的专家，当你拥有成就感和自豪感后，你的使命感也就逐渐形成了。

心理启示

身处职场，我们要挖掘出自己的工作动力，动力会让我们做到全力以赴，

始终保持一种积极的心态，勤奋努力，自动自发，这样才能从根本上提高工作效率。

放下成见，用合作带来双赢

希腊神话故事中有位英雄大力士，叫海格力斯，一天，他在路上看见有个鼓起的袋子样的东西，很难看，便踩了它一脚。谁知它反而膨胀起来，这激怒了海格力斯。他操起一根木棒砸下去，结果它竟膨胀到把路也堵死了。这时一位圣者走到海格力斯跟前说："朋友，快别动它了，忘了它，离它远去吧。它叫仇恨袋，你不惹它，它便会小如当初；你若侵犯它，它就会膨胀起来与你敌对到底。"

"以牙还牙，以眼还眼"、"以其人之道还治其人之身"，这就是心理学上的"海格力斯效应"。海格力斯效应是指一对一的人际互动，是一种人际间或群体间存在的怨怨相报、致使仇恨越来越深的社会心理效应。

其实，身处职场，我们身边也经常发生这样的事：同事之间为了一点利益问题产生纠葛，甚至互相诋毁，或者因言语失误而发生口角，更有一些人，对于自己不喜欢的同事，他们甚至连话都不愿意说……事实上，我们都知道合作在当今职场的重要性，任何人，工作能力再强，表现再突出，他也不可能独揽所有工作，他都需要在同事的配合下才能完成工作，因此，为了更好地工作，我们都有必要放下成见，与同事合作。另外，可能我们也有所发现，在气氛不安的环境下，我们也无法拥有工作热情，从这一点出发，我们也有必要与同事搞好关系。

小王从小就有个梦想，那就是当一名演员，如今，他的苦恼是，虽然自己长相很好、也很有实力，但一直缺少机会崭露头角，那些名导演、名制片人似乎都不愿意与不知名的演员合作。因此，提高自己的知名度是他当下的工作。他非常需要一个公关公司为他在各种报刊上刊登他的照片及有关他的文章，但

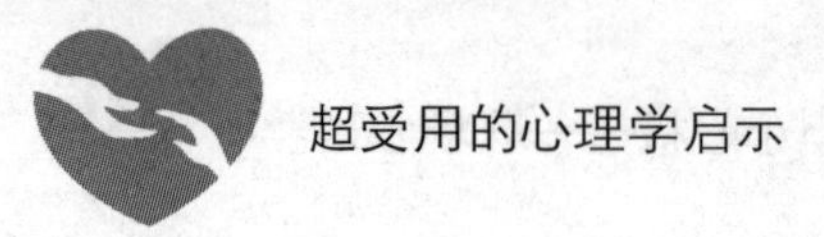

是他没有钱，也没有机会。

一次偶然的机会，他在朋友的聚会上认识了莎莉文，这是一个很会交际的女孩，她曾经在纽约一家最大的公关公司工作过好多年，不仅熟知业务，而且也有较好的人缘。几个月前，她自己开办了一家公关公司，并希望最终能够打入有利可图的公共娱乐领域。但是让她烦恼的是，到目前为止，一些比较出名的演员、歌手、夜总会的表演者都不愿与她合作，她的生意主要还只是靠一些小买卖和零售商店。

其实，小王并不喜欢莎莉文，但他觉得，要想实现自己的梦想，就要放下成见，而在这点上，他的想法与莎莉文不谋而合。于是，他们立即联手。小王成了莎莉文新公司的签约艺人，而她则为他提供出头露面所需要的经费。这样小王不仅不必为自己的知名度花钱，而且随着名声的扩大，自己在业务活动中处于一种更有利的地位。同时莎莉文的公司也借助小王的名气变得出名了，很快就有一些有名望的人找上门来。两人各取所需，合作达到了最高境界，他们的关系也因此变得更加牢固。

从小王的故事中，我们发现，当今社会，如果你想成功，你就必须学会与人合作，而前提是，你就必须放下成见。那么，具体来说，我们该如何与同事合作呢?

1. 消除心理成见

可能你会认为，与不喜欢的同事合作，这种想法不是太功利性了吗？而你想过没有，你不喜欢这个同事，是谁的问题呢？如果他的人际关系很好，而唯独你不喜欢他，那么，这很可能就是你的问题了。因此，在与之合作前，你最好能消除对他的某些偏见。

2. 学会宽容，懂得忍耐

很多时候，我们都需要宽容，宽容不仅是给别人机会，更是为自己创造机会。如果你的同事做了伤害你的事，那么，你只有忘记仇恨，宽宏大量，不计前嫌，才能与人和睦相处。

总之，在现今社会中，单打独斗的个人英雄主义已经行不通，在这个分工

越来越明确的时代，任何一项任务的完成，就不要指望一个人能做到。身处职场，我们要想获得成功，就要放下成见，只有这样，我们才能获得各种资源，才能有更多的成功机会。

心理启示

身处职场，我们与同事相处，只有用真诚和爱心，才能建立起牢固的人际关系，也只有团结他人，你的力量才会更强大。一个人无论多么能干，多么聪明，多么努力，如果他不能或是不愿意与团体一起合作，日后也绝不会有什么大成就。

努力了，即使失败也不可耻

美国联邦快递创始人史密斯曾提出：一件事经过深思熟虑，结果却失败了，这并不可耻。这就是心理学上的史密斯论断。的确，工作中，我们每个人都要做到尽力而为，哪怕结果并不如我们所想象的。我们先来看下面一个故事：

1968年的奥运会是在墨西哥举行的。在男子马拉松比赛场地，发生了这样一件事：

发令枪声在4小时前已经响过，所有获奖的选手早已跑到终点、拿到了奖牌，甚至庆祝的典礼都结束了，但在赛场上，却有一个孤独的身影，那就是坦桑尼亚的一个选手艾哈瓦里，此时，很多观众已经离去了，他双腿缠满绷带，但还是缓慢地迈向终点。

这一切都被纪录片制作人格林斯潘看在了眼里。他很好奇，是什么驱使这样一个年轻人这样做。于是，他走过去问艾哈瓦里：“你在比赛途中受了伤，完全有理由放弃比赛，却为什么要这么吃力地跑至终点？”

艾哈瓦里回答说：“我是代表我的祖国来参加奥运会，不是来参加比赛，而是来完成比赛的。”

从此，在奥运会的历史上，艾哈瓦里虽然没有获得任何名次，但他的名字

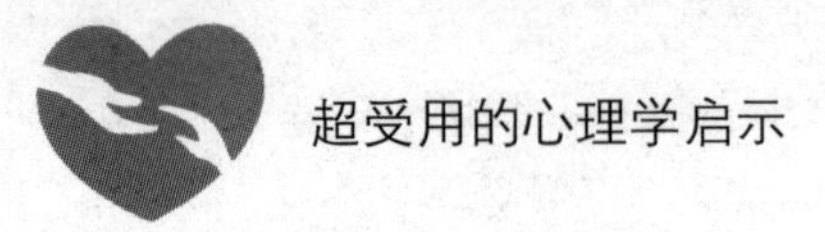

比冠军更响亮。

故事中的艾哈瓦里没有获得任何名次，为什么人们却记住了他？因为他的坚持！作为一个奥运会选手，艾哈瓦里身上担的是他的祖国、他的人民赋予的责任。比赛中，即使遇到再大困难，他也要坚持跑到终点，只有这样，才是对人民、国家负责。

身处职场，我们也应有艾哈瓦里的精神。无论上级交给我们什么任务，我们都要全力以赴、坚持到底。艾森豪威尔说："在这个世界，没有什么比'坚持'对成功的意义更大。"然而，生活中，我们不难发现，一些人在刚开始从事某项工作时，他们会满怀激情，希望可以一展拳脚，做出一番成绩来，但现实告诉他们，必须从最基础的工作做起，于是，他们按耐不住了，开始变得心浮气躁了。他们不知道成功需要坚持。那些看起来平凡的、不起眼的工作，只要我们能坚持不懈地去做，那么，这种持续的力量就能帮助我们获得事业的成功。

一个大雪纷飞的一天，一场战斗还在进行中。在这场战斗中，发生了这样一个故事：

一名将士带着自己仅剩的几名士兵继续守护自己的城市，但不幸的是，他很快得到消息，敌军马上就要来攻打这座城市，而凭他们的实力，是撑不了多久的，为此，他决定派一名信得过的士兵去另外一座城市求援。在接到命令后，这位士兵马不停蹄地赶往另一座城市。

在半路，士兵却遇到了一个难题，天马上要黑了，温度也降了很多，前面的湖面一个人都没有，船家都回去了，他只得在这里等候，看看有没有出没的船只。

天真的黑了下来，这个士兵很害怕，瑟瑟的风吹着，他冷得缩成了一团，天又开始下雪了，还越下越大，他暗暗祈求：上天啊，求你再让我活一分钟，求你让我再活一分钟！当他就快撑不住的时候，他看到，天亮了。

他牵着马来到河边，眼前的景象让他欣喜若狂，那条原本阻碍他的湖已经结成了冰。他试着在河面上走了几步，发现冰冻得非常结实，他完全可以从上

面走过去。士兵牵着马从上面轻松地走过了湖面。城市就这样得救了，得救于士兵的忍耐和等待。

故事中的这名军人令人敬佩，他忍受了旁人所难以忍受的寒冷，经受住各种考验，最终让他以超强的意志力战胜了寒冷和绝望，拯救了自己，也拯救了人民。

的确，也许现在的你可能正在从事一项繁琐的工作，你感受到了前所未有的压力，感到自己前途渺茫，但请你记住，这才是人生的精彩之处。然而，如果一个人的一生太幸运了，太安逸了，就远离了压力的考验，反而变得毫无追求。当工作中出现了压力时，你应该告诉自己："感谢生命之中的压力，这是生活对我的挑战和考验。这是上天催促我努力学习、积极工作、奋发向上的动力。"换个角度去看问题，改变态度，压力也会很快减轻。

心理启示

一个人要想获得幸福，每一天都应该勤奋工作，付出不亚于任何人的努力。只要坚持就一定能够获得不可思议的成就。

适合自己的工作才最容易成功

管理学上，有个著名的定律叫彼得定律，是由管理学家劳伦斯·彼得提出的，它指的是在一个等级制度中，每个职工趋向于上升到他所不能胜任的地位。彼得原理正是彼得根据千百个有关组织中不能胜任的失败实例的分析而归纳出来的。彼得指出，每一个职工由于在原有职位上工作成绩表现好（胜任），就将被提升到更高一级职位；其后，如果继续胜任则将进一步被提升，直至到达他所不能胜任的职位。

由此导出的彼得推论是，"每一个职位最终都将被一个不能胜任其工作的职工所占据。"彼得定律无意中道破了所有阶层制度之迷。凡一切层级制度社会，如商业、工业、政治、行政、军事、宗教、教育各界，都受彼得原理控

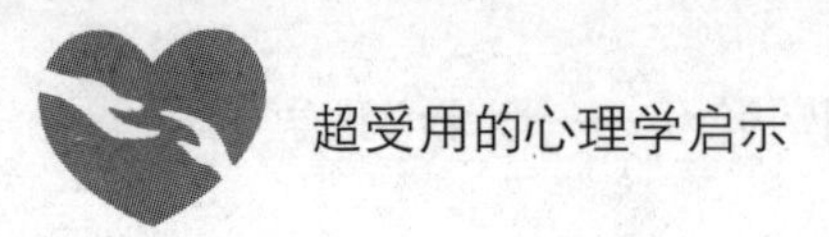

制。彼得原理描述了组织中随处可见的各种可笑事情。

的确，对于一个组织而言，相当部分的人被推到不称职的级别，就会造成组织的人浮于事，效率低下，导致平庸者出人头地，发展停滞。而对于我们自身而言，从事不适合自己的工作往往会导致我们工作效率低下、不能胜任、缺乏成就感等。

刘成目前在IT公司从事软件技术开发工作，工作三年以来他一直勤勤恳恳，工作很认真、努力，并为公司作出了很多贡献，为此，公司高层很赏识他，认为他是可造之材，于是，经商议后，便决定提拔他为项目研发部主管。面对领导们的提拔和知遇之恩，刘成觉得自己应该更加努力了，于是，他把自己的工作时间排得更满了，无论下属们有什么事，他都大包大揽。但不久，刘成便感到自己无法胜任这个工作，因为他发现：第一，他自己除了要管理这个工作小组外，以前的技术开发工作也不能放，常常是忙得焦头烂额；第二，工作进程很不顺利，经常要加班到很晚还不能按时完成进度，同事怨言很大。三是小组中很多资历比自己老的技术人员对自己不服气，自己又不好意思说什么。结果，上司、同事、自己都很不满意，刘成从优秀的技术专家变成了不称职的项目主管。

这则案例中，公司领导拔苗助长式的提拔导致了一个员工不能胜任现在的工作。实际上，这种现象在日常工作中并不少见。很多时候，企业很多占据某一岗位的员工，并不一定能胜任他手头的工作，而那些能胜任的人往往只能怀才不遇，其危害之大可见一斑。

当然，从这里我们发现，在职场工作，一定要找到最适合自己的位置，只有这样，我们才能尽自己最大的努力为企业工作，发挥自己的努力和价值，也才能激发出自己的工作热情。

那么，身处职场，我们怎样才能找到适合自己的位置呢？

1. 根据自己的兴趣选择

据说，有一次，爱因斯坦上物理实验课时，不慎弄伤了右手。教授看到后叹口气说：“唉，你为什么非要学物理呢？为什么不去学医学、法律或语言

呢？”爱因斯坦回答说：“我觉得自己对物理学有一种特别的爱好和才能。”

这句话在当时听起来似乎有点自负，但却真实地说明了爱因斯坦对自己有充分的认识和把握。

2. 综合评价自己的能力

对很多人来说，晋升是梦寐以求的事，但你真的能胜任接下来的工作吗？不能胜任，你最终会不堪重荷。而如果你能清楚地认识到自己的能力，那么，即使你做不成一个好经理，但你有可能是个好主管，挖掘出自己的最大潜力并发挥自己的价值，你就是成功的。

3. 给自己一个“试用期”

如果你对自己的实力并不了解，那么，你可以先给自己一个考察的试用期，试想，如果你在经理的职位上，你需要做什么类型的工作？你能胜任吗？或者你可以先请示上级设立经理助理、代理经理等职位。

心理启示

每个人只有在适合自己的岗位上，做适合自己的工作，才能发挥自己最大的潜能，在工作中游刃有余，因此，你若想成为一个成功的职场人士，你就必须先了解自己的兴趣和实力，然后找准自己的位置，努力向前，最终你会有所收获。

第9章　有心有力，脱颖而出的心理秘密——成功心理学

人们常说“没有人能随随便便成功”，这句话是说，成功需要很多因素。而我们又发现，任何一个成功的人，其成功的原因都是他们有成功者的心态、成功者的思维、成功者的行为模式和成功者的做事态度，因此，如果你也想成为一个成功者，那么，请记住一点，你想成为什么样的人，就要用什么样的标准要求自己。

有什么样的期望，就有什么样的成就

心理学上有个著名的“比马龙效应”，它是由美国著名心理学家罗森塔尔和雅格布森在小学教学上予以验证提出的，亦称“罗森塔尔效应（RobertRosenthal Effect）”或“期待效应”。暗示在本质上，人的情感和观念，会不同程度地受到别人的影响。人们会不自觉地接受自己喜欢、钦佩、信任或崇拜的人的影响和暗示。而这种暗示，正是让你梦想成真的基石之一……因此，每一个渴望成功的人都应该明白一点，你有什么样的期望，你就会有什么样的成就，这就是暗示的作用。关于这一效应，有这样一个故事：

古希腊有一位技艺超群的雕刻师，名叫比马龙。他用一支洁白如玉的象牙，雕刻出一位美如天仙的少女加拉蒂亚。比马龙深深地爱上了她，日夜祈求神将雕像变成真正的少女，和他成为终生的伴侣。最后精诚所至，神被比马龙的痴情所感动，于是将雕像变成少女，比马龙和加拉蒂亚终成眷属，永浴爱

河。比马龙与加拉蒂亚的故事，后来成为心理学上广被研究与讨论的主题：比马龙效应。

所谓比马龙效应，就是期望的应验；当人们对自己有所期望时，这个期望总有一天会实现，这就是所谓的“自我应验预言”。

我们想一想，你是否有过这样的经验：你穿着一件新衣服去上班，但无意之中你却听到一个同事说你的衣服不好看，刚开始，你不以为然，但这一天下来，你却听到很多同事这样评价，于是，你就慢慢开始怀疑自己的判断力和审美眼光了，下班后，你回家做的第一件事情就是把衣服换下来，并且决定再也不穿它去上班了。其实，这就是心理暗示在起作用。暗示作用往往会使别人不自觉地按照一定的方式行动，或者不加批判地接受一定的意见或信念。

同样，当你正在为一件事努力时，如果你能给自己一些积极的暗示——我一定能成功，我一定能做到。那么，你便能化压力为动力，便会产生超越自我和他人的欲望，并将潜在的巨大的内驱力释放出来，进而最终获得成功。

有“经营之神”美誉的松下幸之助是一个善于将比马龙效应运用到工作中并管理员工的高手。他首创了电话管理术，经常给下属，包括新招的员工打电话。每次他也没有什么特别的事，只是问一下员工的近况如何。当下属回答说还算顺利时，松下又会说：很好，希望你好好加油。这样使接到电话的下属每每感到总裁对自己的信任和看重，精神为之一振。

通用电气的前任CEO杰克·韦尔奇也是比马龙效应的实践者。韦尔奇说：“给人以自信是到目前为止我所能做的最重要的事情。”他认为，团队管理的最佳途径并不是通过“肩膀上的杠杠”来实现的，而是致力于确保每个下属都知道自己第一时间内该完成什么，并鼓励他们去做到。韦尔奇在自传中用很多词汇描述那个理想的团队状态，如“无边界”理论、四E素质（精力、激发活力、锐气、执行力）等，以此来暗示团队成员“如果你想，你就可以”。对此，韦尔奇找到了一条与下属沟通的最佳方式——写便条。这并不需要他花费太多时间，但总是很奏效。

事实上，许多人在比马龙效应的作用下，勤奋工作，逐步成长为独当一面的高才，毕竟人有70%的潜能是沉睡的。

因此，我们也不难得出一点，作为我们自身，要获得成功，他人的激励是一个方面，而最重要的是我们需要从心底发出积极向上的声音。你只有相信自己，进行积极的自我暗示，你才能始终拥有向上的热情和奋斗的激情，你才能最终看到成功的曙光。

心理启示

比马龙效应告诉我们，对一个人传递积极的期望，就会使他进步得更快，发展得更好。反之，向一个人传递消极的期望则会使人自暴自弃，放弃努力。

想成为什么样的人，就要与什么样的人为伍

有人说，人就像一个磁场，无论什么样的人都会像磁场一样影响别人，就像积极阳光的人会让你豁然开朗，开心豁达的人让你心情舒畅，积极的人给予你积极的影响，消极的人给你消极的影响。有句谚语叫做：跟着好人学好人，跟着司娘跳假神。

心理学研究认为："人是唯一能接受暗示的动物。"积极的暗示，会对人的情绪和生理状态产生良好的影响。激发人的内在潜能，发挥人的超常水平，使人进取，催人奋进。因此，人际交往中，如果你想提升自己的价值，有一番作为，就远离消极的人，而与积极上进的人为伍吧！否则，消极者会在不知不觉中偷走你的梦想，使你渐渐颓废，变得平庸。生活中最不幸的是：你身边缺乏积极进取的人，缺少远见卓识的人，使你的人生变得平平庸庸，黯然失色。

我们周围可能会有这样一些人：他们只会责怪别人不好、只会责怪社会，他们中从来没有人会真正实现自己的梦想，因为这些人只顾着挑剔别人的缺点，却从来不检讨自身的不足。对社会有诸多不满的人，不仅自己的人生前途黯淡，而且也会把这种不满的情绪传染给身边的朋友。

相对而言，我们要尽量远离这些人，就算他们有别的长处，但毫无疑问，

他们还是会成为你人生经历中的毒药。事实上，对世界充满抱怨的人，几乎无法在社会上立足，就连有没有其他“长处”也值得怀疑。

当然，在人际交往中，优秀者很多，但我们不可能人人结识。因此，我们要学会有目标地结识，比如，那些同专业里的专家、权威人士，与他们结识，把他们当老师，我们不仅能学到最精尖的专业知识，还可能在行为得失上给我们以指点，帮助我们一步步成长、成功！

总之，如果你也想做一个成功者，除了自身努力外，还要时刻向成功者靠近，与成功者为伍，哪怕不是同一领域的人，他们也可以与你交流他们的经验和教训。你可以从强者身上学习如何变得更强。你还可以得到来自成功者的宝贵经验，来自榜样的无穷激励。

心理启示

西方有句名言：“与优秀者为伍。”日本有位教授手岛佑郎，专门研究犹太人的财商，得出的结论是：“穷，也要站在富人堆里。”人的情绪和心态都是能相互影响的，因此，如果你想成为一个成功的人，你就必须和优秀的人为伍。

成功只会青睐那些心态积极的人

人生短短数十载，困难和挫折都在所难免，我们不能预知未来，但我们可以以一颗坦然的心面对现在。只要做到积极乐观、永不绝望，就一定能度过逆境，赢来曙光。因此，我们常常说，成功往往只会青睐那些有积极心态的人。心理学研究发现，一个人若对自己持正面的看法，对未来有乐观的态度，那么，他这辈子不会离幸福太远。

然而，有些人一陷入困境，就变得消极、悲观，甚至一蹶不振，其实，并不是困难打败了我们，而是我们自己打败了自己。其实，我们应反复暗示自己，困境是另一种希望的开始，它往往预示着明天的好运气。因此，你只要告

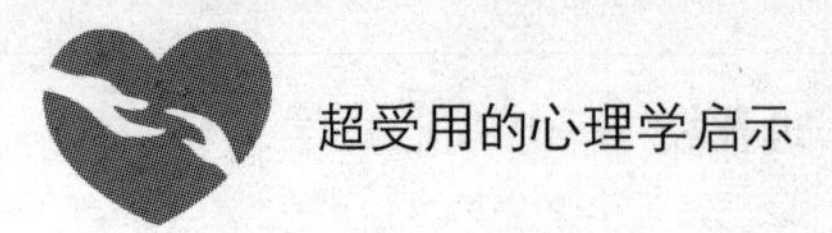

诉自己希望是无所不在的，再大的困难也会变得渺小。

丰田公司极其重视推销员的自我管理教育。在自己管理自己的方法上，如对工作的认识、建立价值观念、养成计划性、培养实践能力、妥善安排时间、不间断地学习、注意健康、克服工作上萎靡不振的情绪以及如何全神贯注地工作等有关方面的教育，公司都抓得很紧。有一篇文章反映了丰田公司推销员自我管理的真实情况，文中写道：

“我认为所谓的自我管理，首先就是苛求自己。我把一个星期的工作计划分为上午和下午两部分，把要走访的地方6等分。星期一走访葛饰区立石路的1~100号街，星期二走访第101~200号街，星期三……这样一个星期结束以后，就转完了我所负责的整个地段。我把这种做法一直作为绝对的、至高无上的命令来执行。所谓硬闯和推销管理工作，都安排在每天下午去搞。上午专搞接洽生意或类似接洽生意的工作，从下午4点起，搞交谈、修车等工作。我的工作计划大体上就是如此，并坚决执行——这就是我的推销计划，也就是自己管自己。

“参加工作的第一年，往往都是我一个人在街道上转来转去，觉得非常难受又寂寞，有时也深感推销工作非常痛苦。可是，每逢这时，我就鼓励自己说，自己痛苦的时候别人也痛苦。说老实话，我想如果推销工作是一帆风顺的，也就无所谓自己管理自己了。自己管自己这个问题之所以受到重视，是因为任何人都不能随心所欲地去做事情，因为今天一去不返，人们才要求这么严格。我也经常有精神不振的时候，遇到这种情况，我一定在星期天去登山。当我一步一步地克服了前进中的困难而登到山巅时，那种激励的心情简直就和接受定货、交出汽车时的激动心情完全一样。”

这位推销员的一句话：“我想如果推销工作是一帆风顺的，也就无所谓自己管理自己了。”的确，如果不存在打击与拒绝，那么，也就体会不到成功时的快乐，以这样的信念激励自己，能帮助我们克服内心的很多负面心理。

追求人生目标的这条路，绝不会一帆风顺，生活中既然有挫折、烦恼，就会有消极的心态和情绪。一个心理成熟的人，不是没有消极情绪，而是善于调

节和控制自己的情绪。而自我激励，是用理智控制不良情绪的又一良好方法。恰当运用自我激励，可以给人精神动力。当一个人在困难面前或身处逆境时，自我激励能使你从困难和逆境造成的不良情绪中振作起来。

因此，处于困境时，你一定要学会暗示自己，要摒弃那些消极的习惯用语，这些消极的习惯用语一般有：

“我真是不知道如何是好了！”

“这道题怎么解答不了了？”

“我真累坏了。”

……

相反，你可以这样激励自己：

“累了一天，能这样休息真好啊！”

“再大的困难，我也能挺过去！”

“我一定要把这道题解出来。”

“我就不信我战胜不了你！”

总之，积极的心态有使人看到希望，保持进取的旺盛斗志。消极心态使人沮丧、失望，限制和扼杀自己的潜能。积极的心态创造人生，消极的心态消耗人生。积极的心态是成功的起点，消极的心态是失败的源泉。选择了积极的心态，就等于选择了成功的希望；选择消极的心态，就注定要走入失败的沼泽。如果你想成功，想把美梦变成现实，就必须摒弃这种扼杀你的潜能、摧毁你希望的消极心态。

心理启示

任何一个渴望成功的人，在奋斗之前请调整好自己的心态，在追求人生目标的路途上，只有保持积极的心态，你才能做到无论遇到什么事都能坦然面对。

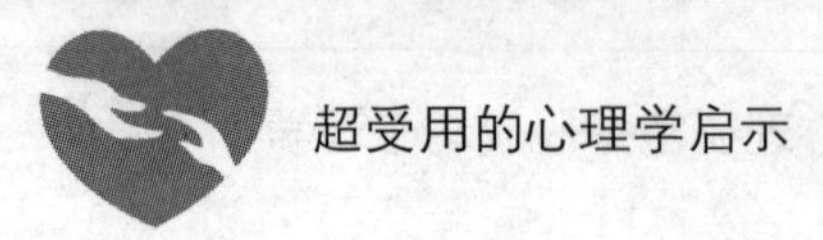

强者总是能走完最泥泞的路

我们都知道，人生在世，谁都希望自己有一番作为，谁都希望成为一个成功者，然而，最终成功的却是少数，这是因为很少有人能通过上天和命运的考验，而这些人就是强者，他们总是能走完最泥泞的路，他们能获得别人无法企及的成功。

总有一些人慨叹自己得不到上帝的眷顾，其实，这是因为你不够资格进入上帝的法眼，或者说，上帝早已以他的标准，把目光从你的身上轻轻掠过。因为你的“稚嫩”，因为你没有承受过多的磨难的历练，因此，上帝用更多的艰辛和曲折来磨练你。积极地接受生活给予的一切，即使是痛苦的磨难，也自有更多的意义。

然而，在面对困难和失利时，总有人不停地抱怨，不断地自责。这样一来，就将自己的心境弄得越来越糟。这种对已经发生的无可弥补的事情不断抱怨和后悔的人，注定会活在迷离混沌的状态中，看不见前面光明的前景。之所以这样，是因为磨炼太少。正如俗语说的那样：天不晴是因为雨没下透，下透了，也就晴了。

曾经有一对孪生兄弟，哥哥叫伊恩，弟弟叫杰森，兄弟二人帅气十足，但命运是不公的，他们遭遇了一场火灾，所幸消防员从废墟里扒出了他们兄弟俩，他们是那场火灾中仅幸存下来的两个人。

醒来后，兄弟俩早已面目全非。弟弟杰森无法接受眼前的现实，无法活下去的念头从他的思想走进了他的潜意识，他总是自暴自弃地重复着一句话：“与其这样还不如死了算了。”于是，最终，他偷偷服了50片安眠药，离开了人世。

伊恩十分痛苦，但他仍然一次次地暗示自己：“我的生命比谁都高贵。”后来，他当了一名货车司机。

一天，伊恩仍像往常一样送一车棉絮去加利福尼亚州。天空下着雨，路很滑，他把车开得很慢。此时，他发现不远处的一座桥上站着一个人。伊恩紧急

刹车，汽车滑进了路边的一条小水沟里。他还没有靠近那个年轻人的时候，年轻人已经跳进了河里。年轻人被他救起后还连续跳了三次，最后一次他自己差点被大水吞没。

后来伊恩才知道，他救的是位亿万富翁。亿万富翁感激他给了他第二次生命，并和伊恩一起干起了事业。伊恩从一个积蓄不足10万美元的司机，凭着自己的诚信经营，发展成了一个拥有3.2亿美元资产的运输公司的董事长。几年后医术发达了，伊恩用挣来的钱整好了自己的面容。

一对孪生兄弟，为什么命运如此不同？因为他们的心态不同，面对毁容，弟弟杰森无法接受，选择自杀结束了自己的生命，而伊恩却始终告诫自己，自己的生命价值比谁都高贵，他努力活了下来，后来，他用同样的信念救了另外一个轻生的名人，从而改变了自己的命运。

这则故事里，伊恩的经历告诉我们所有的人，即使你满身缺点，你还有可以引以为豪的优点，这些优点一样可以让你自信。那些外在的缺陷不能改变的时候，你不要悲伤，也不要失望，而应该庆幸，那些成功的人并非完人，只是因为他们能依然微笑地面对。而实际上，没有人是毫无缺点的，只是在你的内心，这个缺点的份额的大小问题，如果你将缺点无限制放大，那么，它将会腐蚀你的心，阻碍你的成功。如果你也能正视那些不足和缺点，并将缺点限制在一定的范围内，它就会成为你努力和奋斗的催化剂，助你成长、成功。

总之，我们每个人都要记住，成功不会轻易得来，任何收获都不会轻易得来。如果你的生命中多了些安逸，那么，你就少了些张力。如果你能笑对各种磨练，你就能获得成长，你就能迎来成功。

心理启示

在追求人生目标的过程中，并不是所有人都能笑到最后，关键在于你是否能经受住磨难。如果你能积极地接受生活给予的一切，那么，你就是一名强者。

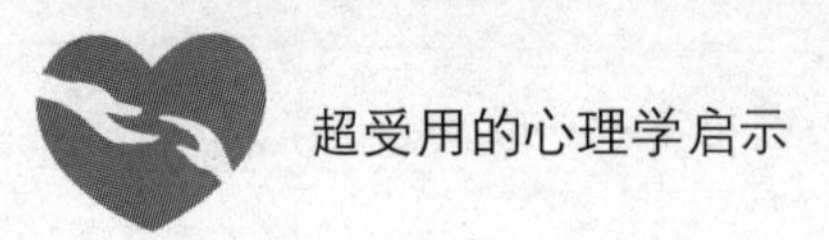

不想当将军的士兵不是好士兵

我们都知道，喷泉的高度不会超过它的源头；一个人的成就不会超过他的信念。因此，如果我们想让行动领先一步，首先就必须有野心。法国著名战略军事家拿破仑曾说过一句军事史上的名言：不想当将军的士兵不是一个好士兵。军衔对一个军人来说，就是一种身份的象征。因为它彰显着自己的功绩、代表着荣耀。每个士兵都想当将军，这就是一种信念与方向，也是一种“野心”。世上成大事者都是因为自己有一颗“想当元帅”的野心而最后如愿以偿的，否则就会永远平庸下去。其实野心也就是进取心。

美国钢铁大王卡内基，少年时代从英格兰移民到美国，当时真是穷透了，正是“我一定要成为大富豪！”这样的信念，使得他于19世纪末在钢铁行业大显身手，而后涉足铁路、石油，成为商界巨富。洛克菲勒、摩根也都是满怀欲望，并以欲望为原动力，成为资本主义初期美国经济的胜利者。

的确，在一般人的眼里，“野心”是贬义词，甚至有很多人认为有野心的人是可耻的，而事实上，一个人有野心的人，他的目标是具体的，而梦想则是抽象的。例如，想当政治家、将军是理想，想当总统、军长则是野心。任何伟大而卓越的人，之所以能够永无止境地创造和超越卓越，就在于他有野心。

世界首富比尔·盖茨的格言是：“我应为王。”即使是屈居第二，对他来说，也是不可忍受的。他曾经对他童年要好的朋友说：“与其做一株绿舟中的小草，还不如做一棵秃丘中的橡树，因为小草任人践踏，而橡树昂首天穹。”

推销大师吉拉德的成功，也是源于他相信自己能成功的信念。

小时候吉拉德的父亲总是给他灌输一种消极的思想——“你永远不会有出息，你只能是个失败者。”这些思想令他害怕。而吉拉德的母亲却相反，她给他灌输的是一种积极的思想：对自己有信心，你绝对会成功的，只要你想成为什么，你就能做到。从父母那里，吉拉德时时感受到两种相反的力量，这两种

力量一方面令他害怕，另一方面也让他产生信心。而最终，母亲传输给他的这种思想胜利了，这就是为什么他能实现自己的梦想。

比尔·盖茨和吉拉德的故事都再次证明了一个观点——内心不渴望的东西，它永远不可能靠近自己，你必须得具有强烈的渴望成功的愿望，这一点非常重要。信心能使人产生勇气。假使我们对自己都没有信心，世界上还有谁会对我们有信心呢？也就是说，一个人的信念是是他一切行动的开始，也是他能否成功的重要因素。

为什么在现实中有些人受人敬重，有些人被人看不起甚至被人踩在脚下？前者是因为他们有野心，凡事努力；而后者，他们得过且过，即使掉在队伍后面，也不奋起直追，这就注定了这类人无法成大事。有野心，是一种积极向上的心态，它为所有人创造了一种前进的动力。在很多时候，成功的主要障碍，不是能力的大小，而是我们的心态。

当今社会，人与人之间的竞争愈发激烈。每个人都必须具备竞争意识。而如果你们想提升竞争力，在竞争中脱颖而出并走向成功的话，还必须具备一个前提条件，那就是志向和“野心”，这是我们不断努力、不断进取的动力。相反，不想做得更好，就会做得更差。如果你自甘沉沦，不追求卓越，懒得提高自己能力，那么，你是不会进步的。

总之，“野心”是人类行为的推动力，人类通过拥有“野心”，可以有力量攫取更多的资源。没有志向的人是可悲的，就像一只无头苍蝇，不知道前方的路在哪里。

心理启示

成功者永远有超出众人之外的、敢于力争第一的“野心”，“野心”就如同成功道路上的一盏明灯，指引人们永远向着光明的前方奋进。

克服坏习惯，为成功增加砝码

世界著名心理学家威廉·詹姆士有一句至理名言：

播下一个行动，收获一种习惯；

播下一种习惯，收获一种性格；

播下一种性格，收获一种命运！

可见，好的习惯是十分重要的，它可以让人的一生发生重大变化。满身恶习的人，是成不了大气候的，唯有那些有好习惯的人，才能实现自己的远大目标。这就告诉所有渴望成功的人，你若想拥有一个成功的人生，就必须改掉当下存在的一些坏习惯。所谓习惯，是人们成长过程中，在很长一段时间内逐渐形成的一种行为倾向。从某种意义上说，“习惯是人生最大的指导”。

有一位智者带领弟子来到一片草地上除草。

他问弟子：“怎样才能将草地上的杂草除尽？”弟子们一听，想了很多种办法，要么是拔，要么是挖，要么是铲，但智者说，这些方法都没用，因为“野火烧不尽，春风吹又生”。

“什么才是最好的办法呢？”弟子们纷纷问。禅师说：“明年你们就知道了。”

到了第二年，弟子再回来发现，这片草地长出了成片的粮食，再也看不见原来的杂草。弟子们这才明白，原来师傅所说的最好的方法是在草地上种粮食。

用粮食根除杂草是一种智慧。我们在培养习惯时，是否可从智者那里领悟借鉴呢！好习惯多了，坏习惯自然就少了。

习惯的养成，并非一朝一夕之事；而要想改正某种不良习惯，也常常需要很长一段时间。根据专家的研究发现，21天以上的重复会形成习惯，90天的重复会形成稳定的习惯。所以一个观念如果被别人或者是自己验证了21次以上，它一定会变成你的习惯。

我们每个人都有自己的行为习惯，但有些坏习惯绝对会阻碍我们成功。为

此，我们必须戒除以下几种坏习惯：

1. 自制力不强

这是一个循序渐进的过程，因为自制力的形成不是一蹴而就的，也不是下了决心就能获得的，这是一个长期的过程。

拿学习来说，如果你决定从明天起好好学习，要每天学习十个小时以上，那么，你很可能因为没有达到目标而气馁，而如果你先给自己定一个较为合理的目标，例如，你可以在第一周时每天学习1个小时，少玩15分钟，倘若做到这一点的话，第二周每天学习1个半小时，少玩20分钟，再做到这一点的话，就可以每天学习2个小时，少玩30分钟。慢慢地，你会发现，自觉地学习已经成为了你的一种习惯，自制力也自然而然地形成了。任何坏习惯的改变或好习惯的形成都可以采取这个方法。

请记住，循序渐进，有利于培养自己的自信心，并且不会给自己造成过大的心理压力，从而能轻松地锻炼自制力！

2. 准备不足

你自认为自己能力很强，那为什么在关键时刻总是失败呢？因为你准备不充分，任何人都不能指望打一场没有准备的战就获得胜利。因此，从现在起，无论你对自己的评估如何，都不要掉以轻心了。

3. 不能坚持到底

你也想努力做一件事，如钻研某件乐器，搞好学习等，但往往使你最终不能成功的原因是你的中途退缩。如果你不能克服这一坏习惯，那么，你始终会与成功擦肩而过。

4. 不吸取教训

成功者之所以成功，并不是因为他们杜绝了所有的错误，而是因为他们能从错误中吸取教训，不断改正错误；而同样，失败者之所以失败，是因为他们常常重复错误。的确，很多时候，从错误中学到的东西常比成功教我们的更多，犯了错却不吸取教训，白白放弃如此宝贵的受教育机会实在可惜。

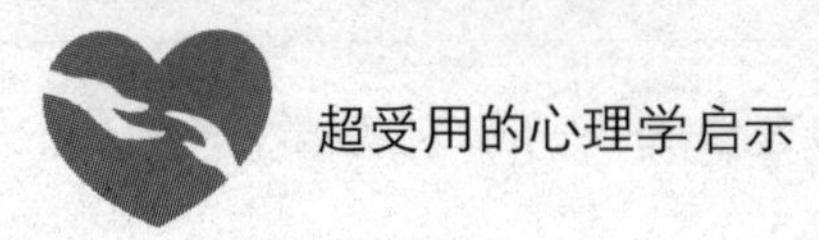

心理启示

成功始于习惯，失败也始于习惯；成功者有成功的习惯，失败者有失败的习惯！一个人,只有静下心来,努力克服一些坏习惯,才能增加自己成功的砝码。

放弃希望是对未来最大的威胁

古人云：“有志者，事竟成，百二秦关终属楚；苦心人，天不负，三千越甲可吞吴。”这句话的意思就是，只要我们坚持到底，无论梦想多大，都有实现的可能。许多人在做事最初都能保持旺盛的斗志，然而，往往到最后那一刻，顽强者能咬紧牙关坚持到胜利；而懈怠者在这时放弃了希望，失去了自己应有的成功。而事实上，只要他们跨出最后那一步，胜利就在前方。

不得不承认，有这样一些人，他们满腔热血，为自己制定出了人生的宏伟目标，并决定从现在起努力奋斗、打好基础。而随着时间的推移，他们发现，这一雄心壮志和现实产生了冲突，此时，他们就开始退缩，不敢再往前一步。这样是不可能收获胜利果实的。

心理学家告诉我们，很多时候，人们不是被打败了，而是他们放弃了心中的信念和希望，对于有志气的人来说，不论面对怎样的困境、多大的打击，他都不会放弃最后的努力。因为成功与不成功之间的距离，并不是一道巨大的鸿沟，它们之间的差距只在于是否能够坚持下去。

1952年7月4日的清晨，浓浓大雾笼罩着整个海岸，一位34岁的妇女，从海岸以西21英里的卡塔林纳岛上涉水下到太平洋中，开始向加州海岸游过去。这次，如果她成功了，她就是第一个游过这个海峡的妇女，这名妇女叫费罗伦丝·查德威克。

在此之前，她是从英、法两边海岸游过英吉利海峡的第一个妇女。当时，雾很大，海水冻得她身体发抖，她几乎看不到护送她的船。时间慢慢前行，

千千万万的人在电视上看着。在以往这类渡游中，她的最大的困难不是疲劳，而是冰凉刺骨的水温。15个钟头之后，她浑身冻得发麻又很累。她感觉自己不能再游了，就叫人把她拉上船。

在另一条船上的她的母亲和教练都告诉她海岸已经很近了，叫她不要放弃。但她朝加州海岸望去，除了浓雾什么也看不到。几十分钟之后，人们将她拉上船。又过了几个钟头，她渐渐暖和了，这时她回忆起自己渡游的经历。她不假思索地对记者说："说实在的，我不是为自己推脱，如果当时我看见陆地，我能坚持下来。"人们拉她上船的地点，离加州海岸只有半英里！

后来她说，令她半途而废的既不是疲劳，也不是寒冷，而是她在浓雾中看不到目标。查德威克一生就只有这一次没有坚持到底。两月后的一天，她成功地游过了这个海峡。她不但是第一位游过卡塔林纳海峡的女性，而且她以超出两个钟头的成绩打破了男子纪录。

这一故事中的女主人公查德威克的确是个游泳好手。第一次，她没有游过卡塔林纳海峡，原因正如她说的，她看不到目标。而其实，她离自己目标只有半英里的距离，不过庆幸的是，第二次她做到了。

对于一个人来说，成功的信念和积极的心态比什么都重要。只有这样，你才能在困难中坚持，在坚持中成功。世界上最伟大的人，通常也是失败次数最多的人。面对各种不利，只要有一点点成功的可能，就要永不放弃。

这告诉所有为目标奋斗的人们，从现在起，多一份坚持的决心吧，为此，你要做到以下两点：

1. 毫不松懈，冲刺到最后一刻

世界上的事情就是这样，成功需要坚持。裁判员并不以运动员起跑时的速度来判定他的成绩和名次，你要取得冠军，就必须坚持到底，冲刺到最后一瞬。如果有丝毫之松懈，你就会前功尽弃。同样，无论做什么事情，都需要你坚持，不到最后决不放弃。

2. 不因一时的挫折停止尝试，再坚持一分钟

逆境中能找到顺境中所没有的机会。处于逆境，陷于困苦时，你更要学会

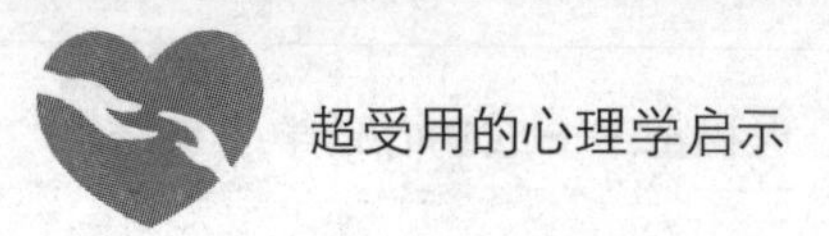

坚持，不要轻易气馁和放弃。只要坚持一分钟，就可能迎来光明。

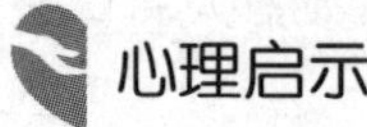

心理启示

在实现目标的过程中，面对问题，我们一定要再坚持一下，永远不要让“不可能”束缚自己的手脚，有时只要再向前迈进一步，再坚持一下，也许“不可能”就会变成“可能”。而成功者之所以能成功，就是因为他们对“不可能”多了一分不肯低头的韧劲。

做有个性的人，不走寻常路

任何一个成功的人，他之所以成功并不是仅仅靠他本人自身的勤奋，还因为他们善于找到一条属于自己的成功路，他们有与众不同的思想；而那些失败的人，也并全是因为他不够努力，而是因为他人云亦云，总是在走别人的老路。

生活中渴望成功的人们，如果你还揣着成功梦，那你就必须有自己的想法。做个有个性的人，不走寻常路，你才能拥有成功。

奥托·瓦拉赫是诺贝尔化学奖获得者，他的成才历程极富传奇色彩。

瓦拉赫在开始读中学时，父母为他选择的是一条文学之路，不料一个学期下来，老师为他写下了这样的评语：“瓦拉赫很用功，但过分拘泥，这样的人即使有着完美的品德，也决不可能在文学上发挥出来。”

此时，父母只好尊重儿子的意见，让他改学油画。可瓦拉赫既不善于构图，又不会润色，对艺术的理解力也不强，成绩在班上是倒数第一，学校的评语更是令人难以接受：“你是绘画艺术方面的不可造就之才。”

面对如此“笨拙”的学生，绝大部分老师认为他已成才无望，只有化学老师认为他做事一丝不苟，具备做好化学实验应有的品格，建议他试学化学。

父母接受了化学老师的建议，瓦拉赫智慧的火花一下被点着了。文学艺术的“不可造就之才”一下子变成了公认的化学方面的“前程远大的高材生”。

在同类学生中，他遥遥领先……

可见，成功是多元的，并没有贵贱之分，适合自己的、自己擅长的就是最好的，也便是成功的。

的确，幸运之神就是那样垂青于忠于自己个性长处的人。松下幸之助曾说，人生成功的诀窍在于经营自己的个性长处，经营长处能使自己的人生增值，否则，必将使自己的人生贬值。他还说，一个卖牛奶卖得非常火爆的人就是成功，你没有资格看不起他，除非你能证明你卖得比他更好。

我们都知道，古今中外，任何一个成功者都具有一些共同的特质：他们积极主动，富有创造力。同样，现代社会需要的同样是创造型人才，而要做到这点，你就必须学会培养自己的创造性个性心理品质。所谓创造性个性心理品质主要是指具有创造的意向、创造的情感、创造的意志和创造的性格等独特的心理品质。它包括自信、勇敢、独立性强、有恒心、一丝不苟等良好的人格特征。

具体说来，你要从现在开始，注重培养自己以下几点性格特征：

1. 自信

拥有自信，才能够不怕失误、不怕失败地去进行新的尝试。在大多数情况下，不敢自信走“小路”的人，通常也难成为创新型人才。

2. 勇敢

环境是特定的，人是灵活的。因此，人不能被特定的环境所压制，而是要努力去冲破环境。因此，你要记住，你是勇敢的。你要超越环境之上，做一个永远的胜利者。当一个人最想做自己的时候，那就等于想解放自我，而不再做环境的奴隶。这样做即使要付出很大代价也不怕。

3. 独立

你还什么问题都请求他人帮助吗？你要记住，你已经长大了，一个凡事让他人解决的人是长不大的，更不可能学会创新。从现在起，独立解决问题吧。

4. 恒心

创新这个过程，也就是破旧迎新的过程，自然是有难度的，甚至是被人怀疑的、否定的，这就需要恒心，如果只有三分钟热度和半途而废，那么，再好的想法都不可能真的实现。

5. 认真

凡事最怕“认真”二字，对待学习和生活中的问题采取一丝不苟的态度，还怕什么问题不能解决呢？因为只有认真，才能找到新的解决方法和突破口，才能实现创新。

心理启示

人不能改变环境，但可以改变自己。成功只青睐于那些敢想敢做、有独立思维能力和创造力的人，只要你换一种思路去对待人生，那么你的世界将无限畅达。

从失败中奋起，胜利就在前方

自古至今，大凡成功者，无不具备一项品质，那就是拥有不被打倒的意志力。他们总是满怀希望，因此，即使他们跌倒了，他们还是会爬起来，跌倒一百次，他们会爬起来一百次，终有一天，他们取得了胜利的果实。每件存在的事物在开始时只不过是一个想法。“不可能”背后隐藏的巨大成功，只青睐那些充满激情、意志坚定的人。失误、失败并不可怕，关键在于如何从失败中奋起，反败为胜。

科学家贝佛里奇曾说过：“人们最出色的工作往往在处于逆境的情况下做出。思想上的压力，甚至肉体上的痛苦都可能成为精神上的兴奋剂。”因此可以说，挫折是造就人才的一种特殊环境。“自古英雄多磨难”，历史上许多仁人志士在与挫折斗争中作出了不平凡的业绩。因此，渴望成功的人们，任何时候都不要放弃希望，哪怕处于人生的绝境中，只要你抱有希望，就能绝处逢生。

她从小就“与众不同”，因为患了小儿麻痹症，不要说像其他孩子那样

欢快地跳跃奔跑，就连平常走路都做不到。寸步难行的她非常悲观和忧郁，当医生教她做一点运动，说这可能对她恢复健康有益时，她就像没有听到一般。随着年龄的增长，她的忧郁和自卑感越来越重，甚至，她拒绝所有人的靠近。但也有个例外，邻居家那个只有一只胳膊的老人却成为她的好伙伴。老人是在一场战争中失去一只胳膊的，老人非常乐观，她非常喜欢听老人讲故事。

这天，她被老人用轮椅推着去附近的一所幼儿园，操场上孩子们动听的歌声吸引了他们。当一首歌唱完时，老人说道："我们为他们鼓掌吧！"她吃惊地看着老人，问道："我的胳膊动不了，你只有一只胳膊，怎么鼓掌啊？"老人对她笑了笑，解开衬衣扣子，露出胸膛，用手掌拍起了胸膛……

那天晚上，她让父亲写了一张纸条，贴在墙上，上面是这样的一行字："一只巴掌也能拍响。"从那之后，她开始配合医生做运动。无论多么艰难和痛苦，她都咬牙坚持着。有一点进步了，她又以更大的受苦姿态，来求更大的进步。甚至在父母不在时，她自己扔开支架，试着走路。蜕变的痛苦是牵扯到筋骨的。她坚持着，她相信自己能够像其他孩子一样行走，奔跑。她要行走，她要奔跑……

11岁时，她终于扔掉支架，她又向另一个更高的目标努力着，她开始锻炼打篮球和参加田径运动。

1960年罗马奥运会女子100米跑决赛，当她以11秒18第一个撞线后，掌声雷动，人们都站起来为她喝彩，齐声欢呼着这个美国黑人的名字：威尔玛·鲁道夫。

那一届奥运会上，威尔玛·鲁道夫成为当时世界上跑得最快的女人，她共摘取了3枚金牌，也是第一个黑人奥运女子百米冠军。

威尔玛·鲁道夫的故事告诉所有人，任何时候都不要放弃希望，哪怕只剩下一只胳膊，也可以为生命喝彩。任何时候都不要放弃梦想，要说成功有什么秘诀的话，那就是坚持，坚持，再坚持！在我们面临考验之际，往往会一直以

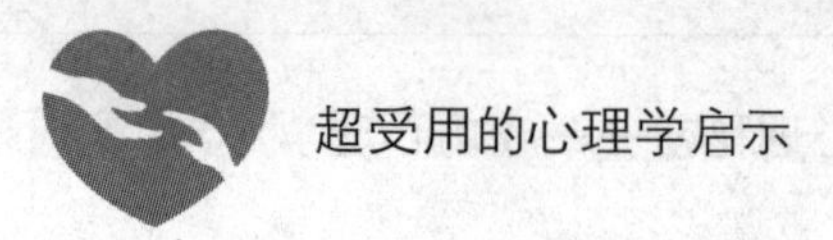

为已经到了绝境，但此时，不妨静下心来想一想，难道真的没有机会了吗？当然不，只要你满怀希望，你会发现，你在经受的只是一个考验，考验过去就是光明，就是成功。

世界上没有什么事情是不可能的，如果你有成就事业的强烈愿望，你已经成功了一半，剩下的就是用你的心去实现它了。

拿破仑·希尔总结说，把失败转变成成功，往往只需要一个想法紧跟一个行动。如果因为遭遇了磨难而怨天尤人，如果因为遭遇了挫折而自暴自弃，如果因为面临逆境而放弃了追求，如果因为受了伤害就一蹶不振，那你就大错特错了。人生也是这样的，只要你有追求，只要你去做事，就不会都一帆风顺。

当然，要想摆脱困境，还需要你做好计划，加以实施。拿破仑曾经说过："想得好是聪明，计划得好更聪明，做得好是最聪明又最好！"任何伟大的目标、伟大的计划，最终必然落实到行动上，成功开始于明确的目标，成功开始于心态，但这只相当于给你的赛车加满了油。弄清了前进的方向和路线，要抵达目的地，还得把车开动起来，并保持足够的动力。

心理启示

法国作家巴尔扎克说："挫折就像一块石头，对于弱者来说是绊脚石，让你怯步不前；而对于强者来说却是垫脚石，使你站得更高。"只有抱着崇高的生活目的，树立崇高的人生理想，并自觉地在挫折中磨炼，在挫折中奋起，在挫折中追求的人，才有希望成为生活的强者。

能拯救我们的，只有自己

生活中，人们常说："金无足赤，人无完人。"人最大的敌人是自己，一个人，只有战胜自我，才是真正的强者。一个人，只有学会独立，靠自己的双手，他才能成为真正成功的人。的确，在追求人生目标的过程中，我们总会

遇到这样那样的困难，但无论遇到什么，我们走的都是自己的路，能拯救我们的，也只能是你自己，所以，千万不要指望会有什么救世主。

古希腊神话中有一个西齐弗的故事很能说明这个问题。西齐弗因触犯了天庭之法，被惩罚到人间受苦。他每天必须推一块石头上山。当他将石头推上山顶回家休息时，石头又自动地滚下来，于是西齐弗第二天又得去推。这是天神想让他在“永无止境的失败”中遭受惩罚，以此来折磨他的心灵。

可是，西齐弗偏偏不吃这一套。他不认为这就是受苦受难的命运安排。他一心想，推石头上山是我的责任；至于石头是否滚下来，不是我的失败。因此，心中始终平静异常，从不丧失信心，从而始终不放弃自己的职责，每天都满怀希望。天神见折磨西齐弗心灵的企图无法奏效，只好放他回了天庭。

用这个故事对照现实生活，我们可以得到这样的启示：“人必自助而后天助。”若连自己都不愿帮助自己，还会有谁帮助你呢？只要始终自我激励，相信自己是能行的，永不放弃追求，那么我们就是命运的主人。因此，当我们受挫时，一定要告诉自己：“摔倒了还要漂亮地爬起来。”

的确，人不可能永远处在心想事成之中，我们渴望成功，就有可能在成功路上遇到困境。在许多时候，成功者与平庸者的区别，不在于才能的高低，而在于有没有勇气，有足够勇气的人可以过关斩将，勇往直前，平庸者则只能畏首畏尾，知难而退，或者将自己的命运交在别人手里，爱默生说：“除自己以外，没有人能哄骗你离开最后的成功。”柯瑞斯也说过：“命运只帮助勇敢的人。”

当我们深处困境时，我们要记住，没有人能解救你，除了自己拯救自己。其实每个人都有拯救自己的能力，许多人走不出人生或大或小的各种阴影，是因为他们没有耐心找准一个方向坚持走下去，直到眼前出现新的洞天。

总之，我们需要记住的是，不管你决定做什么，不管你为自己的人生设定了多少目标，决定你成功的永远是你自己的行动。只有行动赋予生命以力量，只有你的行动，才能决定你的价值。

心理启示

古语云："自助者，天助之。"把别人的帮助当作希望，往往只是一种被动的奢求，外界的帮助使人更加脆弱，自助却使人得到恒久的鼓励。因此，要走出困境，关键还在于我们自己。

第10章　知足惜福，安享人生的心理轨迹——幸福心理学

自古以来，人们对于幸福的定义的探讨可谓从未中断过。那么，幸福是什么？不同的人对幸福的定义是各不相同的。有的人认为获得财富名利就是幸福，有的人则认为精神世界的充实才是真正的幸福，什么是真正的幸福，我们无法考量，但我们可以肯定的是，幸福是一种内心的感受，只有用心才能体会到。幸福是细微的，小到冬日里的一盆炭火，夏日里的一丝凉风，都会给人带来小小的安慰和希望。用心感受了，用心品尝了，便是幸福滋味。

幸福才是人生的终极目标

生活中，人们总是会发出这样的感叹：我们穷其一生追求的到底是什么？金钱？地位？还是美貌？抑或是吃得好、穿得好？一些人认为，得到这些实质性的东西便是得到了幸福。哈佛大学教授认为，这种看法是错误的，因为幸福并不是某种固定的实体，而是一种精神与物质的统一，更多的表现在精神体验上。在哈佛大学，有个无人不知、无人不晓的幸福课教授——本·沙哈尔。

在很小的时候，本·沙哈尔就已经开始寻找幸福了，他从小生活在以色列。他曾经为了参加全国的壁球比赛进行了长达五年的训练，在这段时间内，他常常感到孤独和空虚，他总感觉自己的生命里好像缺少了什么。但最终，他告诉自己，我一定要坚强，只有这样，才能取得最后的胜利，也许胜利了，就

幸福了。

他参加全国的壁球比赛是在他16岁那年，他的努力终于获得了回报——他获得了冠军，他为此欣喜若狂。那时候，他满以为自己五年前的想法是正确的：成功可以带来幸福。然而，很快，他又察觉到自己是空虚的。他也曾试着回味胜利给自己带来的喜悦，但他发现，这并不是真的幸福，那么，到哪里去寻找幸福呢？

从那以后，本·沙哈尔开始关注身边那些看起来很幸福的人，并向他们请教，他也曾读过很多关于幸福的书。后来，他进入哈佛大学主修心理学和哲学，这才渐渐清晰地认识到幸福的本源：幸福是与快乐、积极联系在一起的，一个幸福的人，必当有着一个能给自己带来快乐和意义的目标。

在本·沙哈尔开始讲授幸福课之初，来听课的人寥寥无几，但如今，走在哈佛大学的校园中，你随意找个学生打听一下，你会发现，如今，在哈佛大学最受欢迎的不是王牌课《经济学导论》，而是本·沙哈尔教授的幸福课。

“最初，引起我对积极心理学感兴趣的是我的经历。我开始意识到，内在的东西比外在的东西，对幸福感更重要。通过研究这门学科，我受益匪浅。我想把我所学的东西和别人一起分享，于是，我决定做一名教师。”本·沙哈尔自己说，他正是源于这个理由，才在哈佛大学从本科一直读到博士，毕业以后没有去大公司任职高薪职位，而是留在了母校任教。

在看完本·沙哈尔的经历和了解了他的幸福课之后，我们也许对人生的终极目标有了一个明确的定义——幸福才是人生的终极目标，而幸福很简单，幸福与金钱、地位无关，与内心相连，是一种内心的体验和感受。

那么，我们该怎样做才能感受到幸福呢？

首先，我们应该保持内心的纯净。

有一句名言：如果心不造作，就是自然喜悦，这就好像水如果不加搅动，本性是透明清澈的。接纳自己的第一步就是让内心淡定，只要你的心是纯净的，那么，你就能接受幸福，接受快乐，淡化痛苦。反过来，如果你内心躁

动，你又怎么能看到最本真的自己？

其次，我们要学会走自己的路。人与人总是不同的个体，生活也会因人而异，不同的人在同一件事情上，看法总是不同的。另外，他人不可能参与到你的生活中来，因此，我们大可以告诉自己："走自己的路，让别人去说吧。"

最后，我们应该学会享受现在的生活。

钱钟书先生在小说《围城》里对人的本性、欲望的评论有过精彩的论述："围在城里的人想出来，城外的人想冲进去，对婚姻也罢，职业也罢，人生的愿望大都如此！"当你得到一样，就总想得到另外一样。但你想过没有，如果你处于城中，为何不好好享受城中的生活呢？其实冲进去或是走出来，也不过是一种意识形态，里或外的区别不过是自己的心给出的答案。

的确，我们周围的世界总是在发生着变化，和外在行为的动静相比，内心的动静才是根本，精神才是人类生活的本原。不与人搞攀比，这样内心才能宁静而不浮躁，要随遇而安，适可而止，知足常乐。

心理启示

在本·沙哈尔的课堂上，他常常对幸福感作出这样的诠释："衡量人生的唯一标准就是幸福感，幸福感是人们生存乃至生活的最终目标。"他还对这句话进行解释："人们衡量一个人是否商业成功的标准就是钱，用钱去衡量盈亏、利润、税务等，所有和钱无关的都不会被考虑进去，同样，人生也有盈亏，不过，你若想使得你的人生积极起来，就要你做到把负面情绪当作支出，把正面情绪当作收入。当正面情绪多于负面情绪时，我们在幸福这一'至高财富'上就盈利了。"

哈佛大学教授给出的十条幸福小建议

在哈佛大学，最受欢迎的是本·沙哈尔的"幸福课"，出勤率平均在95%以上。他的助手曾经这样评价这门课："它是奇妙的，每当我看见学生们离开

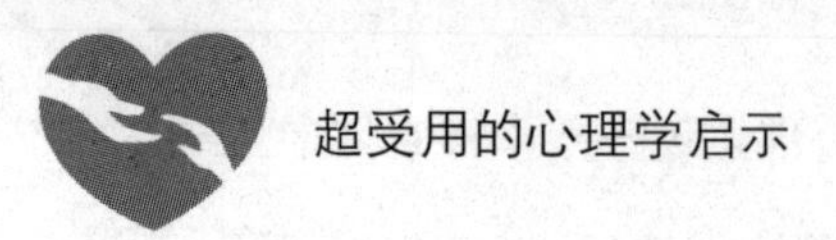

教室时那轻盈的步伐，你就能看出本·沙哈尔以及这门课的魅力了。”关于幸福，我们大致有所了解，然而，在每个人的世界里，人们对于幸福的定义都是不同的。因此，人们追求幸福的方式也千差万别。哈佛大学幸福课教授本·沙哈尔为了让学生更好地记住“幸福课”的要点，他把幸福课的要义简化成10条小提示：

1. 遵从你内心的热情

以选课为例，你应该选择让你获得快乐的课，而不是为了修学分，也不是听从他人的意见。

2. 多和朋友们在一起

日常学习和生活再忙，也不要忘了和朋友、家人聚聚，享受一下亲密的人际关系，它是幸福感的来源之一。

3. 学会失败

爱迪生曾深有感触地说：“失败也是我需要的，它和成功一样有价值。只有在我知道一切做不好的方法之后，我才知道做好一件工作的方法是什么。”

的确，没有人能随随便便成功，成功者多半都是在摔了无数次跟头后继续爬起来上路的。敢于失败者才会获取成功，因此，不要被所谓的失败绊住你前进的脚步。

实际上，每一次的失败中都蕴涵着丰富的经验教训，弱者只会沉溺其中，而强者则会从中学到东西，最终重新站起来。

4. 接受自己

你不必苛求自己，苛求自己完美，苛求自己保持良好的情绪，要知道，人都是情绪的动物，在平凡的人生中，人的情绪总会不断滋生，它的平凡就像阴晴的天气一样交替，你应允许自己有偶尔的失落、烦躁、悲伤，失望，你要学会坦然地面对自己的消极情绪，尽快调整、转变它，你就能主宰自己的心情，把握自己的幸福。

5. 简化生活

生活中，为什么有很多人拥有得很多，却并不幸福呢？因为更多并不总代

表更好，好事多了，也不一定有利。

当然，简化生活并不是使生活流于平淡，它是对生活的及时清理，及时清除那些阻塞我们寻找幸福之路的绊脚石，只有拓宽了自己的思维，你才能拥有高品质的生活，才能消除那些对名利的渴望，才能摒弃那些瞻前顾后的烦恼，得到充实之后的坦然与从容。简化生活，我们才懂得生活的真正含义，才能获得豁然开朗的轻松与快慰。

6. 有规律地锻炼

体育运动是你生活中最重要的事情之一。每周只要3次，每次只要30分钟，就能大大改善你的身心健康。

不知你有没有这样的体验：当你遇到一件痛苦的事而不知道如何排解时，此时，在朋友的建议下，你进行了一项你很喜欢的运动，你是不是觉得心情舒畅多了？这是因为运动能缓解一个人的心理紧张和焦虑，能分散对不愉快事件的注意力，将你从不愉快事件中解脱出来。

另外，很多时候，人们的坏情绪和健康问题有着很大的关系，适量的运动能消除疲劳，减少或避免各种疾病。

7. 睡眠

虽然现下的你每天要面临繁重的学习任务，偶尔不得不加班加点学习，但你必须保证每天拥有7~9个小时的睡眠，这样，你会发现，你好像充满了电一样，你的学习效率会提高很多。

的确，对任何人来说，睡眠都是最好的补品，这对于你的容颜和精神是最好的滋养。给自己选择一个舒适的睡眠环境，认真地投资睡眠，慎重地对待这人生三分之一的时间。

8. 慷慨

人常说，送人玫瑰，手有余香，能够慷慨地给予别人帮助的人，这份情意的暖流在流入别人心田之后，在某个时刻，还会流回到你的心里。

9. 勇敢

勇敢的人并不是无所畏惧，而是在心怀恐惧的情况下依然向前。每一个青少年朋友，都应该记住，你的手里有一本幸福字典，上面写满了两个字——拼搏。它告诉你，遇到问题，别退缩，勇敢面对，就能闯过去。”

10. 表达感激

不要认为父母、爱人对你的付出是理所当然的，请记下别人对你点滴的恩惠，常怀感恩之心。一个懂得感恩的人，才是真正幸福的。因为感恩会让你的内心开出温馨的花来。

心理启示

幸福在于把握现在，在于时刻感悟。有人说自己是不幸的，生活中总是斥着烦恼，而实际上，人生的幸福与烦恼都是等量的，关键在于你如何感受。假如你能用心去感受，你一定能被幸福包围。

幸福的本质到底是什么

生活中，很多人都感叹自己不幸福，他们不知道幸福是什么滋味。在为这个问题纠结之前，你应该问问自己是否理解幸福的本质，因为只有了解了幸福的本质，才会用心体味幸福。对此，哈佛大学幸福课教授本·沙哈尔曾说：“幸福的本质不仅仅是对某种需要的满足，而是对某种需要的理解。”

有一个学者出门寻找世界上最快乐的人，他走了很远的路，问了沿途碰到的所有人，他们都说自己不快乐。

有一天，学者终于来到皇帝的宫殿，皇帝坐在用黄金做成的椅子上，他身后是一座藏有数不尽金银财宝的巨大宝库。学者问皇帝：“你一定是世界上最快乐的人了！”皇帝愁眉苦脸地对学者说：“怎么会呢？我每天要考虑所有国家大事，外敌正在入侵我的领土，我怕我的大臣起来谋反，我怕小偷偷走我的珠宝，我怕生病，我怕死亡……哎！我是世界上最不快乐的人！”

学者垂头丧气地从皇宫里走出来，顺着原路往家赶。经过一片荒野时，发

现前面有人坐在一堆火旁边，一边唱歌，一边烤着什么东西，他走过去一看是一个乞丐，他奇怪地问道："看样子你一定很快乐了！？"乞丐答："我捡到了半根香肠，晚上不用挨饿了！我现在是世界上最快乐的人！"

这则故事告诉我们，现实世界中的每个人，都有自己的活法，都有自己的快乐，对幸福的理解也大相径庭。不同的人，对幸福的追求与体验是完全不同的：对孩子们来说，一个小小的玩具都能使他们感到幸福；恋人们的幸福在于浪漫的约会、甜蜜的语言，出则牵手同行，入则相拥相亲；中年人的幸福是儿成女就，事业有成；老年人的幸福则是宁静、安详、平和……但所有的幸福都是建立在对需要的理解上，一个已经陷入欲望的沟壑的人是永远不懂幸福的。

在短短的人生旅途中，人人都有所求，但没有人能够拥有世间的一切。人们所求各不相同，但万涓细流，终将汇聚成海，归根结蒂，他们所求的乃是幸福。世上没有比幸福更可贵、更难得、更为人们所普遍追求的东西了。但现实生活中，人们似乎总是颠倒了欲望与快乐在生命中的比重，一个人，只有真正放下过多的欲望，才会懂得幸福的真谛。

然而，我们不得不承认的一点是，生活中，人们之所以活得累，就是因为他们想要的太多。情感、物质、名利，不但要拥有，还要拥有最好的。于是乎，追求无止境，欲望无止境，好不容易得到了，又这山看着那山高。于是乎，还得追求，还要奋斗。好不好呢？好。人如果没有了追求，岂不成了行尸走肉！但凡事有度，如果因为追求更高更好而放弃了已经拥有的东西，如果因为奋斗失去了享受的过程，那就本末倒置了。毕竟，不是每个人都能成为比尔·盖茨，也不是每个人都能成为商界精英、政界豪客。所以，要想活得幸福，就要学会知足，学会理解幸福，理解平淡的生活，就能获得快乐。

因此，我们可以说，人的幸福指数与其欲望是成反比的，想得到的越多，失去的就会越多。我们自打出生那一刻起，就注定了会得到什么，失去什么，我们会得到父母的爱，但终有一天，父母也会离开我们；我们还会遇到事业上的不顺心、感情上的不如意甚至是朋友的背叛等，但人的精力是有限的，我们不可能什么都抓住，所以不必苛求那些得不到的东西或办不到的事情。过于执著，只会让你失去很多当下的快乐，因此，每个人都要学会“知足”，很多快乐都建立在这两个字之上，如果你一辈子都在不停地满足自己一个又一个目标，却没有一丝一毫的幸福可言，那这样的人生又有什么意义呢？

心理启示

幸福感是心理欲望达到满足的状态，是对内心需求的一种理解。因此，一个人只有了解了自己的需求，才能更好地理解幸福，最终获得幸福。

“幸福型汉堡”其实掌握在我们自己手中

生活中，人们常说：“人总是往前看的。”也就是说，人们都会认为，人生最美好的风景当然是在前方，于是，他们总是马不停蹄地赶路，总是会对前方的路满怀期待，实际上，他们总是在不断地失望。而人们忽略的是，当下的风景也会让人沉醉！哈佛大学教授本·沙哈尔曾说：“一个幸福的人，必须有可以带来快乐和意义的目标，然后为之努力，真正快乐的人，会在自己认为有意义的生活里，享受它的点点滴滴。”他之所以有这样的感悟，来源于他曾经吃汉堡的一次经历，在后来的课堂上，他总结出了四种人生模式。

在他16岁那年，为了参加壁球比赛，他被要求严格控制自己的饮食，以控制体重。每天，他都只能吃一些全麦面包、瘦肉和蔬菜、水果等，这对于正需要热量的青春期的他来说简直是一种折磨。本·沙哈尔暗暗决定，等比赛一结束，一定要大吃一顿垃圾食品。

炼狱般的比赛生活终于结束了，这天，本·沙哈尔怀着放松的心情直奔附近的汉堡店，然后一下子买了四种汉堡，正当他打开汉堡的包装纸准备一饱口福的时候，他突然意识到：这一个月以来，我虽然每天都在受煎熬，但我吃的都是健康的食品，我的体重控制了，我每天都精力充沛。现在，如果我吃了这

四个汉堡，那么，我很可能会为此后悔。看着眼前的四个汉堡，本·沙哈尔突然有种人生感悟，这四个汉堡不就代表着四种不同的人生模式吗？

第一种汉堡，表面看起来，它是那么可口，那么诱人，但你要记住，它是标准的“垃圾食品”。如果你吃了它，你当然会获得快乐，但你可能会埋下痛苦的种子。其实，人生也是如此，“及时行乐”就是对未来人生幸福的透支。因此，你需要想清楚自己的决定。

第二种汉堡，这是标准的健康食品，里面全是蔬菜和有机食物，但实在难以下咽。用它来比喻人生，应该可以表示为“先苦后甜”，牺牲暂时的幸福来获取未来的幸福生活。

第三种汉堡，相信谁也不会选择这类汉堡，因为它既不好吃，也不健康。但若有人选择类似于这样的人生，那么，相比他是一个自暴自弃、对生活没有希望的人。

接下来，本·沙哈尔想，会不会还有一种汉堡，又好吃，又健康呢？那就是第四种“幸福型”汉堡。一个幸福的人，既能享受当下所做的事，又可以获得更美满的未来。

这就是“幸福型汉堡”——四个小小的汉堡，四种截然不同的人生态度。在课堂上，当本·沙哈尔让学生选择做哪类型人时，答案几乎都是幸福型。

那么，你会选择哪种人生模式呢？毫无疑问，你也会选择幸福型。然而，一时的选择容易，长时间的身体力行却不易做到。

现实生活里，大多数人都希望自己的人生精彩绝伦，都会对自己的人生不遗余力地追求，却不知道享受人生过程中平平淡淡的幸福快乐。其实，无论人生目标有多么瑰丽辉煌，也不能为了“短暂”的拥有，而放弃过程里的开心微笑。

是啊，有时候我们苦苦追求的所谓的幸福与快乐，其实就在眼前，那又为什么不知足呢？我们中的很多人，也许经过多年的打拼和艰苦的奋斗，也会有所成就，但是，人的一生难道就该如此忙碌地拼搏到死吗？其实，享受真正的人生之旅比直到那旅程结束时还没有感受到快乐重要得多。

人不能改变过去，也不能控制将来，人能控制和改变的只是此时此刻的心念、语言和行为。过去和未来的东西都虚无缥缈，只有当下此刻才是真实的。因此，一个人的生命不管能否长久，生命过程应该是丰富多彩的，无论人的生命长久与短暂，人生的道路应该是宽阔有风景的，享受过程应该是愉快幸福的。

可见，一个幸福的人，是既能享受当下，又能着眼未来的人。我们要懂得享受过程，真正让我们得到满足的也是过程，人的一生也是如此，最美的不是结果，而是人生的旅途。

心理启示

追求幸福，就是要选好自己的人生模式，更为关键的，就是挥别那种精神和心境的无知无觉的疲惫状态，做好自己能做的一切，把握今天，着眼未来。

正确认识幸福和金钱的关系

在哈佛大学教授本·沙哈尔的幸福课上，他这样教他的学生看待自己未来的工作与金钱、幸福的关系：

仔细考虑以下三个关键问题，先来问问自己：一、什么带给你人生的意义？二、什么带给你快乐？三、你的优势是什么？并且要注意顺序。然后看一下答案，找出这其中的交集点，那个工作，就是最能使你感到幸福的工作了。

本·沙哈尔认为，“金钱和幸福，都是生存的必需品，并非互相排斥。”

美国心理学家戴维·迈尔斯和埃德·迪纳的曾经做过一项研究，这项研究表明，一个人的财富多少，与其幸福程度并没有很大的关联。相反，社会财富的增加并没有让人们变得更加幸福。在大多数国家，收入和幸福的相关性是可以忽略不计的；只有在最贫穷的国家里，收入才是适宜的标准。

然而，生活中，有太多人，为了金钱的保障，被一个不喜欢的工作所捆绑，他们生活得并不幸福。据有关机构统计，在美国，有50%的人对自己的工

作不甚满意。但本·沙哈尔认为，这些人之所以不开心，并不是因为他们别无选择，而是他们自己作出的决定让他们不开心。因为他们首先看重的是物质与财富，随后才是快乐和意义。

由此可见，幸福不是获得更多的金钱与财富，而是得到最适合自己的东西。因此，如果一个人弄清楚自己内心真正需要什么，那么，为之努力的过程和获得的结果才能让你产生幸福感。

亚伯拉罕·林肯曾经说过："对于大多数人来说，他们认定自己有多幸运，就有多幸福。"一个人幸福不幸福，面对同样的生活经历，看你如何去理解，不同的看法导致不同的幸福感受。幸福不是追求来的，关键在于自己保持何种人生态度和对待他人的看法。

一日，老张听说妻子要带一个同事回家吃饭，便做了满满一桌子菜。席间，这位同事突然忍不住说道："我好羡慕你们，你们家里好温馨，好幸福。"正在给母亲夹菜的老张突然被这一句莫名其妙的话弄糊涂了，在一起吃顿饭就幸福吗？看到老张一家人都惊讶地望着她，她不好意思地说道："一家人围在一起吃饭，问寒问暖，相互说话，这样的生活我真的好羡慕。"

老张妻子开玩笑地说道："你们两口子一月的收入是我们的好几倍，你们不幸福吗？"

这位朋友黯然失色道："我希望少挣点钱，一家人天天生活在一起，家里有老、有小，相聚在一起就是幸福。"原来这位朋友夫妇二人都是挣钱的高手，但天各一方，孩子跟着爷爷奶奶，一家人生活在三个地方，在一起的时间少，分离的时间多。所以特别羡慕老张一家人天天生活在一起的日子。听这位朋友这么一说，老张突然感觉自己很幸福，只是每天忙碌于工作，忘记了去感受幸福。

的确，家的平淡与温馨，只要经常置身其中，便会觉得那其实是我们一直期待着的。家，或许不会给你带来大富大贵，但是那种宁静与从容，能够让你感受到幸福。

不同的人有不同的幸福体会，它是一种心态体验，故事中老张妻子的同事因为一家人分离，特别羡慕生活在一起的一家人，经济拮据的人突然得到他人的馈赠一定也能感受到幸福，天天忙碌的人突然让他休息一天也很惬意……幸福没有标准，因人因事而异。但无论如何，幸福都不是可以用金钱来衡量的，一个人，如果对金钱充满欲望，那么，他很可能最终成为金钱的奴隶，这样的人，又怎么能用心感受到幸福呢？

总之，幸福在于内心的感受，与金钱无关，只要我们用心品味，用心感觉，用一颗宽容的心去包容一切，便会体会到绵绵而来的幸福喜悦。

心理启示

幸福与职业、地位、金钱无关，只与自己的感受、心态有关，无论生活在什么样的环境中，只要能感受到幸福，就能保持良好的心态，良好的心态恰是改变自己命运的基石。

懂得知足，最为幸福

也许每个人都曾问过这样的问题，幸福到底是什么？大多数人也许认为，拥有名利地位、拥有奢华的生活就是幸福。而实际上，幸福是简单的，有时候，夏日里的一丝凉风、冬日里的一件棉衣就是幸福。但无论如何，不懂得知足的人是无法感受到幸福的。

哈佛大学幸福课教授本·沙哈尔说：“我们所处的社会环境和文化背景是这样的：假如孩子成绩全优，家长就会给奖励；如果员工工作出色，老板就会发给奖金。人们习惯性地去关注下一个目标，而常常忽略了眼前的事情，最后，导致终生的盲目追求。”生活中，人们都有自己追求的目标，都希望能早日实现自己的目标，而一旦实现以后，人们常把放松的心情，解释为幸福。好像事情越难做，成功后的幸福感就越强。不可否认，这种解脱，让我们感到真实的快乐，但事实上，它并不是真的幸福，而是“幸福的假象”，而正是对幸

福的错误理解，导致了一些人在人生道路上不停地追逐，不懂知足，而最终，他们错过了很多沿途的风景。

一天，一只鸡啄来啄去满地寻找食物，它要给自己和自己的孩子寻找可以填饱肚子的东西。突然间，它从一堆废弃的树叶中发现了一颗珍珠，它惋惜地说："如果你的主人找到了你，他会非常高兴地把你捡起来，把你当成宝贵的财富，可我要寻找的是米粒，而不是你，对于我来说，你毫无用处，一文不值啊！世界上所有的珍珠，都不如一颗米粒对我有吸引力。"

又一天，一只精明的猎狗在森林里寻找主人打下来的猎物，在偶然间看到了一袋黄金。它跑上前去嗅一嗅，懊丧地说："哎，我还以为找到了主人打下来的猎物呢！不过，我相信主人肯定会非常喜欢，说不定他一高兴就每天赏赐我几根骨头呢！"猎狗这样想着，叼起那个口袋跑到主人身边。

"你真是太伟大了！我要用其中的一块黄金给你配一身最好的行头！"主人抚摸着猎狗说。

猎狗连忙恳求道："不，如果您不介意的话，我想每顿享用几根骨头。"笑逐颜开的主人爽快地答应了，猎狗从此每天都可以吃到骨头。

幸福不是获得更多的财富与地位，而是一种知足，懂得知足，就能懂得享受最为简单的幸福。

然而，在现实生活中，我们发现，有些人总是抱怨生活太苦，困难太多，命运太艰难等。其实，在短短的人生旅途中，人人都有所求，但没有人能够拥有世间的一切。人们所求各不相同，但涓涓细流，终将汇聚成海，归根结蒂，他们所求的乃是快乐。世上没有比快乐更可贵更难得更为人们所普遍追求的东西了。

懂得珍惜，最为可贵，善于知足，最为幸福。当一个人珍惜了生命，生命便会长久，当他珍惜了家人、朋友之间的情感，他便能在友善的交流中，获得快乐与更多的幸福。真正的幸福不是你每天得到了一些什么，而是每天你都能对自己拥有的一切，怀抱着一颗满足、感恩、珍惜的心，如果我们能够保持着这种态度来对待生活中的每一天、每件事，那么，即使人生中有摆脱不了的悲苦、辛酸，我们也能让它们转化成有价值、有意义的事。

德国哲学家叔本华曾说过："我们很少想到自己拥有什么，却总是想着自己还缺少什么！不要感慨你失去或是尚未得到的事物，你应该珍惜你已经拥有的一切。"

那么，我们该如何体会知足的幸福呢？

1. 比较法

比如，当你认为房子不够大、当你认为车子不够豪华、当你为买不起LV包包而焦躁时，你想过没有，还有多少和你同样的人却正在为房子忧愁、为明天的家庭开支担忧、为了一个几十元的包包与店铺老板砍价？这样一比，你可能觉得自己其实是幸运的，也就不再为那些外在的物质生活而忧愁了。

2. 注重精神世界的充盈

细心的你也可能发现，那些爱看书、听音乐、旅游的人，他们看起来笑得更舒心，因为他们的业余生活是丰富的、充足的，他们不会为物质生活烦恼，他们满足于现在的幸福生活。因此，丰盈精神世界是克制我们的欲望的良好方式，比如，你可以把周末逛街的时间拿来学习英语、练瑜伽、读名著等。

心理启示

幸福的感觉，依托于物质的满足、成就的获得等，而它的源泉，则在于懂得知足和珍惜。懂得珍惜，最为可贵，善于知足，最为幸福。

拥抱充满激情的生活

有人说，生命是一段无可替代的旅程。在生命的旅程中，我们每一个人都不会是唯一的旅人。一个人若对自己的心灵有约，就会以全身心拥抱生命，即使饱经风霜，他们依然对生命充满热情，他会热爱生活的点点滴滴，他们还会以积极的心感受生命的震颤。的确，只要我们愿意，那么，无论昨天发生了什

么，今天同样精彩。

对生活充满热情，我们的旅途就会时时处处充满着绿意和生机，我们的生命就会无与伦比。

有一个年轻人看破红尘了，每天什么都不干，懒洋洋地坐在树底下晒太阳。

有一个智者问他："年轻人，这么大好的时光，你怎么不去赚钱？"

年轻人说："没意思，赚了钱还得花。"

智者又问："你怎么不结婚？"

年轻人说："没意思，弄不好还得离婚。"

智者说："你怎么不交朋友？"

年轻人说："没意思，交了朋友弄不好会反目成仇。"

智者给年轻人一根绳子说："干脆你上吊吧，反正也得死，还不如现在死了算了。"

年轻人说："我不想死。"

智者于是说："生命是一个过程，不是一个结果。"年轻人幡然醒悟。

这就叫"一句话点醒梦中人"。一个年纪轻轻的人，却变得老态龙钟，什么都不愿尝试，对生活失去热情，这样，生命还有什么意义呢？安诺德曾说："世界上最糟糕的事，莫过于人类丧失了他的热情。只要仍保有热情，即使失去了一切，他仍旧能够东山再起。"热情的原义，是"神在其中"，我们原本拥有它，而我们应该做的，便是使它重燃再现。

生命是一个过程，不是一个结果，如果你不会享受过程，生命就失去了意义。生命是一个括号，左边括号是出生，右边括号是死亡，我们要做的事情就是填括号，要争取用精彩的生活、良好的心情把括号填满。

怎么享受生命这个过程呢？把注意力放在积极的事情上。生命如同旅游，记忆如同摄像，注意决定选择，选择决定内容。为此，你不妨这样做：

1. 积极暗示

每天清晨，当我们起床后，都应该给予自己积极的心理暗示，有时候，如

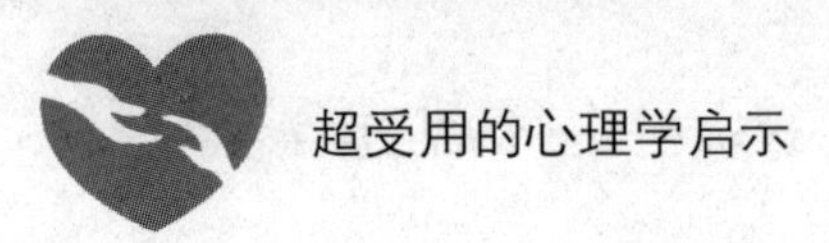

果你先假装很热情的样子，你就真的会变得热情。照照镜子，然后向镜子里的那个人说：“我很健康，我好快乐！我充满了热情！我好棒！”永远用你漂亮的面容，温暖而热情地对待你的家人。别忘了，是你主宰了你的家庭生活，你可以让每一天都光辉灿烂，也可以让每一天都阴暗忧郁。

2. 用激情感染别人，创造积极的生活氛围

曾经有一位演说家到一家大型公司为员工们演讲，这个人在鼓舞人心方面享有很高的声望。但在排定他出场的那个早上，他的班机却延误了，主持人不断重新排定演讲人的顺序，直到最后主持人得到消息说演说家已经到了。主持人手边有满满一页对他充满赞誉的介绍。当主持人开始介绍他时，却看见此人在后来除了不断地跳上跳下，还一直捶打自己的胸膛。主持人对此很不解。当主持人介绍完这位演说家后，演说家跑上台，作了一次非常精彩的演讲。午饭时间，主持人与演说家一起用餐，他说：“你知道吗？你简直快把我吓坏了，你出场前在后台究竟做什么呀？”他回答说：“激励他人是我的工作，而且，我每天都在做。但在某些日子里，我实在打不起劲儿来，就像今天。我在后台只是‘做出’热情的样子，然后我就会变得热情有劲了。”

从这个例子中，我们可以学到很重要的一点：每天都充满了热情，不但自己受益，更可使周围的人和我们一样，过着积极而快乐的生活。

总之，无论我们经历过什么，从今天起，都要做个简单的人，踏实务实。不沉溺于幻想。不庸人自扰。要快乐，要开朗，要坚韧，要温暖，永远对生活充满希望，对于困境与磨难，微笑面对。

心理启示

我们每个人的日常工作和生活也许很单调，那些琐碎的生活也让我们逐渐变得麻木、无趣，可生活就是这样，我们无力改变什么，因为生活仍在继续，这就需要我们积极去调剂，努力用热情去点燃属于我们生命的激情。

积极的心理是幸福感的源泉

哈佛大学曾做过的一项有关“幸福感”的研究表明，人的幸福感主要取决于三个因素：遗传基因、与幸福有关的环境因素以及能够帮助我们获得幸福的行动。而积极的心理，可以帮助人们获得快乐、充实、幸福。哈佛大学教授本·沙哈尔也在他的幸福课上告诉学生：从根本上说，幸福感的源泉在于积极的心理。

生活中的人们，如果你想获得幸福，你就必须从现在起培养自己积极的心理。我们再来看下面一个故事：

有一天，在某个公交站牌处，一个小女孩和妈妈起了争执。

小女孩有点生气地对妈妈说：“我就要去海边玩，为什么你不让我去！”

妈妈劝她：“不是早说过了吗，今天出太阳了咱就去，但今天没有出太阳啊，而且天气预报说还可能要下雨呢，还是改天再去吧。”

“妈妈骗我，今天出太阳了……”

妈妈笑了起来，问道：“哪里有啊，不要骗人，你说说，太阳到底在哪儿。”

小女孩抬起头来，东看看西瞧瞧，然后指着天空喊：“那不是在那儿嘛。”

“没有啊，那只是乌云而已呀。”

“对呀！”没想到，小女孩一副非常认真的样子，“太阳就躲在乌云的后面呢，等一会儿乌云一走开，不就出来了吗？”

听到小女孩的话，所有等车的人都笑了。

对于积极的人来说，太阳每天都在天空中，虽然有的时候我们看不见它，那是因为它正躲在云的后面，而乌云总有散开的时候，就如人生总有诸多的幸福会接踵而来一样。那么，乌云密布的时候，你是怎样看待的呢？如果你也能看到乌云后的太阳，那么，你也就是个积极的人。其实，积极的心理也是可以通过练习和学习而获得的。只要我们凡事往好的方向看，我们就能看到光明。

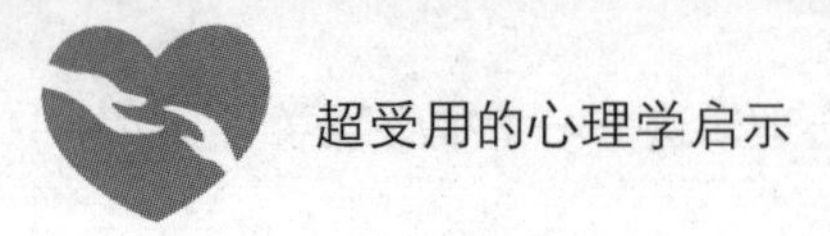

有这样一则堪称“神奇”的故事：

曾经有一对年过五十的夫妻，他们在进行年度身体检查时，却发现自己患了绝症：妻子得了乳腺癌，丈夫患了严重的动脉血管疾病，医生坦言他们只剩下半年时间了。这简直犹如晴天霹雳，他们原本幸福的生活似乎一下子就要破灭了。

然而，这对夫妻并没有就此在哀怨中生活，他们想了想，还有半年时间，足够他们完成这辈子最想做的事了——环球旅行。于是，他们卖掉了他们十年前才还清贷款的房子，并很快就出发了。

在他们的旅行过程中，他们几乎忘记了生病这一回事，格外珍惜每一天，他们仿佛回到了二十五年前他们刚结婚的时候，那时候，他们没钱、忙于工作、照顾孩子，但现在他们有机会了，看到他们甜蜜的样子，没有人会想到他们是一对生命即将结束的病人。

五个月后，他们的旅行结束了，按照规定，他们还需要做一次检查，但在看检查结果时，连医生都惊呆了，他发现两人的癌细胞已经消失，连丈夫的动脉血管阻塞也好了许多，这个结果让医生感到匪夷所思。

后来，医院就这一对夫妇的情况进行了研究，他们认为这是积极的情绪的作用，快乐的人脑内会分泌一种安多芬，它会增加体内的淋巴球，进而增强对抗癌细胞的能力，让人重新获得健康。

这简直是个奇迹！这一故事告诉人们，一个人心态上是积极的还是消极的，就决定了其生活是光明的还是灰暗的。可见，当人生的不幸来临时，积极的心态是一个人战胜一切艰难困苦，走向成功的推进器。积极的心态，能够激发我们自身的所有聪明才智；而消极的心态，就像蛛网缠住昆虫的翅膀、脚足一样，来束缚人们才华的光辉。

心理启示

有人说，积极的心态是创造人生，积极的心态是成功的源泉，是生命的阳光和温暖，而消极的心态是失败的开始，是生命的无形杀手。所以我们一定要

重视情绪的力量，请察觉每一个情绪背后的意义，它可能是死神的召唤，更可能是改变命运之门的钥匙。

从今天起，就做一个幸福的人

有一项统计显示，在今天的美国，抑郁症的患病率，比起20世纪60年代高出10倍，抑郁症的发病年龄，也从20世纪60年代的29.5岁下降到今天的14.5岁。而许多国家，也正在步美国后尘。1957年，英国有52%的人，表示自己感到非常幸福，而到了2005年，只剩下36%。但在这段时间里，英国国民的平均收入却提高了3倍。

为什么人们越来越富有，反而越发不开心呢？很简单，因为人们没有感受到幸福。

那么，可能有很多人会提出疑问，怎样才能成为一个幸福的人呢？其实很简单，那就是用心感受，用心体会。我们不难发现，那些懂得享受快乐、享受人生的人，都是忙碌的、有活力的、性格外向的人，而他们之所以幸福，是因为他们选择了幸福。为此，你如果想获得幸福，不妨按以下办法去做吧：

1. 关心周围的人和事物

假如你把目光转移到周围的人和事物上，而不是只看到自己的话，那么，我们的眼界一定会开阔很多。那些以自我为中心的人，之所以永远得不到幸福，就是因为他们永远都不知道满足。

那么你应该关心什么？关心谁呢？张开眼睛想一想，我们虽然平凡，至少可以为病人念念书，到老人院打打杂，甚至把四周环境打扫干净……哪怕付出一点点，你也会快乐一些。

2. 只跟自己比，不和别人攀

自打我们记事以来，可能就会被周围的人耳濡目染，开始对所谓的“成就”“成功”有了一定的概念，在这种压力下，我们努力学习、努力找工作，

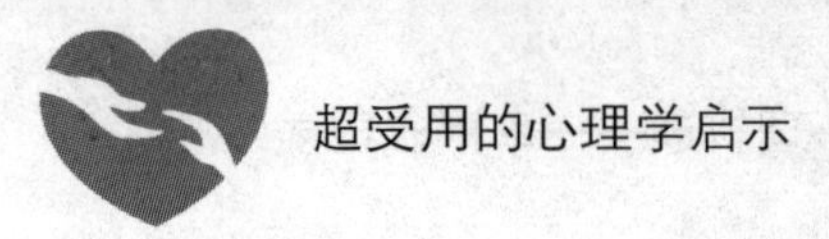

并且，这种压力随着年龄的增长越来越强烈。而一旦自己落后于他人，我们就会变得自卑、伤心，甚至一蹶不振。

所以，要让自己获得快乐，就要重新审视自己，审视自己当初的标准是不是错了？如今有无进展？如果你真的已经尽了力，相信今天一定会比昨天好，明天比今天更好。

3. 正视挫折

在人生的旅途中，每个人都会经历各种挫折，如遭受失败打击、失恋、学习及工作不如意、不顺心等。挫折会使你有各种反应，有的人从挫折中经受锻炼，增强了对环境的适应能力，有的人则变得消沉、冷漠。更有甚者，对微弱的挫折也难以忍受，这就很容易给自己的心灵蒙上灰暗的阴影，能正视挫折的人才会变得真正强大，才懂得用心感受幸福。

4. 学会调节自己

生活中存在着各种各样的压力，有些压力虽然看不到，摸不着，但却真实地存在于我们的周围。如何在家庭责任、工作及人际关系的压力中做个“走钢丝的能手”，在家庭和事业间掌控平衡、在职场自在地游弋是现代人的必修之课。面对来自各方面的压力，我们一定要懂得自我调节，比如，当遇到不如意的事情时，可以通过运动、读小说、听音乐、看电影、看电视、找朋友倾诉等方式来宣泄自己不愉快的情绪，也可以找适当的场合大声喊叫或者痛哭一场。

5. 知足常乐，你会幸福

德国哲学家叔本华曾说过：“我们很少想到自己拥有什么，却总是想着自己还缺少什么！不要感慨你失去或是尚未得到的事物，你应该珍惜你已经拥有的一切。”

生活在这个世界上是很不容易的，而生命却是有限的。每一个人都应该学会珍惜现在的生活。那么，从现在起，不妨学会知足吧：

当你每天为了生计奔波的时候，你应该知足了，因为你还有家人；当你对父母的唠叨不胜其烦的时候，你应该感到知足，因为你还有父母的关心；当你不得不为早起送孩子上学而烦恼的时候，你应该感谢自己，感谢自己有个可爱

的孩子；

当你没有私人汽车去上班的时候，你应该感谢上苍，让你拥有健康。

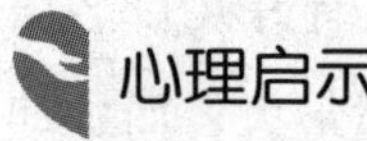

我们都希望获得幸福的人生。而幸福孕育在点点滴滴的生活中。生活是一门艺术，缺少了快乐这支彩笔的渲染和点缀，艺术的色调就会变得灰暗，变得枯燥乏味。通过对生活的细心观察，我们会发现，幸福具有无穷的能量，蕴藏着强大的生命力和创造力。

为自己寻找一个积极而有意义的目标

哈佛大学教授本·沙哈尔曾说：“一个幸福的人，必须有可以带来快乐和意义的目标，然后为之努力，真正快乐的人，会在自己认为有意义的生活里，享受它的点点滴滴。”在哈佛大学的课堂上，在谈到工作问题时，教授本·沙哈尔笃定地告诉学生：“一个在工作中找到意义与快乐的投资家，一个出于正确动机的商人，绝对要比一个心不在焉的和尚，高尚和有意义得多。”哈佛人毕业之后，都会记住教授的话，并且，他们都会把自己的工作当成使命来完成，他们会对工作投入百分之百的热情，而这也是为什么哈佛人能成功的原因之一。

生活中的人们，你是否觉得现在的自己正在从事一项很无聊的工作，每天上班也只是为了坐等下班，你觉得自己的工作毫无成就感？如果是这样，你必须重新审视自己，如果你对这项工作真的提不起兴趣，那么，你就要为自己重新寻找一个积极而有意义的目标。

曾经有人以医院的清洁工为研究对象进行了一项研究，在被研究的两组人中，一组觉得自己的工作很枯燥、乏味、没意义，他们得过且过，而另一组人则对工作很投入，他们把医院打扫得很干净，他们经常和护士、病人交谈，为此，他们觉得自己的工作很有意义，也获得了很多的快乐。

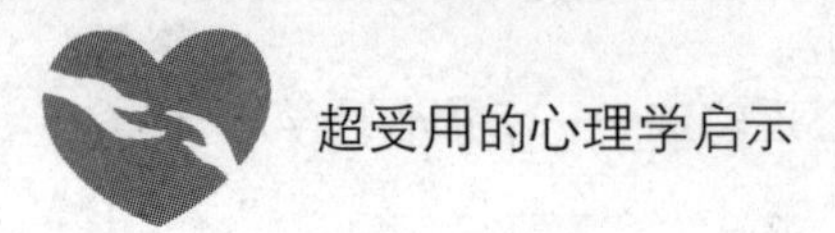

在年轻人梦寐以求的微软公司，曾有一个临时清洁女工升职成正式职工的故事：

她是办公楼里临时雇用的清洁女工，在整个办公大楼里，有好几百名雇员，但她的工资最低、学历最低甚至几乎没有什么学历、工作量最大，而她却是最快乐的人！

每一天，她来得最早，然后面带微笑，开始工作，对任何人的要求，哪怕不是自己工作范围之内的，也都愉快并努力地跑去帮忙。周围的同事都被她感染了，有很多人成了她的好朋友，甚至包括那些被大家公认为冷漠的人，没有人在意她的工作性质和地位。她的热情就像一团火焰，慢慢地整个办公楼都在她的影响下快乐了起来。

盖茨很惊异，就忍不住问她："能否告诉我，是什么让您如此开心地面对每一天呢？""因为我热爱这份工作！"女清洁工自豪地说，"我没有什么知识，我很感激企业能给我这份工作，可以让我有不菲的收入，足够支持我的女儿读完大学。而我对这美好现实唯一可以回报的，就是尽一切可能把工作做好，一想到这些，我就非常开心。"

盖茨被女清洁工那种热爱工作的态度深深地打动了："那么，您有没有兴趣成为我们当中正式的一员呢？我想你是微软最需要的。""当然，那可是我最大的梦想啊！"女清洁工睁大眼睛说道。

此后，她开始用工作的闲暇时间学习计算机知识，而企业里的任何人都乐意帮助她，几个月以后，她真的成了微软的一名正式雇员。

这名女清洁工是怎么获得成长的？就因为她对当下的工作的热爱和对计算机知识的渴望。当她还是一名清洁员工时，她能以正确的心态去面对工作，不是怨天尤人，不是得过且过，而是以一种积极的、感恩的、向上的心去感染周围的每个人。

的确，为自己的目标奋斗的过程才是真正让我们感到幸福的，另外，这个目标还必须是积极的，是能带动我们产生积极心态的。当然，我们依然需要重视当下，重视生活、工作中的每一件事，认真做好当下的事，并修饰你做事的

每一个细节。因为没有小，就没有大；没有低级，就没有高级。每天那些点滴的小事中都蕴涵着丰富的机遇，伟大的成就都来自每天的积累，无数的细节就能改变生活。

心理启示

幸福是与快乐和积极联系在一起的，一个幸福的人，必当有着一个能给自己带来快乐和意义的目标。

第 11 章　悉心育儿，做孩子最好的心理医生——教子心理学

人们常说："可怜天下父母心。"为人父母，都爱自己的孩子，而且常常将对孩子满腔的爱化作了热切的希望——孩子能够拥有一个无比顺利、无比灿烂的未来。但在教育孩子的过程中，如果我们不掌握一些打开孩子心门的心理学方法的话，那么，我们便很容易陷入费尽心力却教不好孩子的困境。为此，我们必须明白一点，应该学一点教子心理学了，用心教育，相信你一定能教育出一个心理健康、爱学习、会学习、积极、阳光的孩子。

沟通的第一步是让孩子把你当自己人

心理学上有个"自己人效应"。所谓"自己人效应"是指对方把你与他归于同一类型的人。生活中，我们常常发现，同样一个观点，如果是自己喜欢的人说的，接受起来就比较快和容易。如果是自己讨厌的人说的，就可能本能地加以抵制。有道是："是自己人，什么都好说；不是自己人，一切按规矩来。"其实，在家庭教育中，我们也可以运用自己人效应与孩子沟通。如此，就会拉近彼此之间的心理距离，孩子也会消除心理压力，就不会对你心存戒心，沟通就会产生良好的效果。

我们来看下面这位妈妈是怎么和孩子沟通的：

这天傍晚，李太太在家做饭，突然，儿子开门进来，冲着在厨房忙乎的李太太嚷嚷："妈，从明天开始，我不去学校了，你别劝我！"

李先生还没下班，倘若他在家，一定会好好教训儿子，但李太太是个善解人意的温和女人，她心想，儿子一定是在学校遇到了什么不开心的事。

“为什么这么说呢？”

“没什么，感觉不大舒服。”

“不舒服，哪里不舒服？怎么不早点请假回来呢？”

“不想耽误学习啊，你别问了，反正我不去。”其实，李太太心知肚明，儿子有劲儿这么嚷嚷，怎么可能是不舒服呢，一定另有隐情。

“可是，今天不舒服，明天不一定不舒服啊，要不，妈妈带你去医院吧。”李太太在说这话的时候，故意露出一点笑容，儿子明白，妈妈看出端倪了，于是，他只好说：“妈，你儿子是不是很没用啊？”

“怎么这么说，我儿子一直是最棒的，有最棒的体格，最棒的学习接受能力，待人温和，还疼妈妈。”

听到李太太这么说，儿子笑了，主动招出了今天遇到的事：“妈，今天老师叫我们写一篇作文，我拼错了一个字，老师就嘲笑了我一番，结果同学们都笑我，真没面子！“

此时，李太太没有说话，只是搂着伤心的儿子。儿子沉默了几分钟，从妈妈怀中站了起来，平静地说：“谢谢你听我说这些事，我要去小胖家了，他还等着我一起复习功课呢。”

从这个故事中，我们发现，李太太是个善于与孩子沟通的母亲，当孩子说不想去上学时，她并没有对孩子进行批评和指责，而是循循善诱，让孩子道出了心事，这样的沟通才是有效的，才能帮助孩子疏解困扰。

的确，对于所有父母来说，他们都希望自己的孩子能把自己当知心朋友，能把什么心事都告诉自己，然而，令父母感到苦恼的是，为什么孩子越大越难沟通了呢？这是由什么造成的呢？其实，孩子也想对父母说实话，只是很多父母不懂沟通技巧，在沟通中多半端着家长的架子，甚至呵斥孩子，孩子又怎么愿意与你沟通呢？因此，聪明的父母会使用一些沟通技巧，让孩子把自己当成“自己人”，这对维持亲子间的良好感情很有帮助。

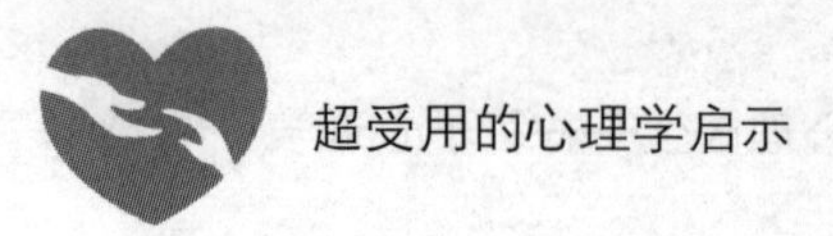

具体来说，让孩子把我们当“自己人”，需要我们做到：

1. 语气温和，态度友善

父母与孩子说话，最好避免用尖锐的语气和带有恐吓的声音，而应尽量对孩子微笑，用欢快、平和的语气与孩子沟通，这样，能让孩子感受到你的爱。

2. 多说“我”，少说“你”

为了能让孩子觉得你和他是站在统一战线、是为了他好，你在说话的时候，不要总说“你应该……”，而应常说“我会很担心的，如果你……”

3. 分享孩子的感受

无论孩子是向你们报喜还是诉苦，你们最好暂停手边的工作，静心倾听。若边工作边听，也要及时做出反应，表示出自己的想法或感受，倘若只是敷衍了事，孩子得不到积极的回应，日后也就懒得再与大人交流和分享感受了。

4. 多用身体语言

作为父母，我们要让孩子感受到，无论什么情况，你都是爱他的，即使他做了什么错事。事实上，有时不说话，而利用身体语言，如微笑、拥抱和点头等，就可以让孩子知道你是多么疼他，不只是在他表现良好时。

同时，与孩子身体接触，能拉近与孩子之间的距离，不难发现，有些父母只是在孩子还很小的时候才会亲孩子、抱孩子，而孩子长大一点后便忽视了这一点。然而身体接触可以令孩子切身体会父母的关怀。同时也别忘了接纳孩子对你们的爱意。

心理启示

家庭教育中，如果我们能巧用“自己人效应”，让孩子感受到父母是理解他的，是能够从他的角度思考和解决问题的，是和他站在同一个立场的，那么，他一定愿意把我们当朋友，愿意与我们沟通。

让孩子从小学会独立

我们都知道，任何人的成长都必须经过一个逐渐成熟与独立的过程，一个人只有学会独立，才能独自面对未来生活中的种种问题。然而，现代社会，很多父母在家庭教育中，一味地重视孩子的学习成绩而忽视孩子独立意识的培养，很明显，这些孩子，一旦失去了可以依赖的人，他们会不知所措，有的甚至无法独自生活。因此，作为父母，我们必须爱孩子，要让孩子独立起来。关于这一点，有个著名的狐狸法则。

狐狸世界的法则是：它们一到成年，便不再与父母住在一起，它们也不靠父母养活，而是自己想方设法生存下来。

在它们还很小的时候，老狐狸就教他们如何捕食，当它们长大成熟后，老狐狸是不允许它们留在身边的，即使小狐狸不愿意，它们也会把小狐狸赶走，让它们独立生存、生活，去开拓新的领域。其实，我们人类何尝不应该如此呢？如果你不知道如何生存，那么你就将会在激烈的社会竞争大潮中被淘汰。

与狐狸世界不同的是，我们看到的人类社会中，在教育这一问题上，很多父母却常常犯这样的错，他们认为，只要孩子学习成绩好，只要孩子考上名牌大学，孩子就会有好的未来。而在生活中，他们却事事为孩子包办，让孩子把所有精力花在学习上，试问，这种方式下培养出来的孩子，除了学习以外，还有独自生活的能力吗？还谈得上参与未来社会的激烈竞争吗？

曾经有个一周岁左右的小男孩，一次被年轻的妈妈牵着小手来到公园的广场前，这个广场上，有个几十级的台阶，母亲原本准备牵着小男孩上台阶，但没想到的是，这个小男孩居然挣开了母亲的手，要自己爬上去。

然而，台阶实在太高了，当他爬了几级台阶以后，他觉得很害怕，就回头看看妈妈，结果妈妈还是站在原地，也没有要抱他的意思，只是给了他一个鼓励的眼神。于是，他回过头来，继续爬，尽管很吃力，但他手脚并用，最终还是爬上去了，直到这时，年轻的妈妈才过去将儿子抱起来，并在儿子的脸蛋上

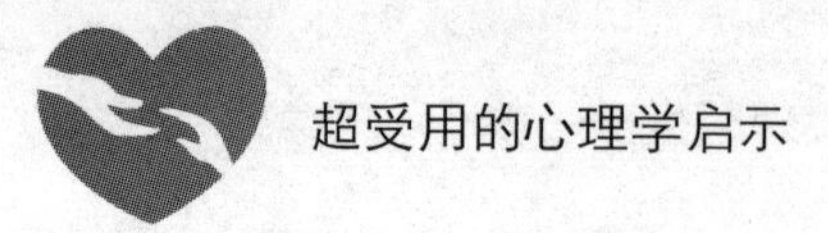

狠狠地亲了一口。

这个小男孩，就是后来成为美国第16届总统的林肯。他的母亲便是南希·汉克斯。

每个人的成长过程就像走楼梯的台阶，随着时间的推移，你走过的台阶就越多。显而易见，如果家长牵着、搀扶着你走，你就会逐渐产生依赖性，最终只会把父母当成拐棍而难以自立。如果你被父母抱着上台阶，那么，你就会成为“抱大的一代”，不经风雨，不见世面，更难立足于社会。

林肯的故事也告诉所有的父母，教育孩子，一定要培养孩子的独立意识，只有独立，才具备生存的能力。“自己动手，丰衣足食”就是这个道理。

根据狐狸法则，我们的家长需要从以下几个方面培养孩子的独立意识和独立能力：

1. 让孩子学会自理

日本的孩子从小就被家长灌输“自己的事情自己完成”的思想，所以日本孩子出外自己背包裹，再重也要自己背，如要别人来帮忙，那会被别人看不起。有的男孩从小就洗冷水浴，一年四季洗冷水，来锻炼自己的意志和吃苦精神。

因此，你不能再对孩子的生活大包大揽，在孩子的能力范围内，你应该鼓励孩子大胆尝试，坚持让孩子自己动手，才能在潜移默化中培养他的自理能力。

2. 让孩子学会独立应对生活中的一些问题

不管做什么事，总会有一个从不会到会的过程。你可以让孩子独立面对一些生活中的小问题：比如，当你出门办事，你可以让孩子自己做饭吃；家里来了客人，应该让孩子学会主动打招呼等。

3. 和孩子一起体验生活

现代社会，很多父母都很忙，孩子也每天忙于学习，造成亲子间的代沟越来越大，而其实，作为家长的你，也可以制造机会与孩子相处，比如可以与孩子参加晨跑，参加体育运动，如一起打球，一起游泳，一起旅行，这样不仅能

增加与孩子沟通的机会，最重要的是让孩子得到了锻炼。

心理启示

所有的父母都很爱自己的孩子，都希望把最好的东西给孩子，但事实上，我们不可能永远陪伴孩子，孩子的人生，我们也不可能替他们走完。如果不能尽早让孩子学会独立，总是让孩子在父母身边有所依靠，那么，当孩子不得不独立去面对这个世界的时候，它将无所适从。因此，任何一个父母，都应该把培养独立自主的孩子当成家庭教育的重要部分，应该多为孩子创造锻炼自己的机会。

不要过于苛责孩子的成绩

曾经有这样一个心理学现象：

在杭州市的天长小学，有个叫周武的老师，1989年，他受邀参加一次往届毕业生的聚会。这次聚会上，他发现一个奇怪的现象：那些担任副教授、经理的学生，在小学时成绩并非十分出色。相反，当年那些成绩突出的好学生，现在却成就平平。

为什么会这样呢？周武对这个问题产生了好奇心，于是，他决定再进行一些验证试验。接下来，他针对151个小学生进行了跟踪调查。十年后，他发现，学生的成长是一个动态的过程。在这种动态变化中，小学生随着就读年级的升高，会出现成绩名次波动的现象：小学时主科成绩在班级前五名的学生，进入中学后名次后移的比例为43%；相反，小学时排在六到十五名的学生，进入中学后，名次往前移的比例竟为81.2%。

实际上，不仅周武，很多教师在教学的过程中，也发现了这样的现象，那些曾经学习成绩好的优等生，在进入大学或者参加工作后，并没有和在学校时一样依然有出色的表现，也多半没能出人头地，而相反，那些第十名左右、成绩一般的学生，在社会生活和工作中却发挥了巨大的潜力，让人刮目相看。于是周武提出所谓“第十名现象”：第十名左右的小学生，有着难以预想的潜能和创造力，让他们未来在事业上崭露头角，出人头地。

这种后来居上的现象便是“第十名效应”。这个效应也告诉所有为孩子成绩担心的父母们，如果你的孩子成绩平平，不必为之担心，只要他有其他各方面的能力，比如，人际沟通能力、领导能力、创造力、协调力等，那么，你的孩子在未来社会就是一个全方位人才。而在家庭教育的过程中，我们也不可对孩子的成绩太过苛刻而忽视了对孩子其他方面能力的培养，实际上，一张成绩单并不能代表什么，我们所熟悉的爱因斯坦和比尔·盖茨在读书时代并不出类拔萃，可后来不也分别成了令世人瞩目的科学家和企业家吗？

可能很多父母感到诧异，为什么会出现“第十名效应”这一现象呢？

对此，周武通过对这些学生的跟踪调查总结出了以下几个原因：那些太过注重成绩的学生，虽然总是能拿到第一、第二的好成绩，但他们所有的精力都投入了学习，便忽视了其他知识的猎取，他们知识面狭窄，心理承受能力也差，而同时，体育锻炼的缺乏也让他们变得体弱多病，于是，在参加工作后，他们根本无法胜任繁重的工作，也无法经受住挫折，最终只能碌碌无为。而相反，那些成绩第十名左右的学生，学习成绩不差，同时，他们并不死读书，在学习时，他们更注重方法和学习能力的培养，另外，他们还喜欢参加各种社会活动、文艺活动、体育活动，他们对学习成绩不是过分在乎。因此，即使没考好，他们也能轻松面对，正因为如此，他们的心理承受能力明显比那些追求第一、第二名的学生强很多。在参加工作后，他们有足够的能力、体力承担各种压力，他们表现得也就更出色。

当然，这里所指的“第十名”是个泛指，并不是指那些成绩刚好排在第十名的学生，而是那些成绩处于中等水平的学生。

其实，我们也不难发现，那些成绩中等的学生有个群体特征：他们并没有得到老师和家长的过多关注，但他们却有着更为自主的学习动力。反过来，那些名列前茅的学生却因为得到长辈们过多的关注而抑制了自己的学习自主性。

事实上，未来社会，一个人要想在激烈的竞争下有所作为，他就必须从孩提时代开始历练自己的多方面的能力，如人际沟通能力、领导能力、创造力、协调力等。而这些能力都是在考试成绩中无法体现出来的。考试第一名并不代表他也是综合能力最强的，因此，作为父母，我们不要对孩子的成绩太苛刻，而忽视了对孩子其他能力的培养。

心理启示

一个人要想成功和成才，起决定作用的是他的全面素质。所以，为了孩子的长远发展，家长千万不能只看重孩子的学习成绩，而应注重孩子的全面均衡发展，一张成绩单不能代表一切。

帮孩子找到最佳记忆模式

我们都知道，人的一生就是由很多记忆组成的，但记忆是个奇妙的东西，很多时候，我们希望记住的事物却常常被遗忘了，有些不经意的事物却被深深刻在了我们的脑海中。而对于孩子来说，拥有好的记忆力能帮助他们更好地学习。然而，令家长们头疼的是，孩子似乎很健忘，刚学过的知识就忘了，要怎样帮助孩子复习才能有好的效果呢？对于这一问题，德国心理学家艾宾浩斯提出了一个著名的遗忘曲线，他经过研究发现，遗忘的时间原本就是从学习之后开始的，而且遗忘的进程并不是均衡的。随着时间的推移，遗忘的速度是先快后慢的。

根据这一规律，后来，又有人做了这样一个实验：

有两组学生，他们在学习完一篇课文后，甲组学生对课文进行了复习，一天后，他们能记住课文的98%，一周后他们能记住83%；而乙组学生则没有复习课文，一天后，他们能记住56%，而一周后，他们仅能记住33%。乙组的遗忘平均值比甲组高。

从这个实验中，我们不难得出一个结论：人们的遗忘是有一定规律的，这

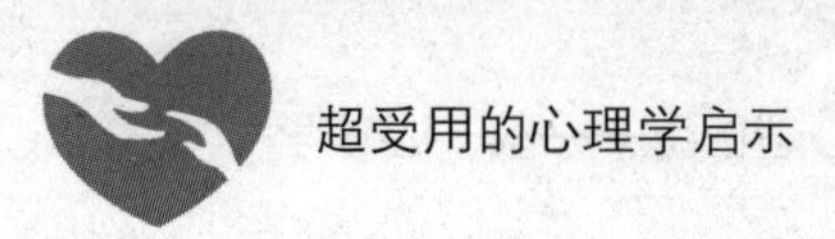

个规律就是：刚开始，遗忘的速度最快，后来慢慢减慢，到了一定的时间后，就不再遗忘了，这就是遗忘的发展规律，即“先快后慢”的原则。

根据遗忘规律，我们可以知道，如果孩子不在一天后抓紧复习所学的知识，过段时间就会忘得差不多了。

因此，父母在了解遗忘曲线的同时，帮孩子做好记忆计划也是十分必要的。具体来说，父母可以指导孩子掌握以下复习要点：

1. 掌握最佳的复习时间

我们要告诉孩子，在听课后，需要尽快进行复习，否则，老师上课的内容很快会被遗忘。

在同学们眼里，玲玲是个过目不忘的人，尤其在英语这门课程上，玲玲似乎什么单词都能记得住，不管老师头一天教了同学们多少个生词，第二天她总是能默写出来。

后来，在一次学习心得交流班会上，玲玲说出了自己的秘密：“其实，我有个记忆的小窍门，不知道对大家有没有用，但自从学习英语以来，我都是这样记单词的。每天晚上睡觉前，我会复习一遍那些单词的拼写和运用，早上醒来后，我会翻一翻晚上放在枕边的书，这样双重巩固后，这些单词就刻在我脑海里了。”

这里，玲玲的学习经验验证了一点：人的黄金记忆时间是晚上入睡前和早上醒来后。

睡前的时间可以主要用来复习白天或以前学过的内容，对于24小时以内接触过的信息，根据艾宾浩斯遗忘规律可知能保持34%的记忆，此时复习便可巩固记忆。

而早晨起床后，重新复习一遍昨晚复习过的内容，那么，整个上午都会对那些内容记忆犹新。所以说睡前和醒后这两个时间段千万不要浪费，若能充分利用，可收事半功倍之效。

2. 单元系统复习

一般来说，一个单元的知识是有一定联系的，并且，老师在带领学生学

习完一单元后，都会对学生进行一个单元检测，在单元复习时，要抓重点和难点，并使知识系统化、结构化。对错题进行再次练习被证明是提高成绩的法宝。

3. 多种形式复习

复习是对已学习到的知识的重新编码，家长应帮助孩子充分利用各种形式整理知识，比如，听、说、读、写、背、看，而不需要机械地采用一种方法。

4. 假期坚持复习

每年的寒暑假以及五一、国庆等，孩子的假期都比较长，家长除了督促孩子完成家庭作业外，还应告诉他们要适当复习，防止遗忘。在节假日，孩子还可以适当阅读课外书，加深和拓宽对知识的理解、巩固和运用。

的确，知识的积累，就像建造房子，从砖到墙、从墙到梁，是一个循序渐进的过程。家长在督促孩子学习的时候，也要掌握一定的方法，这样，孩子复习的时间不需要很长，但效果会很好，磨刀不误砍柴工，就是这个道理！

心理启示

艾宾浩斯遗忘曲线告诉我们，遗忘的规律是先快后慢，特别是识记后 48 小时左右，如果不经再记忆，遗忘率则高达 72%，所以不能认为隔几小时与隔几天复习是一回事，应及时复习，间隔一般不应超过 2 天。

对孩子进行适度的挫折教育

这天晚饭过后，很多父母带着自己的孩子来到小区广场上玩耍，孩子们带的汽车很多，小孩子很容易就玩到了一起，有一个稍大的孩子带着大家用小汽车排队，结果其中一个调皮的孩子居然拿自己的小车撞翻了其他孩子的车。于是，其中一个家长站出来说：“你这种行为是不好的。”大家还没觉得有什么，但是那个孩子却一头扑到他妈妈的怀里放声大哭，这让刚才那位

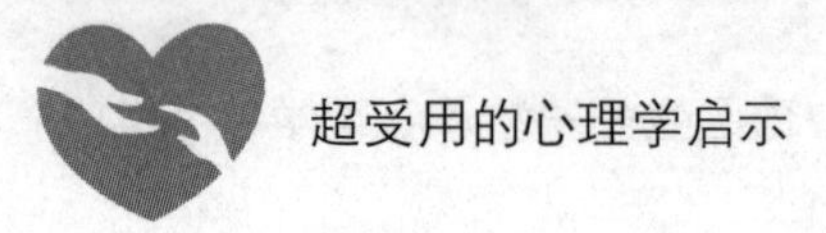

父亲很是尴尬。

其实这样的事例在我们身边就有好多，很多家长都因为太过溺爱自己的孩子，从来舍不得说自己的孩子一句，就算孩子犯了错，也是睁一只眼闭一只眼放任不管，所以孩子连一句轻微的且合理的批评都受不了，如果孩子一直被这样教育着，以后的心理承受力肯定不会好到哪儿去。

人们常说："自古英雄多磨难。"这句充满智慧的警句，生动地说明了一点：从小培养孩子学会应对挫折，会使孩子终身受益。实践告诉我们，要教育好下一代，除了要教孩子掌握一定的科学文化知识和技能外，还必须培养孩子良好的思想素质，人只有经历过挫折，从小培养顽强的意志力、忍耐力，坚韧不拔、不屈不挠的精神，最终才会获得成功，才能在竞争中立于不败之地。给孩子一点挫折，对孩子的一生是大有益处的。这就告诉父母，挫折教育必不可少。关于这一点，心理学上有个著名的"甘地夫人法则"。

印度前总理甘地夫人，不仅是一位非常杰出的政治领袖，更是一位好母亲、好老师。在她教育儿子拉吉夫的过程中，曾有这样一次经历：

在拉吉夫12岁的时候，他生了一场大病，医生建议他做手术。手术前，医生和甘地夫人商量术前的一些事，医生认为可以通过说一些安慰的话来让拉吉夫轻松面对手术，比如，可以告诉拉吉夫"手术并不痛苦，也不用害怕"等。然而，甘地夫人却认为，拉吉夫已经12岁了，应该学会独立面对了。于是，当拉吉夫被推进手术室前，她告诉拉吉夫："可爱的小拉吉夫，手术后你有几天会相当痛苦，这种痛苦是谁也不能代替的，哭泣或喊叫都不能减轻痛苦，可能还会引起头痛，所以，你必须勇敢地承受它。"

手术后，拉吉夫没有哭，也没有叫苦，他勇敢地忍受了这一切。

关于孩子的教育，甘地夫人有自己的心得，她认为，生活本来就不是一帆风顺的，有阳光就有阴霾，孩子在成长的过程中，有快乐，也就会有痛苦。而一个个性健全的孩子就是要接受生活赐予的种种，这样，才能从容不迫地应对未来生活的各种变化。这就是人们常说的甘地夫人法则。

的确，人生在世，谁都会遇到一些挫折，有些是通过自己的努力就能够克

服的，但有些却是人们通过努力也无法克服的。这时候就需要我们增强自己承受挫折的能力，让自己变得越来越坚强。孩子们也是一样，但是孩子的心理承受能力要比大人的更弱，除了学校教育，孩子心理承受力的形成绝大部分与自己的父母有关。

可能有些父母会说，自己爱孩子有错吗？舍不得批评孩子有错吗？当然没错。没有家长不爱自己的孩子，也没有家长愿意看到自己的孩子受到丝毫的伤害，但是真正爱孩子并不是把孩子养在温室里，总有一天孩子要自己去面对这个未知的世界。溺爱孩子，很容易就会让孩子变成易碎的瓷娃娃。他们离开了家长，就会一点挫折也受不了，这样的孩子能健康地成长吗？

当然，父母对孩子实施挫折教育也必须把握好一定的度，否则，很容易让孩子一蹶不振，失去重新站起来的勇气。另外，孩子本身承受能力就要比成人弱，孩子遭受挫折时，父母要适时地对其进行疏导，提升他们的心理素质和挫折承受能力，让孩子变得越来越坚韧。

心理启示

困难和挫折是一所最好的学校，在这所学校里，孩子能历经磨炼，“艰难困苦，玉汝于成”。挫折教育可以增强孩子的适应能力、磨炼意志、形成自我激励机制，有着其他教育所无法替代的作用和价值，这正是孩子成长所必不可少的“壮骨剂”。因此，教会孩子敢于面对挫折，不怕失败，跌倒了自己爬起来，勇于接受艰难困苦的磨炼，这也是父母应尽的义务和责任。

奖励孩子也要有度

心理学家德西曾做过这样一个实验：

这一实验的研究对象是一群大学生。在这一实验中，这些学生需要解答一些有趣的智力问题。实验分三个阶段：

第一阶段，参与实验的所有人都没有奖励；

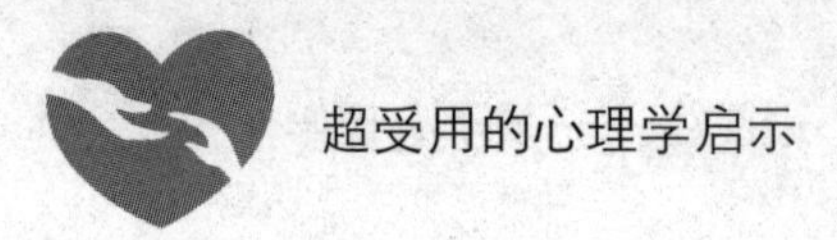

第二阶段，所有的人被分成两组，一组被称为实验组，一组是控制组，前者是有奖励的，他们做完一道题就能获得一美元，而后者是无奖励的；

第三阶段，这个阶段里，参与者可以自由选择答题或者停止。

结果表明：这些参与实验的人中，有奖励的那一组在第二阶段十分努力，但到了第三阶段，他们的积极性就降低了不少，愿意继续答题的人变得很少，也就是说，他们的兴趣在减弱；而相反，无奖励的一组却在第三阶段表现得比前者积极很多。

德西发现：有时候，在外加报酬和内感报酬兼得的时候，人们的工作动机不但不会增加，反而会有所降低。此时，动机强度会变成两者之差。后来，心理学家把这种规律称为“德西效应”。

从这一实验中，我们得出，对于一项会令参与者感到愉快的活动，如果对参与者提供外部奖励，是不会增加反而会屑弱活动对参与者的吸引力的。

从“德西效应”中，我们不难得出一点，对孩子采取奖励措施，只有在正当的情况下，才能产生积极的作用，否则只会起到反作用，让孩子对奖励产生依赖。而事实上，一些父母是这样教育孩子的：比如，一些父母为了鼓励孩子好好学习，就对孩子说：“如果这次期末考试你能考一百分，暑假我就给你买个笔记本”“要是你能考进前五名，我就给你买双××鞋”等。家长们也许没有想到，正是这种不当的奖励方法，将孩子的学习兴趣一点点地浇灭了。

教育学家认为，正确的奖励有助于培养孩子的自我意识和独立能力。很多家长也发现，想要让孩子变得乖巧听话，就要时常奖励他们。但是奖励也是有讲究的。家长要奖励孩子，一定要注意从树立孩子的远大理想这一方面出发，尽量奖励一些对孩子学习有帮助的东西，甚至最好是给孩子成长有帮助的精神奖励等。

在孩子取得一定进步的时候，可以采用多种形式的奖励。但具体说来，我们应遵循以下几条原则：

1. 注意奖励的度

我们可以偶尔对孩子进行一些物质奖励，但孩子毕竟是孩子，他们还不

知道物质财富来之不易，也没有赚取物质财富的能力，因此，我们没有必要对其奖励一些高消费产品。另外，多数家庭的经济收入也并不允许父母这么做。再者，对孩子奖励太过贵重的东西，容易让孩子产生虚荣心、攀比心，这样既达不到奖励的效果，又娇纵了孩子，与奖励的初衷背道而驰，显然是不合适的。

2. 精神奖励为主

其实，孩子最需要的是父母的肯定和鼓励，因此，有时候，我们一句真诚的“你真棒”比给孩子几百元钱更能让孩子产生热情。

当然，我们可选择的精神奖励的范围很广，例如，我们可以为孩子唱一首歌，陪孩子看演唱会或者给孩子买本书等，都能达到激励孩子的目的。

3. 奖励缘由不要只放在学习成绩上

如果我们只是在孩子取得好的学习成绩时才奖励孩子，那么，孩子就会认为，“只有学习才是重要的”，这对孩子的综合能力和良好品质的形成都是不利的，因此，只要孩子在任何一方面有进步，我们都应该奖励，例如，孩子助人为乐、孩子在游戏中获胜等。

4. 不可失信于孩子

无论你答应给孩子什么奖励，你都要做到，这样的奖励才会让孩子心服口服，达到奖励的预期目的。

5. 可让孩子选择奖励的方式

采取这一奖励方式对孩子的自主能力的培养是很有帮助的。例如，当孩子取得好成绩后，你可以问孩子的意见，让他自己决定想得到什么……给孩子一定的主导权，才是最受孩子欢迎的奖励。同时，这种给孩子更多主导权的奖励，十分有助于孩子多种能力的培养。

心理启示

心理学认为，动机是一个人发动或抑制自身行为的内部原因。当动机达到最佳水平时，活动效率就会达到最大值；而动机不足则会使活动效率降低。可见，

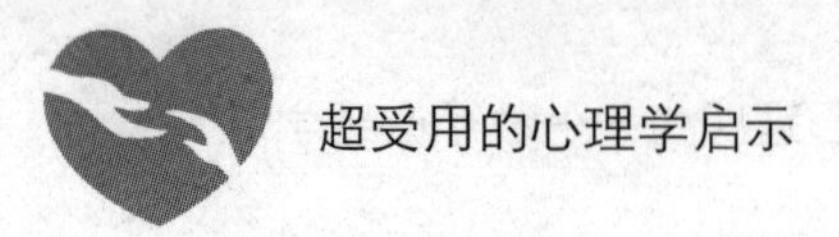

为了鼓励孩子继续努力做某件事而奖励孩子时，一定要注意适当、正当奖励，要以精神奖励为主、物质奖励为辅，并让孩子拥有主导权，从而最终起到奖励孩子的目的。

呵护孩子脆弱的内心

这天，妈妈带着女儿参加自己大学同学的聚会，在聚会上，有一位阿姨看到小女孩可爱、漂亮，便夸奖道：“想必在家也一定乖巧可爱，自己的房间一定特别整洁吧？肯定不像我家男孩子的屋子乱糟糟的！”此时，十岁的小女孩心跳加快起来，她赶紧用眼角的余光看了看母亲，因为她很害怕母亲会揭自己的短，这会让自己很没面子，然而，这位母亲却是智慧的，她赶紧接过话说：“是啊，在家也挺乖的，房间都是她自己整理的。”小姑娘一听，顿时松了口气。聚会后，女儿用一种感激的眼神看了妈妈一眼，此时，妈妈假装生气地对女儿说：“妈妈可就帮你一次，以后就看你表现了。”

这是位智慧的母亲，相信经过这次心惊胆颤的经历后，这位在外面光彩亮丽的小姑娘在家也会自觉主动地整理房间。的确，孩子的自尊心比我们想象的要强得多，在家中被父母批评，孩子已经感到十分难为情，更别说公共场合了。这会严重伤害到他们的自尊心，因此，作为父母，也一定要学会给孩子留面子。

我们都知道，为人父母，除了给孩子生命，还需要教育他们，孩子犯错了，批评管教少不得，而孩子心灵是脆弱的，我们批评教育孩子，千万不能过度。因此，任何批评，都必须讲方法，如果孩子犯错，就采取谩骂、呵斥的方式，那么，不但不能让孩子接受并改正错误，还会让孩子产生逆反情绪。

关于这一点，有个著名的“超限效应”。所谓“超限效应”是指刺激过多、过强或作用时间过久，从而引起的心理极不耐烦或逆反的心理现象。家庭

教育中，父母过分的叮嘱、管教不但不能起到预期的效果，反而会使孩子的神经细胞处于抑制状态，从而作出逆反的反应。因此，任何一个父母，在教育孩子的时候，都应把握一个度的问题，时间不能过长，内容也不应过多。

心理专家告诉我们，在批评和尊重之间，了解孩子的承受能力，并选择适合的批评方式，会帮助父母找到平衡，但父母们必须掌握以下几个在批评孩子时说话的原则：

1. 注意时间和场合

批评孩子要避免以下三个时间：清晨、吃饭时、睡觉前。

在清晨批评孩子，可能会破坏孩子一天的好心情；吃饭时批评孩子，会影响孩子的食欲，长此以往会对孩子的身体健康不利；睡觉前批评孩子，会影响孩子的睡眠，不利于孩子的身体发育。

2. 点到为止

有些家长训教孩子喜欢没完没了，而且还时不时地斥问孩子："我的话你听见了没有？"孩子慑于家长的威严，为了免受皮肉之苦，只能别无选择地说"听见了"，其实他可能什么都没听进去，甚至左耳听了右耳出，根本就没听。家长在教育孩子时务必改掉爱唠叨的毛病，凡事点到为止，然后观察孩子的反应再采取适当的应对措施。

3. 就事论事

作为受罚者，孩子最厌恶父母翻出之前陈芝麻烂谷子的事情，可作为过来人的很多家长却不了解这个道理，训教孩子时总忘不了东扯西拉、横牵竖连，说出孩子的种种不是来，有的甚至将孩子说得一无是处，直至忘记了本次训教的主题。

4. 批评孩子之前要让自己冷静下来

孩子犯了错，家长担心孩子会学坏很正常，难免也会产生一些情绪，但千万不能因为一时情绪而说出不该说的话，做了不该做的事而伤害到孩子。

5. 切忌讽刺挖苦

父母惩罚孩子应力戒讽刺挖苦，更不能自恃"孩子是我生的、是我养的"

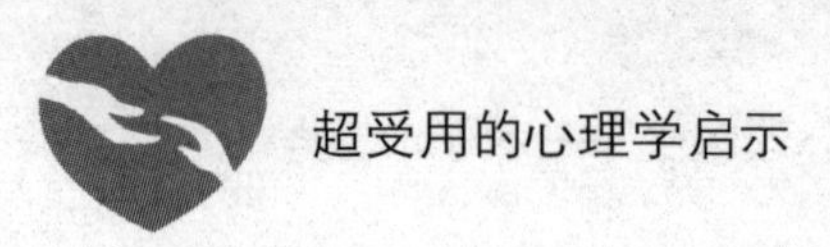

而随意用恶毒的语言指责谩骂孩子。实践证明，讽刺挖苦和恶语谩骂已超越了孩子的理智能够接受的范围，将会刺伤孩子的自尊心。

6. 给孩子申诉的机会

当孩子犯错后，不要剥夺孩子说话的权利，要给孩子一个申诉的机会，让孩子把自己想说的话和盘托出，这样家长会对孩子所犯的错误有一个更全面、更清楚的认识，对孩子的批评会更有针对性，也让孩子能心悦诚服地接受自己的批评。

7. 批评孩子之后要给孩子一定的安慰

孩子犯错后，情绪往往会比较低落，心情往往也会受到影响。父母在批评孩子后，应及时给孩子一些心理上的安慰，从语言上来安慰孩子，如说些“没关系，知道错了改正就行”、“我知道你是个聪明的孩子，自己会知道怎么做”、“爸爸妈妈也有犯错的时候，重新再来”之类的话。

其实，孩子犯错，家长可以选择的惩罚方式有很多种，而打骂却是其中最为极端的行为。这样做，只会让孩子的肉体和心灵都受到伤害，让孩子逆反心理加重，最终导致你的孩子无法管教”；而适当、适时的科学的惩罚却能对孩子起警戒作用，促使孩子改正错误，从而收到以罚助教、以罚代教的效果。

心理启示

孩子在成长的过程中需要家长的表扬与鼓励，同时孩子犯错的时候也要惩罚。不过批评惩罚孩子，一定要掌握好分寸，做到“恰到好处”，才能使你的训导对孩子起到“四两拨千斤”的作用。

别一直用老眼光看待孩子

苏联社会心理学家包达列夫，做过这样的实验，将一个人的照片分别给两组被试者看，照片的特征是眼睛深凹，下巴外翘。向两组被试者分别

介绍情况，给甲组介绍情况时说“此人是个罪犯”；给乙组介绍情况时说“此人是位著名学者”，然后，请两组被试者分别对此人的照片特征进行评价。

评价的结果是，甲组被试者认为：此人眼睛深凹表明他凶狠、狡猾，下巴外翘反映着其顽固不化的性格；乙组被试者认为：此人眼睛深凹，表明他具有深邃的思想，下巴外翘反映他具有探索真理的顽强精神。

为什么两组被试者对同一照片的面部特征所作出的评价竟有如此大的差异？原因很简单，是人们对社会各类的人有着一定的定型认知。把他当罪犯来看时，自然就把其眼睛、下巴的特征归类为凶狠、狡猾和顽固不化，而把他当学者来看时，便把相同的特征归为思想的深邃性和意志的坚韧性。

刻板效应实际就是一种心理定势。心理学上的“刻板效应”，又称定型效应，是指人们用刻印在自己头脑中的关于某人、某一类人的固定印象，作为判断和评价他人的依据的心理现象。例如：我们常会认为老年人是保守的，年轻人是爱冲动的；北方人是豪爽的，南方人是善于经商的；英国人是保守的，美国人是热情的等。

实际上，在家庭教育中，许多父母在看待孩子这一问题上，都会犯刻板效应这一错误。在父母眼里，孩子有改不完的错，而看不到孩子身上的点滴进步。这种刻板心理往往造成父母评价孩子时过于消极，从而造成亲子关系的紧张，让孩子产生逆反心理。

那么，在教育孩子时，我们怎样才能避免刻板效应呢？

1. 要用发展的眼光看待孩子

我们的孩子总是在不断成长的，不断变得成熟的。因此，今天的他和昨天的他不一样，明天的他更会不一样。

另外，在孩子眼里，他们最渴望获得的就是父母的认可，如果你能看到他的变化，看到他的努力并及时鼓励他，那么，他一定很欣慰，一定会继续努力，并且愿意与你沟通，愿意把你当成最好的朋友。相反，如果我们总是以老眼光看待孩子，那么，时间一长，得不到认同的孩子便不愿意向你敞开

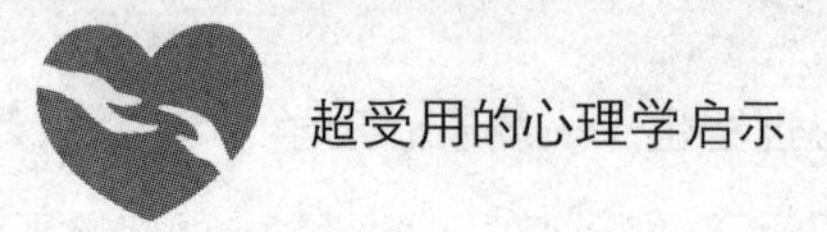

心扉了。

然而，生活中，我们经常听到一些父母在外人面前这样教训自己的孩子："你就不能和××学学？你的成绩总是那么糟……我不想看到你这个样子。"作为父母，你是否想到过，其实你的孩子已经很努力了，他已经进步了很多，而你看到了吗？明智的父母则不是如此，他们会看到孩子身上的点滴进步，在孩子有任何一点的进步时，他们都会夸奖孩子，让孩子感受到父母对自己的爱和关注。

每一个父母在教育孩子时，都要让孩子明白一点，无论他的成绩如何，只要他努力了，就是好孩子。

2. 要客观地看待孩子所做的事

无论你的孩子做了什么，你都要从事情本身评价，这样，才能避免因刻板印象而误解孩子。

3. 要全面地看待孩子

有时候，我们之所以会刻板地看待孩子，是因为他们把眼光放到了孩子的某个方面或者某些方面，而假如我们能全面地看待孩子，我们就能发现孩子很多其他的优点，例如，你可能会发现，你的孩子虽然学习成绩不太好，但他的人缘却很好，别人总是愿意和他交朋友，对于这点，你夸赞过他吗？

心理启示

在社会心理学中，这种用老眼光看人所造成的影响，称为"刻板效应"。它是对人的一种固定而笼统的看法，从而产生一种刻板印象。家庭教育中，我们要看到孩子点滴的进步，要学会从多方面看待孩子，只有这样，才能对孩子产生认同感，才能加深亲子间的关系，从而有利于家庭教育的顺利进行。

责任感的培养是大事

可能每个处于迷惘期的孩子都会产生这样的疑问："我为什么来到这个

世界？我到这个世界为谁而活？”一些孩子由于缺乏正确引导，错误地认为：是父母让我来到了这个世界，所以我不必为自己的所作所为负责，我的一切行为都可由父母为我埋单。于是，我们不难发现，一些孩子在犯了错误后，他们会把责任推向他人，或者把自己的责任与他人的责任混为一谈。不管孩子的这种行为是无意识的，还是习惯性的，这对孩子成长、发展的影响都是非常不利的，因为无论是在学校里，还是在社会中，没有人愿意与一个喜欢推卸责任的人相处。有关专家表示，孩子之所以能够心安理得地把责任推向别人，是因为他们经常能够找到“合理化的理由”来“骗”自己。

刚开始找理由来“欺骗”自己和家长时，孩子的内心也会不安，但如果家长没有及时地让孩子意识到自己的责任，久而久之，孩子就会坦然地接受这一切，甚至到最后都看不到自己的缺点和不足，这时推卸责任就会变成孩子的一种习惯，内化为一种性格，这对孩子的成长是极为不利的。

所谓责任感，是人们对自己的言行带来的社会价值进行的自我判断，并从中产生情感体验。这种体验来自对自己行为后果的反馈，同时又激励、督促自己去履行一定的义务，以实现一定的行为目标。关于责任感，有个著名的心理学效应——融合效应。

融合效应指的是，一个人在受挫或者犯错误后，因为害怕承受压力，而将自己应尽的责任与他人的责任混在一起，以平分过失，来减轻心理愧疚的消极心理效应。

事实上，我们发现，这一心理效应在未成年的孩子身上尤为明显，例如，在玩耍的过程中，几个孩子将他人的物品损坏了，他们会说：“又不是我一个人的错。”他们之所以有这样的态度，是因为每个人都认为这比独自一人承担要轻松得多，大有“平摊过失”之意。

融合效应是个消极效应，它有推卸责任、降低责任感之嫌。所以，作为父母，在教育孩子的过程中，一定要让孩子拒绝这种心理。

现代教育是一个系统工程，它需要家庭、学校、社会的共同努力。家庭是个人加入群体、是孩子与社会接触的第一站，是各种能力培养的基地，是个人与社会的桥梁。

因此，对家长来说，培养孩子的责任感，正确的教育方法很重要。从现在起，作为父母，一定要走出那些教育孩子的误区，具体来说，家长可以做到：

1.言传身教，为孩子作出榜样

一个对家庭、社会毫无责任感的父母，不可能培养出有责任心的孩子。因为父母的言行对孩子来说，就是一面镜子。因此，作为父母，我们无论作出什么许诺，都要尽可能地实现，如果不能实现的话，一定要向孩子说明。

2. 让孩子学会先对自己负责

对自己负责就要自己的事情自己做。例如，父母要让孩子做到这些：早上闹钟响起时，就应该立即起床，而不应该拖拖拉拉。即使刮风下雨，也不应该成为迟到早退的理由。自己的书包、课桌、床都应该学会自己整理。

也就是说，你要让孩子明白，自己的事情要自己解决，不能依赖父母，要让他记住“这是我的责任”。

3. 培养孩子的孝心，让孩子对家庭负责

作为家长，我们需要让孩子了解一些基本的家庭情况，例如，父母的难处、长辈的生日等，另外，还可以让孩子参与一些家庭讨论，也可以让孩子表达自己的孝心，比如，当家里的长辈过生日时，你可以要求孩子自己动手制作一份生日礼物，并让他写上一句知心的话，让孩子感到家庭的美满幸福。另外，我们还可以让孩子参与一些家庭劳动，帮父母做些力所能及的事，从而让其记住“这是我的责任”。

4. 鼓励孩子大胆参加集体活动，让孩子对集体负责

如果你的孩子性格内向，不愿意参加一些集体活动，你一定要给予鼓励：“我相信你一定可以表现得很好！”父母的鼓励是对孩子最大的肯定。同时，当孩子在集体中犯了错误时，也要鼓励孩子承担责任。

心理启示

一个缺乏责任感的人不能称为成熟的人，对孩子来说，责任感不是大而空

的东西，培养孩子的责任感要从让孩子学会对自己负责、对他人负责做起。总之，当孩子做错事时，家长先不要急于惩罚孩子，而是要通过正确的方式让孩子认识到自己的错误，并愿意为自己的行为负责。

给孩子足够的空间去成长

在美国的一家大公司的集体办公室内，有一个漂亮的鱼缸，鱼缸里有十几条名贵的金鱼，凡是进进出出的人都会被这十几条美丽的鱼吸引住。

这些鱼来到这家公司的两年时间内，它们一直保持在三寸的长度，它们也过得自得其乐。可是她们的命运在一次偶然的事件中改变了。

有一天，董事长调皮的儿子来找父亲，结果一不小心将鱼缸打碎了，可怜的小鱼没有了安身之地，大家都急忙为小鱼寻找各种容器。最终，一个聪明的职员发现院子内的喷水池很适合养鱼，于是，人们把那十几条鱼放了进去。

两个月后，这家公司的董事长吩咐工作人员再买来一个新的鱼缸，人们纷纷跑到喷水池那里去“迎接”小鱼回家，十几条鱼都被捞起来了，但令大家非常惊讶的是，仅仅两个月的时间，那些鱼竟然都由三寸来长疯长到了一尺！

到底是什么原因让这些小鱼在两个月内长了这么多？原因有很多，可能是喷水泉的水更适合鱼儿生长，也有可能是水中含有某种矿物质，也有可能是鱼儿吃了某种特殊的食物，但无论如何，我们不能否定的一个重要因素是，喷水池要比鱼缸大得多！

这就是著名的“鱼缸法则”。其实，对于成长中的孩子来说，他们何尝不也是这样呢？鱼儿需要广阔的空间生长，孩子也需要自由的空间。当你的孩子慢慢长大，你就应该学会慢慢放手，如果你还有想要为孩子安排一切的冲动，那么，你必须克制住自己。如果我们束缚住孩子的手脚，让孩子不许做这个，不许做那个，对孩子大包大揽，那么，孩子会感到窒息，他的一些优良的个性心理品质也会被压抑。而随着孩子慢慢长大，他们的自主意识也越来越明显，对于无法呼吸的成长环境，他们一定会反抗，那么，亲子关系势必会变得紧张起来。

有一种爱叫做“放手”，爱孩子是父母的天性，父母不管做什么都是为了自己的孩子好，但是作为父母还是要注意自己爱孩子的方式，爱并不等于控制。让孩子自由成长，能让孩子感到来自父母的尊重和爱，那么，他们也会更加爱你。

那么，怎样才能给孩子提供一个足够自由的空间呢？

1. 为孩子提供一个宽松的精神空间

在学校，孩子接受的是一种严厉的管教方式，而如果再回家后，父母还是对他们严加管教，那么，他们的神经就会绷得紧紧的，这样的生活环境，既不利于孩子的身心健康，也不利于孩子的学习。因此，家长不要为了管教孩子而继续学校的教育方式。

2. 为孩子创建一个民主和谐的家庭氛围

家长不要想着怎么去命令孩子、强迫孩子接受自己的想法，而是时刻让孩子说出自己真实的想法，然后双方同时作出调整。不要觉得自己是家长就一定是严厉严肃的。家长可以时不时地开个家庭小会，和孩子一起畅谈。

3. 不要过度保护孩子

孩子的成长过程虽然是充满恐惧的、战战巍巍的，但也是充满乐趣的。他们会摔跤，但作为父母，我们不能扶着孩子走。因此，如果你的孩子想尝试，那么，你应该鼓励孩子，让孩子有尝试的勇气，而不是这样说：“算了，多危险，不要做了。”“小心点，你会伤害自己的！”“你不能做这个，太危险了！”这样，孩子即使想尝试，也会被你的提醒吓退的。

4. 多鼓励，少支配、训斥孩子

对于那些学习吃力的孩子，你最好不要变本加厉、批评孩子，而应该耐心疏导、正面鼓励，帮孩子找到正确的学习方法。而对于学习顺利的孩子，也

要帮助孩子解放思想，培养创造性和创新意识。现有关研究表明，孩子是否有创造力和创造力如何，是与家庭环境有莫大的关系的。如果家庭不民主，对孩子过多地训斥、支配，则儿童的思维就会表现出刻板、呆滞、创造力低下的状态。对具有创造力的儿童的家庭进行的调查发现，这些孩子的父母的共同点是：他们主张地位平等，允许儿童自由表达个人的观念等。

总之，为人父母，我们爱孩子也要给孩子一定的自由，爱孩子就要时刻与孩子做有效的沟通，而不是让孩子完全服从自己的思维。孩子虽然是被爱，但也需要自主权。家长们也可以在关爱他们的同时给予他们自由，多给他们一些自己的空间，孩子才会更加喜欢与自己的父母交流。

心理启示

孩子的成长需要自由的空间。自由就好像空气一样，孩子成长的过程中，没有自由，他们是无法健康、快乐地成长的。因此，要想使孩子成长得更快，父母就需要给孩子提供足够的自由空间，而不要限制孩子的自由。

第12章　甜蜜爱恋，爱情生活中的心理博弈——婚恋心理学

每个人都希望自己的恋情是甜蜜的，婚姻是幸福的，但是男人和女人在相处的过程中总是会出现许多难题和困惑，也总会有一些你想不明白的事儿：结婚后如何兼顾工作和家庭？怎样处理好两个家庭之间的关系？爱情和婚姻中的疑难杂症可谓多种多样，让人头疼。如果你懂一点婚恋心理学，掌握爱人和自己的心理，那么在爱情的路上你会走得更加顺畅。

战胜婚姻恐惧症

现代社会的男女青年，大多数是独生子女，从小过着“衣来伸手、饭来张口”的生活，即使工作之后，也是自己赚钱自己花，不用去考虑太多生活上的琐事。爱情是美好的，恋爱是诱人的，都市男女经历了爱情的洗礼，总希望有个稳定的结局，但是一思及成家后的责任、束缚，很多女人犹豫了，退缩了，甚至出现“逃婚”事件，在这个“婚恋自由”的社会屡屡上演。

老人们都说，恋爱、结婚、生孩子本是人生三大喜事，可是随着婚期的临近，许多准新娘准新郎都从心理产生一种莫名的恐惧，这被称为“婚前恐惧症”。“婚前恐惧症”又叫“结婚恐惧症”，是在新人举行结婚仪式前一周或一个月最容易产生的消极心理情绪。心理学家说，这其实是一种“回避心理”在作祟。

当然，“婚前恐惧症”是那些已经有婚约或者即将举行婚礼的人才会出现

的状况，而现代社会，很多年轻人恋爱期间就已经患上了“婚姻恐惧症”。网络发达，信息传播自由、迅速，使人类的生活节奏也随之加快，然而面对媒体铺天盖地的对婚姻的分析，对“围城”的剖解，人们过早地认识到了婚姻的责任和麻烦：婚后的琐事、孩子的生养教育、婆媳关系的处理以及老公是否会出轨等问题都早已列上了女性“婚姻账单”之上。很多人因为怕自己无法承担如此多的压力而选择不婚或者延迟婚期。

就像小林说的：我是个80后的女孩子，一直都没有谈过恋爱，我所在的公司，有很多男同事都离婚了，如婆媳关系处理不好的，如有一方有外遇的，这让我感到婚姻太不可靠了，也让我不敢轻易相信男人。我担心，自己也会经历恋爱、结婚然后再离婚的过程，如果那样，还不如一直单身，因此便对一些对我有好感的男孩敬而远之。可每当节假日来临的时候，我又感到特别寂寞，甚至连个发短信问候我的男孩都没有，我又觉得自己很失败。现在，我时常处于这样矛盾的心情中，无法排解。

每个人对婚姻都或多或少地有自己的担心，像小林一样的女孩子在如今的社会上有很多，一方面被爱情吸引，一方面又害怕责任太重、自由被束缚，在爱与不爱之间徘徊多年，蹉跎了大好青春，到最后还是没有找出答案。

一位心理学家在课堂上经过这样一个故事：

琼斯是明星报的年轻记者，他对自己的工作表现很不满意，总认为自己的能力平平，畏惧接受看似有一定难度的工作任务，因此他的工作总是停留在打杂的档次。

有一天，报社新闻采访部的上司交给琼斯一个任务：“你去采访一下大法官布兰代斯吧？”

琼斯大吃了一惊，说道：“要我去采访大法官布兰代斯？人家根本就不认识我，又怎么肯单独来接见我呢？”

“你不去试试又怎么知道人家不肯接见你？”新闻采访部的上司显然有些生气了，“年轻人呢，你必须学着独立行动才行，否则永远也成长不起来的！”

说完，新闻采访部的上司就摸起电话拨了一串数字：“喂，请问是大法官布兰代斯秘书处吗？我是明星报的新闻记者琼斯（站在旁边的琼斯惊讶得张大了嘴巴），有一篇稿子想去采访大法官先生，不知道是否可以安排接见一下？”

只听电话那一端愉快地答应了：“好的，那就安排在今天下午吧……”

放下电话，新闻采访部的上司拍着琼斯的肩膀说：“喏，我已经给你预约好了，是下午一点十五分，你记得按时过去！”

接下来的新闻采访，琼斯进行得非常顺利，而且稿子也写得特别好。

后来，琼斯不止一次地对人说道：“也就是从那个时候开始，我学会了单刀直入的做法，虽然做起来不太容易但却十分有用。因为，只要一次克服了心中的畏怯，那么下一次也就容易得多了。”

战胜恐惧，也许那只是一小步，但是那一步你迈出去了，对你的人生发展就有很大的意义。对自己来说这是一种突破，战胜了自己内心的怯懦。

人们对婚姻的恐惧，似乎就像琼斯不敢相信自己有能力去采访大法官一样，他认为高高在上的大法官不是他一个新上任的小记者能够企及的。然而他这种担心全是来自于别人的经历教训，或者说只单单地是对未知的一种恐惧。心理学家说，面对婚姻，人们应多看看婚姻中美好的部分，只看到婚姻中阴暗的部分，不可能正确认识婚姻的美好和意义。正确审视周边人的婚姻生活，你会发现失败的婚姻并不是大家想象的那么多，甜蜜的三口之家比比皆是。

有人说“婚姻就像鞋子，合不合脚只有自己知道”，对于那些还没有穿上婚姻这双鞋的人，听了别人说鞋子小就认为所有鞋子都是小的，听别人说鞋子磨脚便打消了穿鞋的念头，殊不知也有很多人正在享受着双脚有鞋子保护的温暖和乐趣。每个人都是独一无二的，自己的鞋子只有自己试了才能知道好与不好。

心理启示

生活中或许真的有很多不幸的婚姻，但一方面是由于每个人性格的差异，一方面也是由于媒体的渲染。你可以经常和身边已结婚的朋友探讨婚姻生活的美好，增加自己对婚姻的憧憬。此外，有恋人的可以和对方彻谈一次，分析你和他料理生活的弱点，共同商量结婚以后遇到此类情况的应对措施。同时展望以后婚姻生活的美好，增加对婚姻的信心。仔细看看，其实身边幸福的例子很多，多看看幸福的婚姻，多想想好的方面，一切恐惧都会烟消云散。我们不能因为一颗葡萄酸就认定所有葡萄都是酸的，说不定有些人还比较喜欢酸的呢？

幸福不是做给别人看的

不同的女人，对幸福婚姻的定义也不同。屈从于虚荣心的，把那一点心力，都放在维持表面的荣耀上，哪怕内心已经一片黯然；也有的女人是务实派，和先生双双出现在社交场合时，小鸟依人，温柔贤惠，回到家里，才彻底放松，恢复“野蛮老婆”的本来面目。幸福与不幸福，本来也没有绝对的界限，如果你所求的，就是你所得的，也就可以满足。可是如果在自己内心，也总是充塞着无法排解的委屈，那么很可能就要出问题了。

有一个名叫韦格的奥地利女孩，天生丽质，聪慧可人。她在一所大学专修油画，她的男友为她筹备个人画展。当出现经济危机时，男友鼓励她参加世界小姐选美大赛，因为初赛的奖金高达5000美元。她去了，而且一路到了拉斯维加斯。她成了1987年度的世界小姐。

韦格想开画展，可她已经不需要画展了；韦格想和男友浪漫缠绵，可她也不缺少浪漫了。身为世界小姐，她一下子站在了荣耀和财富的顶端。

当她的事业如日中天之时，她患上了一种名叫克里曼特的综合症。这种病症的最大危机在于，双眼视力逐渐衰竭，直到失明。韦格几乎是绝望地陷入黑

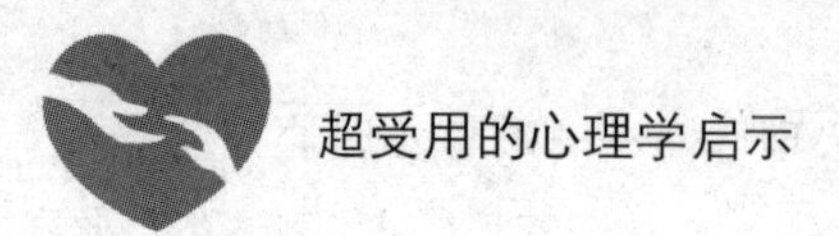

暗之中了。消息传出，一位名叫帕迪的南非小男孩给她寄来了一包土，说他们那里的人用此治病。韦格不相信那包土，怀着姑且一试的想法用了，奇迹却发生了，她康复了。

韦格后来嫁给一个美国富翁。她先后嫁了六次，可是没有一个男人令她倾心。她自杀了。

关于这个故事，一百个人会有一百种说法，可我要告诉你的是：你可以用自己不喜欢的方式赚到财富，也可以用自己不相信的药治好病，但你无法从自己不爱的人身上获得幸福。

“如鱼饮水，冷暖自知”，表面上的风光荣耀都代表不了你内心的甘苦。

王青一直认为自己很幸运，找了一个帅哥，一个被众姐妹羡慕的白马王子。但那是个白天的戏，夜晚来临，她就得扮演披头散发的女奴。

丈夫比自己小三岁，家庭背景体面，又在外资企业里做主管，风度翩翩。但实际上，这个男主角外壳坚硬，善于虚张声势，而内心却很自卑，不知是否因为“性”心不足，而诱发信心的减分。

可是，这个在外被大家“宠”坏的长不大的孩子，占有欲又极强。于是，便借一次又一次对妻子的征服、欺凌、虐待，来确定自己的权威与魄力。

在这桩外人叫好、内人心酸的婚姻里，男主角不想承担什么责任，也害怕责任；可他又要要家长威风，最变态的，便是几乎夜夜都要打太太出气。

而更可悲的是，女主角王青居然忍了近十年，她说，总以为他还小，要小孩子脾气，忍一些时日，他会浪子回头的。

她在做梦。这种人格不成熟的男人，或许只适合谈恋爱，却不适合做丈夫和父亲。每次丈夫动粗时，王青只苦苦哀求，别打她的脸就好，因为那会被别人看到，那很丢人！

总以为哀兵政策会软化他冷酷的心，总以为他会长大，不再分裂成白天与夜晚截然不同的两种角色。但这是痴心妄想！

或许，爱神真的是个瞎子。他只负责给你冲动、感动、激动，他只诱发你幻想、变傻、变痴，然后只见树木、不见森林……他让当局者迷失方向，情不

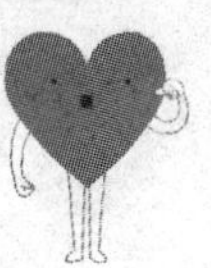

自禁，却又不自知、不觉醒，赔了青春之后，才发现一切已晚了，只好忍着，以为太阳下山了，还有星星会缀补那颗受伤的心……

忠贞，但不要愚忠；放弃，但不要失去自我。幸福如同穿鞋是否舒服，只有自己知道，不是做给人看的。有些幸福，对自己而言，是如此真实，但在外界看来，却不精彩；有些“体面”与“光荣”，人们是如此看好，但身陷其中的你，才真正体会到“败絮”的无奈。这时，你要清醒，要学会保护自己，学会一点点自私，毕竟，爱神是不管“幸福”一事的，只有你才可以创造幸福。

心理启示

幸福的婚姻里，平淡是真，一位著名的作家说过：别拿浪漫折腾生活！

1．不要中了“浪漫”的毒

也许你总是埋怨丈夫死板不够浪漫，但你是否想到过，我们身边的“浪漫”已经带着太多的人工痕迹，只是商家刻意制造的。

2．不盲目地羡慕别人

不要只看到别人的浪漫，要想想，人家的浪漫也是偶尔为之的，浪漫的背后也有不和谐的一面。

3．培养乐观的情绪

每天告诉自己，生活原本就是这样的，平淡但稳固，没有轰轰烈烈但也有小情小调，这也就足够了。

异性之间的交往要适度

异性相吸是一种自然反应，在工作和社交中适当运用男女之间这种微妙的关系，处理事情会比较顺利和省心。

俗话说，士为知己者死，女为悦己者容。我们活着是为了自己，而不是为了别人，但异性吸引定律作用于每个人的心理。

在生活中，我们经常可以看到这种现象：商场中卖男士用品的专柜多是女服务员居多；在同一家发廊，会有不同性别的几名理发师为顾客服务，当顾客是女性时，更多的时候，男性理发师会热情招呼。异性在服务过程中的交流和夸赞，在自己的心里会占很大的分量。这也是异性吸引定律的一个表现。

张女士是某公司公关部经理。她联系颇广，出师必胜，为公司立下了赫赫战功。公司的原料奇缺，材料科的同志四处奔走，却连连碰壁，而张女士外出联系，不久问题便迎刃而解。公司资金周转严重失灵，急需贷款，急得总经理像热锅上的蚂蚁一样。又是张女士风尘仆仆，周旋于银行之间，竟获得贷款上百万元。张女士因此备受领导器重，工资、奖金一加再加。

有人试图总结张女士成功的秘诀，发现她除了具有清醒的头脑、敏捷的口才、丰富的知识和阅历、待人接物灵活之外，在以男性为主的商场上打拼，她端庄的容貌、典雅的仪表对异性的吸引也起到了很大的帮助作用。

心理学家分析这一案例时说，张女士成功的原因主要在于：如今的社会还是一个男性占很大优势的社会，外出办事多数要和男性打交道，由女性出面较为顺利，这便是心理学上所谓的“异性效应”。这种现象是建立在异性相吸的基础上的。人们一般比较对异性感兴趣，特别是对外表讨人喜欢、言谈举止得体的异性感兴趣。这点女性也不例外，只不过不如男性对女性那么明显。有时为了引起异性注意，男性还特别喜欢在女性面前表现自己，这也是“异性效应”在起作用。

异性之间的吸引在爱情中体现得更为直接和明显。有些心理学家把异性吸引称为一种化学反应：异性之间的吸引是一种化学反应过程，是由身体受到某种自然刺激产生的，比如视觉、听觉、嗅觉及触觉等。当你的这种感觉和你事先设置的形象符合时，你便会被他（她）吸引。

心理学家海伦说：“我们的研究是基于人类在情感萌动时期混沌状态中的一种潜意识，那时的我们就有一种完美伴侣形象的构想。”

当这种存在于脑海中的完美形象与现实生活中的他（她）对上号时，就可能被对方深深吸引，产生一种强烈地“倾慕感”，即“一见钟情”。

“情人眼里出西施”这句话经常用来描述热恋中的男女对对方怀有美好的印象，这也是异性吸引的一个极端化的直接反应。

一位心理学家曾设计了这样一个心理实验来检验异性吸引心理的效应：

他们首先要求一名女性从两张男性头像中选出她最感兴趣的一个，并说明她选中的人比另一个在外貌上要占多大优势。在经过这样一轮选择后，她将再观看一个幻灯片，片中出现的男性面孔与她在实验第一步中看到的是一模一样的，差别在于一名女子微笑地看着其中一张脸，而另一张脸遭遇的是一名女子厌倦或木然的表情。看完短片，研究者重复实验的第一步，让这名女性对同样的男性头像进行重新选择。

在多名女性进行这一实验后，心理学家得出结论，女性看过幻灯片后，更容易被那些别的女性笑脸相迎的男性面孔所吸引，这似乎体现了女性心理上一种认同感。

由此我们可以看到，异性吸引也会受到外界因素的影响。那些公认的优秀的异性，总会成为大家倾心的首选对象；当一个人的美被一名异性注意到，别的异性也会受到积极影响，产生好感，但在同性心中则会产生负面效应。

“男女搭配，工作不累”的口号经常被我们挂在嘴边，从心理学角度讲，其符合异性吸引定律的反应。人对异性都有一种好奇心理，都喜欢与异性打交道，我们可以在合适的情况下发挥自身的魅力来帮助我们完成任务，但是无论做什么事情都要有个度，过了，效果就适得其反了。

心理学家告诫人们，“异性效应”不能滥用。不管是从社会公共道德，还是个人修养的角度来说，利用自己的外表和身体特征吸引异性以求达到某种目的或实现某些利益，是极其不可取的。

心理启示

女性外表漂亮，讨人喜欢，如果再加上交往得当，在异性面前办事容易，这是正常的；反之，如果用色相去引诱别人，就很容易被人嗤之以鼻。同样，男性在这方面也要非常注意，你对异性，尤其是年轻漂亮的异性热情些，客气

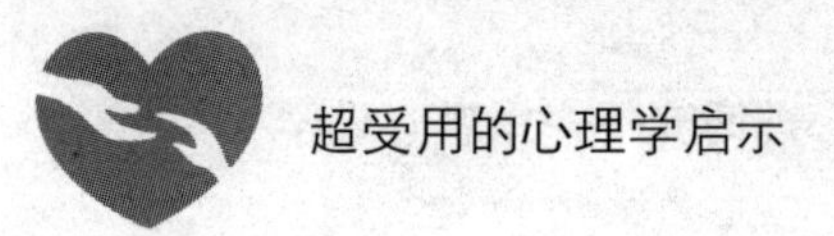

些也无可非议，但把异性当作刺激，想入非非，让人觉得你“色迷迷”的，就超过限度了，同时也会影响你的心理健康。

女人要聪明面对男人的欲望

夜晚，在大多数中国家庭，做爱的要求几乎都是由丈夫来表示的。而妻子们的态度则不尽相同了，对于是应当尽量配合男人的节奏，奠定美满婚姻的基础，还是应听从自己身体的召唤，在性生活中保持自我，家庭问题专家和心理专家们历来众说纷纭。在这个问题上，我们可能给您提供的参考就是：你当然可以自己决定说“Yes”或者“No”，但要注意的是，拒绝时应该委婉地拒绝，让他感觉到你的柔情；接受时就要充满热情地做爱，切忌一副委曲求全的冷淡模样，让男人感觉他不是和妻子共同制造欢乐的丈夫而只像一个入侵者。

女人们在心情欠佳或身体不适的日子里，往往对床上的游戏打不起精神。勉强进行的性行为会使人留下不美好的印象，也是日后性功能失常的潜在原因，这种时候，你可以选择拒绝。

也许大家认为开口说“不”很容易，事实上，要对自己心爱的人说“不”是相当困难的，如何“拒绝他，又不伤害他”是一项人际沟通的技巧。

太太在推开先生之前可以先作一些温存对方的准备，例如可以这样说：

“你最近真辛苦，白天工作这么重还要兼顾家庭，对我也很体贴……”

让对方尝到甜蜜之后，再缓缓转开话锋，做明确的拒绝。

“嘿！真抱歉，今天我情绪低落，真的不想做；我知道你很想，也好久没做了，可是我勉强的话一定会很失望，而且以后可能变得更不喜欢做……”

在兴头的对方被浇到这盆冷水一定很不是滋味，除了失望之外，他还有两样事必须缓解，一是涨满着的性欲，一是对今晚的期待。

所以补偿对方，提供其他的选择也是亲密伴侣义不容辞的事。性欲的缓解

有很多方法，对于较冲动的男人，协助他自慰或许是简单明快的方法；有些男人，拥抱温存，享受一下“母性的温暖”也可以让他非常甜蜜地睡去；有些男人较为“高尚”，起来听听古典音乐或喝杯醇酒会睡得更好。

更重要的是要给他另外一个期待，明天、后天或是这个周末，我们去哪约会，我们在孩子睡着后喝酒看录影带……这个承诺要“肯定”，要“绝对兑现”，不能是“也许明天再试看看”，而后天正好又遇到应酬，造成更严重的“二度伤害”。

拒绝的手法再柔和，也不宜长期使用。由于男女对性要求先天的差异，做妻子的似乎总是处于“婉拒”的位置，但是如果你愿意做一种自我调整，你们的关系就会到达一个全新的境地。

“我没有那份心情。”我们常听妻子们这样说，但这并不是明智地拒绝丈夫性要求的理由。其实你清楚，心情是来去匆匆的东西，也许在开始时你觉得没心情，但一旦开始你可能会沉湎其中呢?

你有支配自己身体的权力，但是如果你渴望幸福和谐的婚姻生活，那么无论你是否有心情，都应该与丈夫保持每周至少一次的性生活。为什么你要放弃与丈夫身体上的亲密接触呢？别忘了，这是美满生活中非常重要的一部分。接受丈夫的性要求会让他感受到你的爱。

这并不是说你要做个逆来顺受的可怜虫，同意与丈夫做爱并不意味着你不能提出自己的要求。例如，你可以这样回应丈夫的请求，“我喜欢你的爱抚。”或者，“我可以迎合你，但你要先让我兴奋起来。”你也可以提议在卧室里点燃蜡烛，或者让迷人的香气弥漫房间，你也可以提出特殊的性交体位或者先听一段音乐。总之，他会很乐意满足你的要求，因为他一直都希望能给予你快乐。

女性的心理是很微妙的，有时候她们还会因为太在意性生活的圆满而拒绝丈夫。

我们习惯地认为，如果我们不淋浴、不做头发、不化妆，不洒香水，或者不穿上漂亮的衣服配上耳环，我们就没有吸引力。我们女人很注意自己的形象。但是无论你的状态如何，只要具备了女人的外型、女人的气息和女人的柔情，那么你就会吸引你的丈夫。这就是为什么他总是用含情脉脉的眼神望着你的原因。你应该抓住与他亲近的机会。

当你的丈夫爱抚你的腹部，看着你的腿或者用手指在你没有及时洗的头发里游移的时候，尽量不要躲闪。不要阻止他寻找他的乐趣。不要顾虑你的身体会有什么气味，如果他不介意，你又何必多虑呢？过度的紧张会成为你们亲密的障碍。当你能够放开自己，你就会发现其实自己拥有不曾奢望的魅力。

如果你只是自我感觉不好而放弃与丈夫亲密接触的机会，那么这对你对他都不好。这样做你是在拒绝他给你快乐的机会，当然也是不给你自己机会享受这份愉悦。

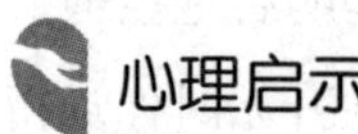

心理启示

为了突破心理误区，女性朋友必须了解，性高潮决非性爱活动的唯一目的，与其把它看作性生活的必然结果，不如把它当作恩恩爱爱的意外收获。性高潮虽然不是不可及的高峰，但也不是伸手即得，特别对于女性来讲更容易受到一些心理、生理因素的影响。正确的态度是，充分享受和欣赏每一次夫妻的性生活过程，体味双方在这一过程中表现出的爱意，在互相给予和接受中感受性爱的温馨。如此，性生活中没有身心负担，客观上也更易达到性高潮，更易控制性高潮。

究竟该如何对待对初恋的记忆

平静的、忙碌的生活中，女人却会在一个阳光灿烂的下午或者万籁俱寂的夜晚，偶尔念及自己的青春岁月，初恋时的种种情景，重新浮现在眼前。

当年的光阴，一定就比现在的生活美好吗？今天与我们相濡以沫的丈夫，比不上过去的初恋情人？

这倒也不见得。初恋的滋味又酸又甜，令人念念不忘，理由却很简单，

就因为它是“未能成真的第一次恋爱”。有一位心理学家叫塞卡尔尼克，他用种种实验，证实了一个理论，那就是：一般而言，中断（未完成）的动作比完成的动作更容易留在记忆里，这叫做“塞卡尼克效果”。初恋由于是未完成的恋爱，才不容易被遗忘。还有，记忆这个东西，即使是惨痛的体验，经过岁月冲淡之后，就成为“令人怀念”的事，心理学上称它为“记忆的乐观主义”。

我们每个人，大概都有这样的经历。当你翻看相册，看见数年前登山的照片，对当时爬坡的艰辛，不复记忆，倒是对山上景色壮丽、令人心胸开朗的情景，记忆犹新。同理，初恋的感怀也在同样的心理作用之下产生，不仅如此，还会在无意中加上美化过去的愿望。因此，更充满了高扬情绪——抒情的意味。其实，初恋对象的实体，并不值得美化。这并不是真的爱上一个异性，而是“爱上了爱”的成分居多。因此，过分地把它深刻在心里，实在值得考虑。

几乎所有有过多次恋情的女性都曾问过自己：“如果我还和他在一起，会不会……”前男友实际上代表了一条你没有选择的人生道路，而对于不可能知晓的结局，人总会念念不忘，充满了好奇心，以及对虚幻的美梦抱有一丝遗憾。这种思维虽然是很正常的，但是如果不加控制，它将会不断滋生蔓延，像越滚越大的雪球一样最终将你完全吞噬。

我们将如何面对这种心理状况呢？

首先，你要强迫自己把眼前的玫瑰色眼镜移开，回想一下当初为什么要和他分手。要客观一点看待这个问题：你实际上是在不完整的回忆中，试图把一段由于某种原因导致破裂的感情再次理想化。

其次，要认清你所留恋的、真正吸引你的，并不是他的人，而是那些你们曾经一起做过的事。是你们曾经在周末街头漫步的夕阳美景深深吸引了你？还是曾经精心安排的约会让你终生难忘？不论你觉得现实多么不如意，你只要能从过去的美好记忆中找到所缺少的，并带回你现在的生活中就足够了。

另外，我们要明白，自己的初恋情人并非不可取代。婚姻是一般人的普通问题，合适做女人丈夫的男人，绝非前无古人后无来者的异数。就像我们是早已存在的普通女人，那些普通的男人，也已安稳地在地球上生活很多年了。我们不单单是一个人，更是一种类型，就像喜欢吃饺子的人，多半也热爱包子和馅饼。如果你是玫瑰，只要清醒地坚定地寻找到百合种属中的一朵，你就基本获得了幸福。

女人不要把一生的幸福，寄托在婚前对男性千锤百炼的挑拣中，以为选择就是一切。对了就万事大吉，错了就一败涂地。选择只是一次决定的机会，当然对了比错了好。但正确的选择只是良好的开端，即使航向对头，我们依然还会遭遇风暴。选择错了，不过是输了第一局。开局不利，当然令人懊恼，然而赛季还长，我们可以整装待发，争取赢得最终胜利。

在似水流年，所有的女人都会成长。有一天我们会真正明白，初恋是历程，婚姻是蜕变；初恋是怦然心动，婚姻是长久关怀；初恋是记忆的泡沫，婚姻是现实的生活。

当然，这不是说我们一定要完全忘却过去，毕竟，初恋有它纯真的、新鲜的一面，代表着我们曾经的美好年华。你可以把初恋当成一幅画，摆放在一个适当的位置，用于观赏。

心理启示

过分美化初恋时光固然会影响我们的生活，可如果放不下感情的包袱，也是走了另一个极端。

有些女人常常会抱怨自己初恋的不堪回首，怨自己当初怎么会爱上那个人，其实，爱就爱了，很多事情没有对与错，爱亦如此，重要的是，是否认认真真、纯纯粹粹地爱过。别去计较什么，所谓得失，所谓代价，都不过是借口和语言的技巧罢了，抱怨得多了，就如给自己的心套上枷锁，水分与营养都无法渗入，日子久了，心也干涸枯萎了。

给丈夫一次改错的机会

在漫长的婚姻历程里，从来没有矛盾的夫妇并不常见。——即使有，他们的感情也会遭到质疑：莫不是他们彼此已经漠不关心了？

相对而言，女性对生活品质的要求更高，所以她们看到的生活的砂子会更多一些。男人们漫不经心的错误，对他们的妻子，却常常造成深深的伤害。

安是位专栏作家，同时也是厨房里的好主妇。她并不介意一天洗三次碗，只要每次都能看见窗外那棵繁花似锦的樱花树。我真的爱上那棵树了，安说，花开的时候像梦一样，风吹过，细细碎碎的小花翩翩起舞，像是蝴蝶恋恋不舍。当她的丈夫开始修剪屋前的草坪和灌木时，安再三地提醒他，“不要动我的树”。听到肯定的回答后，安放心地去商场购物。然而当她回家时，屋前已空无一物。她的丈夫还表功似地看着她说：“你看现在多整齐，喔，那棵树，就数它碍眼，孤零零的，我不得不砍掉它。”

尽管丈夫一再解释，安还是失望极了。几天过去了，她心中仍然只有一个想法，“他说话不算数，他根本不在意我的感受，他难道不知道我多喜欢那棵树吗？”安和她的丈夫在度过了一段不愉快的日子后，决定控制她的失望情绪，变得理智些。她说：“我意识到我放任我的坏情绪否定了一切——他的优点和我们幸福的婚姻。其实，即使我的丈夫做的事很恶劣，是有史以来最恶劣的，我仍然得承认自己是个幸运的女人。他是犯了一个小小的错误，但不能因此抹杀他对我一如既往的小心呵护。我应该把眼光放远，而不是只盯着他的一点小错误不放。”

安把眼光放在长远的婚姻当中，注意到丈夫的优点时，她心里的结也就解开了。这种因为误解而产生的波折，只是女人学习以平和的心态对待生活的一次小小的演练，在现实中，她们随时还要面对更为严峻的考验。

有人说，面对外遇，职业女性比传统女性要苦，这话不无道理。因为职业女性的自我意识比较强，这本身就造就了她们的敏感，易受伤害。其次，职业女性往往比传统女性更有教养，这使她们过分看重自己的自尊，不愿在丈夫面前有失自尊。

很多时候，良好的教养在发生问题时，往往会成为知识女性的阻力。这时一定要设法从教养的束缚中解放出来，告诉自己，教养应该使我获得更好的心理素质，并且成为我解决问题的动力，这样你很快就能放下教养的负重，正视眼下的问题，学会以问题为中心。

你必须做的一件事就是问自己，你还爱他吗？假如你一时无法回答，不要紧，用不着逼自己。

先睡一觉，然后从你可以找到的纪念品中（如你俩的照片，他给你买的礼物等）重新追寻过去的脚印。假如对过去的回忆能带给你温馨，说明你的爱还在；假如你不再感动，就要设法重新选择。假如你想到他的优点时，发现自己无论怎样都无法舍弃他，你就要遵从自己的内心直觉。仔细想想，金无足赤，人无完人，假如你能确认自己真的爱他，就要拿出实际行动，以便证明你的爱。

毕竟，你们夫妻已有一段感情，想想他的过去，可以帮助你作出眼下的判断。假如你发现他的外遇是必然的，就要问问自己到底要什么，以便对自己的将来作出打算；假如他的外遇只是一场偶然，你最好能原谅他，给他一次悔改的机会。

心理启示

男人通常不会以一个比他太太完美的女人为偷情对象，他们要的是那种纯真无瑕的单纯女人，让他觉得自己是个征服者。男人不会盲目地陷在外遇的热情中，也不会混淆妻子和情妇的不同。他认为在一定范围内遵守婚姻的承诺，稍微出轨应是无伤大雅的。他更可能安慰自己这是他辛苦工作，把家安顿得这么好所应得的报酬。所以他们会理直气壮地告诉自己说：“风流是男人的本性，做太太的生活既不会受影响，她们的地位也不会有任何威胁，那又何必太在意呢？”所以当他的婚姻亮起红灯时，他毫无心理准备，还极力隐藏他的外遇。

男人需要尊重，女人需要爱

从小时候开始，男性与女性的性格差异已经体现出来了。如一个小孩子不小心摔了一跤，大人们会哄男孩子说：“我们是坚强的孩子，说不哭就不哭。”小男孩为了不辜负“坚强”的荣誉，撇撇嘴又把眼泪咽回去；对于女孩子，大人们则会说：“来来，让我看看摔哪儿了，吹口气就不疼了。”女孩倚在父母的怀抱里，也就找到了安慰，不再感到委屈。

女人需要呵护，男人需要面子，这是千古不变的真理。对于女性朋友来说，如果你忽视了这一点，不小心碰到了男人的敏感处，那么下一个受伤的就是自己了。

林晶在一家合资企业做白领，收入挺高。她人长得漂亮，自我感觉也极好。林晶的丈夫是她大学时的同学，在一家大型企业上班，收入和林晶不大好比。林晶是心高气傲的人，平时说话颐指气使，丈夫被她弄得很压抑。

前不久，丈夫下岗。林晶说，你就在家歇着吧，我的工资足够花了，老婆主外，丈夫主内，这没什么，还是一种新潮呢。丈夫没说话，瞪了她一眼。

没多久，丈夫突然跟她提出离婚。林晶听了大吃一惊，她问，我究竟做错了什么？丈夫摇摇头。林晶又问，那么是你找了比我更好的人了？丈夫说没有，只是觉得你不适合我。

两人很快办了离婚手续。一年后，林晶的前夫找到了一份工作，而且又找了一个农村进城的打工妹结了婚。据说两人日子过得挺艰辛。那个女人，林晶看过，觉得无论相貌、素养都和自己不是一个档次。她实在不懂她的前夫怎么会看上这样一个人。一位好友对她说，我看他就是想寻找当丈夫的感觉。林晶听了半天没有说出话来。

这个故事是有一定代表性的。女人事业成功，婚姻失败的故事实在听得太多。社会上的女强人、高学历往往成了美好婚姻的障碍，许多男人可以对那些有成就的女人表示钦佩，但是他们不会把这样的女人娶来做妻子、过日子。因

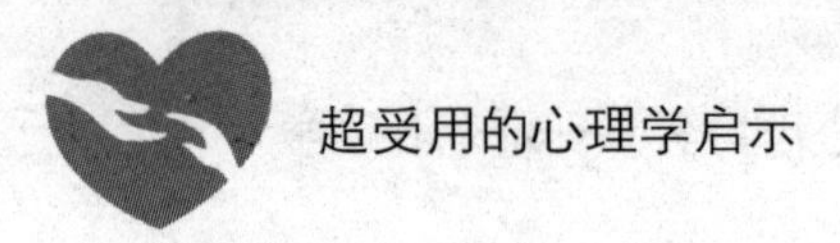

为男人在过于强大的女人面前常会感到压抑、自卑，找不到那种顶天立地的伟丈夫的感觉。

事业当然要紧，但别忘了女人还有另外一个重要的角色——某某人的妻子，别说你在外面独当一面，是公司里不可或缺的骨干，即便是真正的女王，也不能不知道自己是谁。下面的故事也许大家都听过，那么让我们再重新温习一下。

一次，英国维多利亚女王与丈夫吵了架，丈夫独自回到卧室，闭门不出。女王回到卧室时，只好敲门。

丈夫在里边问："谁？"

维多利亚傲然回答："女王。"

没想到里边既不开门，又无声息。她只好再次敲门。

里边又问："谁？"

"维多利亚。"女王回答。

里边还是没有动静，女王只得再次敲门。

里边再问："谁？"

女王可学乖了，柔声回答："你的妻子。"

这次，门开了。

女王有至高无上的权力与荣誉，但更有一份超出常人的修养，她知道怎样维护丈夫的尊严和守住丈夫的心，清楚自己的家庭角色。

事业有成、社会地位显著提高的女性，尤其要当好自己的角色，珍视女性独有的天性，善于帮助丈夫减少或消除不必要的心理困扰。

第一，从内心深处意识到自己今天的成功，离不开丈夫直接或间接的支持和帮助，决不能在丈夫面前居功自傲；即便是丈夫由于内心的烦恼而有一些不理智的言行，也应该设身处地、推心置腹地安慰、劝导和解释，要尽量采取各种方式使丈夫相信，虽然自己事业有成，但在家庭生活和夫妻关系中的角色和地位依然和从前一样，所不同的是自己对丈夫更加热爱和感谢！

第二，赞扬丈夫身上的长处和优点，尽管这些长处和优点可能微不足道。

当然赞扬必须真诚和实事求是，不能过度夸张，否则会适得其反。

第三，经常向丈夫坦白内心的苦衷和烦恼，诉说自己在外所遇到的种种压力、艰辛和窘境，请丈夫为自己出谋划策、排忧解难。这样做可以缩短夫妻双方的差距，拉近心理距离，从而不断增强丈夫的自我价值感，减轻其心理压力。

女性朋友们不要以为这份细心和体贴会委屈了自己，如果你对自己目前的婚姻关系尚无他念，那么维持它的和谐融洽也是应尽的义务。家庭所带来的安全和温暖，对女人尤其重要，当你失去这种依靠时，才会明白自己多么孤单无助。和田秀树的《男人四十》中说：在所有的家庭问题中，夫妻关系破裂的杀伤力最大，因为它是家庭的主轴。只要夫妻关系是稳固的，那么，孩子的教育问题也好，老人的看护问题也好，都可以慢慢解决。

心理启示

著名的心理学家特曼博士，对 1500 多对夫妇作过详细的研究。结果显示，丈夫们都把唠叨、挑剔列为妻子最糟的缺点。

夫妇在婚后的共同生活里，很少有没吵过架的。心理健全的人，可以承担一般的争执而不会产生情感的裂缝。但是从未停止的、毫不放松的长期唠叨所产生的压力，常常会拖垮最具进取的精神。不管一个男人曾经做出何等大事业，如果他每天晚上回家后碰到的总是那个唠叨、挑剔的怨妇，相信他又会从宝座上被拉下来。

参考文献

[1] 邱光洪.FBI心理分析课[M].北京：中国纺织出版社，2013.

[2] 闫艺坤.哈佛最神奇的24堂心理课[M].北京：经济管理出版社，2012.